广东省
生态文明建设绿皮书
——绿色低碳循环发展报告
（2022年）

广东省发展和改革委员会　编

SPM
南方传媒　广东人民出版社
·广州·

图书在版编目（CIP）数据

广东省生态文明建设绿皮书：绿色低碳循环发展报告. 2022年 / 广东省发展和改革委员会编. —广州：广东人民出版社，2024.3

ISBN 978-7-218-17434-1

Ⅰ.①广… Ⅱ.①广… Ⅲ.①生态环境建设—研究报告—广东 Ⅳ.①X321.265

中国国家版本馆CIP数据核字（2024）第054991号

GUANGDONG SHENG SHENGTAI WENMING JIANSHE LÜPISHU——LÜSE DITAN XUNHUAN FAZHAN BAOGAO（2022NIAN）

广东省生态文明建设绿皮书 —— 绿色低碳循环发展报告（2022年）

广东省发展和改革委员会　编　　　　　　　　　　版权所有　翻印必究

出 版 人：肖风华

责任编辑：陈泽航
责任技编：吴彦斌

出版发行：广东人民出版社
地　　址：广州市越秀区大沙头四马路 10 号（邮政编码：510199）
电　　话：（020）85716809（总编室）
传　　真：（020）83289585
网　　址：http://www.gdpph.com
印　　刷：广州小明数码印刷有限公司
开　　本：715mm×995mm　1/16
印　　张：22　　字　　数：330 千
版　　次：2024 年 3 月第 1 版
印　　次：2024 年 3 月第 1 次印刷
定　　价：80.00 元

如发现印装质量问题，影响阅读，请与出版社（020-85716849）联系调换。
售书热线：020-87716172

《广东省生态文明建设绿皮书——绿色低碳循环发展报告（2022年）》编委会名单

主　任：艾学峰

副主任：朱　伟　　吴道闻　　韩建清　　黄华东　　秦黎明　　郭跃华
　　　　祝永辉　　黄恕明　　肖晓光　　吴祖艳　　袁长清　　赖茂华
　　　　矫　军　　顾万君　　付景新　　白　玉　　董文忠

主　编：吴道闻

副主编：阎晓东　　肖佳妮　　黄建平

编　辑：简　威　　矫　峰　　禤鹏翔　　曾逗逗　　杨　昆　　申蜀东
　　　　陈　鹏　　刘　烨　　林智纬　　李千秋　　宋佳晨　　黄　妍
　　　　罗彩韫　　王冰冰　　郑仕扬　　莫佩莹　　黎家俊　　曾炜晴

编委会成员单位：

省人大法工委	省发展改革委
省教育厅	省科技厅
省工业和信息化厅	省公安厅
省司法厅	省自然资源厅
省生态环境厅	省住房城乡建设厅

省交通运输厅 省水利厅

省农业农村厅 省商务厅

省文化和旅游厅 省市场监管局

省统计局 省地方金融监管局

省能源局 省林业局

省法院 省邮政管理局

省税务局 国家金融监督管理总局广东监管局

中国证券监督管理委员会广东监管局

广州市发展改革委 深圳市发展改革委

珠海市发展改革局 汕头市发展改革局

佛山市发展改革局 韶关市发展改革局

河源市发展改革局 梅州市发展改革局

惠州市发展改革局 汕尾市发展改革局

东莞市发展改革局 中山市发展改革局

江门市发展改革局 阳江市发展改革局

湛江市发展改革局 茂名市发展改革局

肇庆市发展改革局 清远市发展改革局

潮州市发展改革局 揭阳市发展改革局

云浮市发展改革局

目　录
Contents

四　指标篇　/ 221

五　政策篇　/ 233

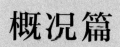

概况篇

　　"十四五"以来，广东省坚持以习近平新时代中国特色社会主义思想为指导，深入贯彻习近平总书记对广东系列重要讲话和重要指示精神，认真贯彻落实党中央、国务院关于碳达峰碳中和重大战略决策部署，积极稳妥推进"双碳"各项工作，绿色低碳发展迈出新步伐、取得新成效，以约占全国6.7%的能源消费和5%的碳排放，支撑了约占全国9%的常住人口和10.7%的经济总量，为实现"双碳"目标打下了坚实基础。

1. 聚焦能源低碳转型，构建清洁低碳安全高效新型能源体系

　　能源结构优化升级稳步推动。印发《广东省"十四五"节能减排实施方案》，完善能源消费总量和强度调控。推动化石能源清洁高效利用，全面完成10万千瓦及以上燃煤机组超低排放和节能改造。天然气主管道布局不断完善，全省已建成陆上天然气主干管道共计约3914公里，通达全省21个地市。2022年，广东能耗总量3.65亿吨标准煤，单位GDP能耗仅次于北京、上海，约为全国平均水平的63%；全省非化石能源占一次能源消费比重达28.7%。

　　新型储能产业发展加快推进。印发《广东省推动新型储能产业高质量发展的指导意见》《关于加快推动新型储能产品高质量发展的若干措施》，提出到2025年，全省新型储能产业营业收入达到6000亿元，装机规模达到300万千瓦；到2027年，全省新型储能产业营业收入达到1万亿元，装机规模达到400万千瓦。加快布局氢燃料电池汽车产业，截至2022年底，建设加氢站超47座，累计推广燃料电池汽车超3000辆，累计运营超3000万公里，均居全国首位。

　　能源清洁低碳发展成效显著。大力发展海上风电等可再生能源，截至2022年底全省可再生能源发电装机5263万千瓦、占省内电源装机30.5%。其中，海上风电装机791万千瓦，占全国海上风电装机容量约四分之一；生物质发电装机423万千瓦，居全国第一；全省可再生能源装机5403万千瓦，占全省发电总装机的31.3%。安全高效发展核电，陆丰5、6号机组和廉江核电一期工程获得

国家核准开工建设，中广核太平岭核电二期工程、陆丰核电1—2号机组等项目前期工作加快推进，截至2022年底，全省累计建成投产核电机组14台，装机容量1614万千瓦。

2. 聚焦产业绿色升级，推动制造业高端化智能化绿色化发展

坚持制造业当家。出台《中共广东省委 广东省人民政府关于高质量建设制造强省的意见》，实施大产业、大平台、大项目、大企业、大环境"五大提升行动"，提出到2027年，制造业增加值占地区生产总值比重达到35%以上，高技术制造业增加值占规模以上工业增加值比重达到33%，培育形成10个以上产值超万亿元的战略性产业集群，超过10家制造业企业进入世界500强。深入实施制造业高质量发展"六大工程"，培育20大战略性产业集群，形成新一代电子信息、绿色石化、智能家电、先进材料、现代轻工纺织、软件与信息服务、现代农业与食品、汽车等8个万亿元级产业集群。拥有国家级产业创新中心2家，国家级制造业创新中心4家，国家级技术创新中心3家，新增国家级制造业单项冠军企业47家、国家专精特新"小巨人"企业447家。

大力推进绿色制造和智能制造。积极推进产品全生命周期和生产制造全过程的绿色化，全省累计创建国家级绿色工厂302家、绿色设计产品1070种、绿色工业园区10家、绿色供应链管理企业58家，绿色制造示范名单总数量居全国首位。2022年，广东省先进制造业增加值、高技术制造业增加值、装备制造业增加值占规模以上工业增加值比重分别为55.1%、29.9%、44.7%，高技术制造业投资增长25.5%，高新技术企业达6.9万家。截至2022年底，累计推动2.25万家规模以上工业企业"上云上平台"数字化转型，带动65万家企业"上云用云"降本提质增效。

加快发展绿色低碳产业。积极推动新能源汽车、锂电和光伏、海上风电装备等绿色产业发展，2022年，全省新能源汽车产量129.7万辆，约占全国18%，产量居全国首位，比亚迪新能源汽车销量全球第一。大力推进绿色交通基础设

施建设，截至2022年底，累计建成公共充电桩约21.8万个，1123个乡镇实现了公共充电桩全覆盖，公共充电桩保有量、充电电量、高速公路服务区充电能力均位居全国第一。广州、深圳、佛山等市顺利入选国家智能建造试点城市和废旧物资循环利用体系建设重点城市，广州经济技术开发区、东莞松山湖高新技术产业开发区等入选国家绿色产业示范基地。联合中国海油、壳牌集团、埃克森美孚共同推进惠州大亚湾千万吨级CCUS集群全产业链示范项目研究。

3. 聚焦环境质量提升，以超常规力度打好污染防治攻坚战

大气环境质量持续领跑先行。广东在全国率先转向"以PM2.5控制为主线，强化PM2.5和臭氧协同控制"的新目标，大力推进挥发性有机物（VOCs）和氮氧化物协同减排。2022年，全省空气质量总体优良，6项污染物年均评价浓度均达到国家二级标准，大气环境质量连续8年全面达标，持续领跑全国；全省PM2.5年均浓度降至20微克/立方米，连续3年达到世卫组织第二阶段目标（25微克/立方米），珠三角PM2.5平均浓度在全国"三大经济圈"中率先进入"1字头"（19微克/立方米）；空气质量优良天数比率（AQI达标率）为91.3%，在六个经济大省中排名第一。

水环境质量改善成效显著。坚持保好水、治差水"双线"作战，治水、治产与治城深度融合，全面实施河长制、湖长制，创新建立"流域+区域"跨市治理合作机制。2022年，水环境质量取得历史性突破，149个国考断面水质优良率提升至92.6%，劣Ⅴ类国考断面全面清零，连续2年实现90%以上达优；近岸海域水质优良面积比例达89.7%，在全国11个沿海省份中排名第四。89个地级以上市在用集中式饮用水源和77个县级行政单位及经济技术开发区所在城镇在用集中式饮用水源水质达标率继续保持100%。

土壤污染环境风险有效管控。持续推进耕地土壤污染源头防治和安全利用，实施4项在产企业土壤污染源头管控国家重大工程，发布土壤污染重点监管单位695家，有力防范在产企业新增污染；加强污染地块再开发利用土壤环

境监管，发布省建设用地土壤污染风险管控和修复名录23期，重点建设用地安全有效保障。持续提升危废利用处置能力建设，全省核准危险废物处理处置能力达到1140万吨/年。加快推动"无废城市"试点建设，珠三角九市全部列入国家"十四五""无废城市"建设名单。

4. 聚焦生态建设提质，打造人与自然和谐共生绿美广东样板

全力推进绿美广东生态建设。出台《中共广东省委关于深入推进绿美广东生态建设的决定》，印发《关于深入推进绿美广东生态建设的实施方案》，提出深入实施绿美广东生态建设"六大行动"，精准提升森林质量，增强固碳中和功能，保护生物多样性，构建绿美广东生态建设新格局，建设高水平城乡一体化绿美环境。修订《广东省森林保护管理条例》，在全国地方立法中，率先规定了林长制考核和跨行政区划的森林资源协同发展工作机制。截至2022年底，森林面积1.43亿亩，森林覆盖率53.03％，森林蓄积量5.78亿立方米，林业产业约占全国的十分之一，连续13年位居全国第一；14个市获得"国家森林城市"称号，珠三角9市全部成功创建"国家森林城市"，成为全国首个"国家级森林城市群建设示范区"。深入推进全民义务植树运动，截至2022年底，全省累计参加义务植树人数12亿多人次，植树超50亿株。

大力推进生态保护和修复。印发《广东省重要生态系统保护和修复重大工程总体规划（2021—2035年）》，实施重要生态系统保护和修复重大工程，深入推进南岭山区韩江中上游山水林田湖草沙一体化保护和修复工程项目建设，有序推进21个国家级全域土地综合整治试点。截至2022年底，全省建立县级以上自然保护区1361个，数量居全国首位。建有国际重要湿地6处，同时建有国家重要湿地1处、省级重要湿地18处，建设国家湿地公园27处，华南国家植物园、南岭国家公园建设取得重大进展。高质量推进万里碧道建设，截至2022年底，全省共建成万里碧道5212公里，水碧岸美的生态效益和水岸联动发展的经济效益得以有效显现。加快推动绿色矿山建设和矿山石场治理复绿工作，截至

2022年底，全省持证在采矿山445个，已达标绿色矿山292个，持证在采绿色矿山达标率65.6%。

加快打通"绿水青山"向"金山银山"通道。出台《中共广东省委关于实施"百县千镇万村高质量发展工程"促进城乡区域协调发展的决定》，以全省122个县（市、区）、1609个乡镇（街道）、2.65万个行政村（社区）为主体，全面实施百县千镇万村高质量发展工程。建立健全生态产品价值实现七大机制，加快打通"绿水青山"和"金山银山"双向转化通道。坚持把改善农村人居环境作为实施乡村振兴战略的首要任务来抓，全域开展自然村"三清三拆三整治"，全省农村基本实现干净整洁。截至2022年底，乡镇级饮用水水源保护区完成划定，农村集中供水基本实现全覆盖；卫生户厕普及率达96%以上，标准化公厕69888座；农村生活污水治理完成87330个自然村，治理率达51%以上；主要农作物化肥利用率和农药利用率均达40%以上，秸秆综合利用率达92%以上，农膜回收率达91%以上。2022年全省绿色食品、有机食品、农产品地理标志产品总数达到927个，其中绿色食品产品783个、有机农产品81个、农产品地理标志63个。

5. 聚焦蓝色崛起加速，争当海洋经济绿色高质量发展排头兵

海洋强省建设步伐加快。广东始终把海洋作为全省经济社会发展的重要战略领域，坚定不移推进海洋强省建设。海洋经济总量持续增长，2022年，广东海洋三次产业结构比为3.0∶31.9∶65.1，海洋生产总值1.8万亿元，同比增长5.4%，占地区生产总值的14%，占全国海洋生产总值的19%，海洋经济总量连续28年居全国首位。内联外接的立体交通体系逐步完善，2022年，全省沿海港口货物吞吐量175517万吨，集装箱吞吐量6490万标准箱，全省港口累计开通国际集装箱班轮航线496条，完成集装箱铁水联运量67.8万标准箱。海洋资源生产保障能力不断增强，海水产品供应维护粮食安全大局，全年产量达459万吨，累计创建国家级海洋牧场示范区15个，"粤海粮仓"建设稳步推进。能

源保障更加安全有力，南海东部油田年产油气首次突破2000万吨油当量。

海洋污染防治全面加强。实施重点海域综合治理攻坚战行动，系统推进流域海域治理，2022年，36个国控河流入海断面水质优良比例91.7%（33个），32个国控以下河流入海断面全部消除劣Ⅴ类，近岸海域水质优良面积比例连续三年保持在90%左右。加大入海排污口整治力度，依托广东省重点入海排污口监管系统对全省2861个重点入海排污口实施动态监管，截至2022年底，全省完成审批或备案重点入海排污口322个，累计整治入海排污口774个。强化海水养殖生态环境监管，扎实推进珠三角百万亩池塘升级改造，截至2022年底，全省已完成22.48万亩养殖池塘升级改造，第一批22个示范性美丽渔场建设项目顺利启动。强化大湾区海洋生态环境联防联治，建立粤港跨境海漂垃圾事件通报机制，建立流域水质预测预警体系、海洋生态环境风险评估预警体系，开展大湾区全海域突发性溢油、赤潮和大型海漂垃圾等海洋生态环境预报预警，联合港澳开展海岸清洁行动。

海洋生态建设持续深化。严守海洋生态保护红线，全省划定海洋生态保护红线1.66万平方公里，全部纳入海域优先保护单元。加快海湾、海岛、海岸线生态修复和合理利用，持续实施自然岸线保护修复、魅力海滩打造、海堤生态化、滨海湿地修复以及美丽海湾建设等重大工程，汕头青澳湾、深圳大鹏湾分别被国家评为首批美丽海湾优秀案例、提名案例。开展万亩级红树林示范区建设，高水平建设深圳"国际红树林中心"，打造湛江"红树林之城"，发布全国首部省级红树林碳普惠方法学。截至2022年底，全省已建各类海洋自然保护地119个、面积3943平方公里，建成海洋生态文明建设示范区5个，建成国家级海洋公园6个，数量和面积均居全国首位。

6. 聚焦生活方式变革，建设宜居宜业宜游美丽广东

加快推进环境基础设施建设。稳步推进城镇生活污水收集处理设施建设，截至2022年底，全省城市（县城）累计建成污水管网7.58万公里，建成运行生活污水处理设施420座，生活污水处理能力达2997.93万吨/日，管网长度及处

理能力均保持全国第一。推进乡镇生活污水处理设施建设全覆盖，截至2022年底，全省乡镇累计建成污水管网1.94万公里，建成运行生活污水处理设施1060座，处理能力达611.6万吨/日，全省1123个乡镇已基本实现生活污水处理设施全覆盖。生活垃圾处理能力水平持续优化提升，截至2022年底，全省累计建成生活垃圾无害化处理厂（场）154座，总处理能力16.1万吨/日，生活垃圾焚烧占比81%，设施数量和处理能力多年居全国首位；全省拥有16个国家3A级生活垃圾焚烧项目，约占全国总数的1/3，树立多个垃圾焚烧标杆项目。"村收集、镇转运、县处理"的乡村生活垃圾收运处置体系已覆盖全省所有行政村，全省在运行的镇级转运站1529座，转运能力9.12万吨/日。污泥无害化处置设施短板加快补齐，截至2022年底，全省建成污泥处置设施118座，污泥处置能力达到4.68万吨/日，达到全省生活污水处理厂污泥产生量的2.4倍，处置能力远超污泥产生量。

深入推进生活垃圾分类。省委、省政府高规格召开全省垃圾分类工作推进会，成立省政府主要负责同志为组长的垃圾分类领导小组，强化省级统筹，分区域分层次推进全省垃圾分类工作。出台《广东省城市生活垃圾分类实施方案》，明确到2025年全省地级以上市基本建成生活垃圾分类处理系统。研究制定《广东省生活垃圾分类提档增效三年行动方案（2023—2025年）》，因地制宜建立生活垃圾分类投放、分类收集、分类运输、分类处理系统，持续优化提升垃圾分类全过程管理、全链条优化、全面参与水平。强化垃圾分类技术支撑，成立垃圾分类技术研究中心、培训学院。加强生活垃圾分类宣传引导，开展垃圾分类志愿服务行动，刊发垃圾分类原创报道1200余篇，营造良好社会风尚。稳步有序推进厨余垃圾处理设施建设，建成规模化集中式处理项目58个和一批小型处理项目，总处理能力1.6万吨/日。截至2022年底，全省地级以上市城区约2.2万个居民小区已开展垃圾分类，配置分类收运车约1.3万辆，打造垃圾分类宣教科普基地186个。

大力发展绿色金融。系统谋划部署全省绿色金融改革，推动将绿色金融作为实现碳达峰碳中和工作目标的重要举措，截至2022年底，全省绿色金融信贷余额达2.2万亿元，同比增长53.3％，助力经济高质量发展。深化碳排放权交易试点，截至2022年底，全省碳排放配额累计成交量2.14亿吨，成交金额56.4亿元，均居全国区域碳市场试点首位。推动服务绿色发展的期货市场建设，2021年4月广州期货交易所正式落地并揭牌，2022年12月广州期货交易所成功上市工业硅期货和期权，成为我国首个新能源金属期货。拓展粤港澳大湾区绿色金融合作空间，设立粤港澳绿色金融改革领导小组，推动建设粤港澳大湾区绿色金融市场体系和粤港澳碳标签互认机制。着力推动绿色金融产品和服务加快创新，推动发行粤港澳大湾区首单"绿色债+气候债"双达标双认证绿色债券，截至2022年底，全省市场主体发行绿色债券余额1836.65亿元，同比增长51.58％。广州南沙新区和深圳福田区成功申办国家气候投融资试点。

推进绿色低碳发展是一个涉及产业结构、能源体系、消费模式等诸多层面的复杂系统工程，也是一个长期任务。广东将认真贯彻落实党的二十大精神和习近平总书记在全国生态环境保护大会上的重要讲话精神，深入贯彻习近平生态文明思想，按照省委"1310"具体部署要求，积极探索经济社会发展全面绿色转型的广东路径，力争为全国大局多作贡献。

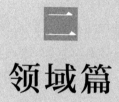

领域篇

（一）广东省人大常委会法制工作委员会

"十四五"以来，省人大常委会法工委认真贯彻落实中央生态文明建设和环境保护各项决策部署，牢固树立生态兴则文明兴、绿水青山就是金山银山、良好生态环境是最普惠的民生福祉等生态文明理念，坚持完整准确全面贯彻新发展理念，紧紧围绕生态强省战略，针对生态环境领域突出问题，持续加强生态环境保护立法，促进绿色低碳循环发展。

2021年至2022年，省人大常委会制定和修改涉及绿色低碳循环发展方面的省级地方性法规9项，审查批准涉及绿色低碳循环发展方面设区的市地方性法规和自治县单行条例约27项，为持续抓好生态环境保护工作提供了有力的法治保障。如制定《广东省气候资源保护和开发利用条例》，着眼应对气候变化，立足我省气候资源禀赋实际，坚持保护优先理念，强化制度规范指引，构建协同治理体系，注重基础保障能力建设，推动生态价值转化，促进经济社会与资源环境协调可持续发展；制定《广东省建筑垃圾管理条例》，加强我省建筑垃圾管理，提升建筑垃圾减量化、资源化、无害化水平，为推动建筑垃圾治理绿色发展、协调发展、安全发展和数字化发展提供助力；修改《广东省机动车排气污染防治条例》《广东省环境保护条例》《广东省大气污染防治条例》《广东省固体废物污染环境防治条例》《广东省湿地保护条例》等法规，加强与上位法最新规定、国家政策相衔接，妥善处理环境保护和经济发展的关系，统筹谋划和推进生态环保、绿色发展立法工作。

省人大常委会在编制省十四届人大常委会五年立法规划和2023年度立法工作计划工作时，将制定《广东省生态环境教育条例》《广东省国土空间生态修复条例》《广东省森林乡村条例》《广东省林业有害生物防治检疫条例》，修改《广东省森林保护管理条例》《广东省城市绿化条例》《广东省实施〈中华人民共和国海洋环境保护法〉办法》等法规列入立法规划计划。接下来，省人大常委法工委将以党的二十大精神为指导，在立法工作中坚持完整、准确、全面贯彻新发展理念，坚决贯彻落实党中央决策部署，严格落实法律、行政法规规定，注重统筹考虑、精准施策、科学治理，不断完善生态环境保护制度体系，推动经济社会发展全面绿色转型，促进人与自然和谐共生。

（二）广东省发展和改革委员会

"十四五"以来，在省委、省政府的正确领导下，省发展改革委坚持以习近平新时代中国特色社会主义思想为指导，全面贯彻党的二十大精神，深入学习贯彻习近平生态文明思想和习近平总书记对广东重要讲话、重要指示批示精神，狠抓重大战略、重大规划、重大改革、重大政策、重大项目落地实施，统筹推进高质量发展和高水平保护，积极稳妥推进碳达峰碳中和，推动我省绿色低碳发展取得新成效。

一是聚焦系统谋划，加快完善绿色低碳政策体系。推动成立省碳达峰碳中和工作领导小组，省委主要领导任组长，省政府主要领导任常务副组长，领导小组办公室设在省发展改革委。制定我省碳达峰碳中和"1+1+N"政策体系重点任务分工方案，牵头起草《关于完成准确全面贯彻新发展理念 推进碳达峰碳中和工作的实施意见》《广东省碳达峰实施方案》，研究提出符合我省实际、切实可行的达峰路线图、施工图。成立由省委组织部等省有关部门组成的工作专班，从专业研究机构抽调专家和业务骨干组成核心研究团队，开展基础研究和测算分析。出台《广东省碳达峰碳排放核算指南（暂行）》，明确碳排放核算边界和方法，对全省碳达峰时间及峰值进行了多维度试算研判，并形成初步成果。

二是聚焦产业升级，大力培育绿色低碳新型产业。高质量抓好新兴产业培育，制定服务培育新动能项目工作方案，省市联动培育一批战略性新兴产业新动能项目。出台促进集成电路产业高质量发展实施方案，谋划设立省半导体及集成电路产业投资基金二期，建设19家半导体及集成电路公共服务平台和创新平台。积极推动新能源汽车、锂电和光伏、海上风电装备等绿色产业发展，编制实施燃料电池汽车示范城市群建设行动计划，2022年，全省新能源汽车产量129.7万辆，约占全国1/6。高水平推动传统产业转型，统筹做好全省粗钢产量压减，支持石化产业绿色升级，巴斯夫（广东）一体化基地项目启动全面建设，中国石油广东石化炼化一体化项目建成投产，中海壳牌惠州三期乙烯项目由国家储备项目转为规划项目。

三是聚焦协调发展，积极推动城乡绿色低碳转型。健全区域协调发展政策体系，牵头起草推动产业有序转移促进区域协调发展的政策措施，加快形成"1＋14＋15"产业转移政策体系。深化新型城镇化发展，出台省"十四五"新型城镇化实施方案，推进10个国家县城建设示范地区、国家城乡融合发展试验区广清接合片区、城乡融合发展省级试点地区建设。编制完成广州、深圳、珠江口西岸、汕潮揭、湛茂五大都市圈发展规划，优化"一群五圈"城镇空间格局。研究制定《关于建立健全生态产品价值实现机制的实施方案》《广东省生态产品价值实现机制试点示范工作方案》，建立健全生态产品价值实现七大机制，推进12个生态产品价值实现机制试点建设，加快打通"绿水青山"和"金山银山"双向转化通道。研究制定《广东省加快推进城镇环境基础设施建设实施方案》，推动城镇环境基础设施补短板、强弱项、提品质。

四是聚焦改革创新，强化绿色低碳发展要素保障。牵头制定《关于加快建立健全绿色低碳循环发展经济体系的实施意见》，用全生命周期理念全方位全过程推行绿色规划、绿色设计、绿色投资、绿色建设、绿色生产、绿色流通、绿色生活、绿色消费。牵头制定《广东省塑料污染治理行动方案（2022－2025年）》，从塑料制品生产、流通、消费、回收利用、末端处置全链条综合施策，推动我省白色污染治理取得更大实效。牵头制定《广东省循环经济发展实施方案（2022－2025年）》，全面提高资源利用效率。积极推进绿色产业示范基地建设，加强对广州经济技术开发区、东莞松山湖高新技术产业开发区两个国家绿色产业示范基地建设的指导，督促按照既定的实施方案开展有关工作。深入开展园区环境污染第三方治理试点，指导国家已批复同意的5家园区做好试点工作，积极向国家争取将我省相关园区纳入国家第三批试点名单。积极推动韶关、云浮大宗固体废弃物综合利用示范建设，推动广州、深圳、佛山等纳入国家废旧物资循环利用示范体系示范城市建设名单。

五是聚焦开放协作，形成绿色低碳发展强大合力。加强绿色低碳合作交流，积极参与香港、澳门国际环保展等活动。前瞻推动碳捕集利用与封存（CCUS）产业发展，研究制定CCUS产业发展规划，积极推进示范项目建设，会同中国海油、壳牌、埃克森美孚共同开展惠州大亚湾石化园区规模化CCUS集群全产业链示范项目研究工作。开展千万吨级CCUS集群全产业链示范项目前瞻性研究。分阶段、分层次对各级领导干部开展"双碳"培训，引导各级党员干部深入学习习近平生态文明思想和"双碳"工作部署要求。编制广东省绿色低碳循环发展报告，联合省内媒体持续开展绿色低碳发展案例和塑料污染全链条治理系列宣传。通过省发展改革委微信公众号开展我省绿色低碳发展和塑料污染全链条治理宣传，营造良好舆论氛围。

下一步，省发展改革委将认真贯彻落实党的二十大精神和习近平总书记在全国生态环境保护大会上的重要讲话精神，深入贯彻习近平生态文明思想，牢固树立和践行绿水青山就是金山银山的理念，积极探索经济社会发展全面绿色转型的广东路径，加快建设人与自然和谐共生的现代化，力争为全国大局多做贡献。**一是做好顶层设计，**发挥好省碳达峰碳中和工作领导小组办公室统筹协调作用。协同推进重点领域和21个地市碳达峰方案的印发实施。组织推进碳达峰碳中和重大改革、重大示范、重大工程。支持企业、园区、社区、公共机构深入开展绿色低碳试点示范创建。持续深入开展欧美碳关税影响分析评估等重点问题研究。**二是强化改革创新，**推动"能耗"双控向碳排放总量和强度"双控"转变。加强能耗双控与碳双控的衔接，制定能耗双控向碳排放双控转变实施方案。加强碳排放统计核算能力建设，研究综合评价考核办法。推进碳排放监测智慧云平台建设，力争建成"测碳、算碳、观碳、控碳"全链条数字化管理体系。创新市场化减排机制。**三是**完善政策体系，有序推进各项改革目标任务落实落细。开展全面加强资源节约、清洁生产推行等有关研究工作，研究制定我省有关贯彻意见。健全生态产品价值实现机制，开展生态产品价值实现机制试点示范建设。加强双碳人才工作，研究制定我省碳达峰碳中和专业人才培养落实举措。研究设立绿色低碳产业发展引导基金，构建绿色投融资体系。**四是**发展绿色产业，推动形成绿色低碳的生产生活方式。开展我省绿色低碳产业发展研究，制定绿色低碳产业支持政策措施。培育重大绿色低碳产业项目，拓展绿色技术应用场景，形成完善的产业链和产业生态。加快CCUS全产业链布局，积极推进惠州大亚湾千万吨级CCUS集群全产业链示范项目建设。

（三）广东省教育厅

全省教育系统认真贯彻习近平生态文明思想，认真落实中共中央、国务院《关于加快推进生态文明建设的意见》、教育部《关于加强中小学生态文明教育的意见》以及《中共广东省委关于深入推进绿美广东生态建设的决定》有关要求，积极开展生态文明宣传教育，在教育教学中渗透生态文明思想，做好相关学科建设等工作，促进广大师生树立生态文明价值观念和行为准则，提升生态文明素养，为建设人与自然和谐共生的绿美广东贡献教育力量。

一是推进生态文明进校园。1.将生态文明教育纳入中小学生地方综合课程体系之中，引导生态文明进校园、进课本。2022年，省教育厅认真贯彻落实《广东省教育厅关于中小学地方综合课程的指导纲要（试行）》（粤教基〔2016〕11号）要求，指导各校各地将环境保护和生态文明教育纳入中小学生文明与法治系统教育之中，以此增强中小学生环境素养和环境保护意识，培养学生良好的环境保护习惯。2.加强宣传教育，强化环保意识。按照《关于转发教育部办公厅等四部门关于在中小学落实习近平生态文明思想、增强生态环境意识的通知》要求，指导各地各校贯彻习近平生态文明思想，督促各级各类学校开展绿色生态、节能环保的知识教育和宣传活动，提升师生环保意识。每年定期组织开展节水、节电、爱护森林、保护野生动植物、碳达标碳中和等节约资源、保护环境的主题活动。各地各校在相关部门的带动下开展了丰富的宣传教育活动，如：2022年4月，汕尾市陆河红锥林保护区组织工作人员在中小学校开展了3场以"爱鸟护鸟，绿美广东"为主题的野生动物保护宣传活动；6月，广州市越秀区铁一小学20余名队员组成的"林长小队"，走进广东省林业科学研究院广东树木公园，接受了一场生动的树木科普教育，开展立体研学活动，争当"小林长"；阳江市阳春鹅凰嶂积极与高等院校共同合作开展生态监测、濒危野生植物迁地保护、扩繁等科研工作，有效保护鹅凰嶂的森林生态系统。

二是开展各类示范创建工作。1. 超额完成"广东省绿色学校"创建工作。根据教育部和省委省政府工作部署，严格落实2020—2022年绿色学校创建三年计划和分年度计划，各级各类学校依照开展生态文明教育、施行绿色规划管理、建设绿色环保校园、培育绿色校园文化、推进绿色创新研究等五方面内容开展"广东省绿色学校"创建工作。截至2022年底，全省共13282所学校已完成"广东省绿色学校"创建，占全省大中小学学校数的80.85%；全省21个地级市均完成70%的创建任务，其中10个地级市创建比例超过80%；123所高等学校被认定为"广东省绿色学校"，占全省高等学校的74.1%。广东省绿色学校的创建比例、创建覆盖面、创建学校类型等三方面均如期超额完成广东省绿色学校创建三年计划原定任务。2. 开展节水型高校创建。联合省水利厅、省能源局印发《广东省节水型高校建设三年行动计划（2022—2024年）》，继续组织开展节水型高校创建工作，经学校申报、专家评审、联合复核等，省教育厅、省水利厅、省能源局评审认定广州大学等24所高校为第三批广东省"节水型高校"目前共评选3批共59所高校创建成为广东省节水型高校。3. 统筹开展节能减排工作。指导各地各校开展

学校低碳节能工作，组织各高校积极参加节能储备项目申报；配合开展节能全国节能宣传周和全国低碳日活动，推广简约适度、绿色低碳的工作和生活方式，积极营造节能降碳浓厚氛围；每年组织各高校完成年度公共机构能源资源消费统计工作，对各校能源资源消费信息进行统计汇总，形成工作总结报告。

三是建立绿色低碳人才培养体系。1.依托广东省本科高校教学质量与教学改革工程项目，立项建设了一批与环境保护等生态文明教育相关的精品资源共享课程。2.指导高校与企业共建一批绿色环保新能源相关的大学生校外实践教学基地。3.指导高校贯彻落实《高等学校碳中和科技创新行动计划》，支持高校参与申报国家和省绿色低碳相关领域重点科技项目，中山大学等多所高校牵头获批"高性能长寿命燃料电池发动机系统的开发研制""高密度储氢材料及高能效储氢系统的关键基础研究"等多项国家重点研发计划项目，支持依托高校建设的传热强化与过程节能教育部重点实验室、能量转化与储能技术教育部重点实验室等多家绿色低碳相关省部级以上重大科研平台发展。组织开展2022年度省普通高校重点科研平台和项目申报，培育建设滨海水环境治理与水生态修复广东普通高校重点实验室等一批绿色低碳科研平台，立项环境与能源绿色催化创新团队等一批重点项目。

下一步，省教育厅将继续按照生态文明建设规划的要求，结合教育系统实际情况，加大宣传教育力度，进一步开展生态文明主题教育活动，调动广大师生参与环境保护活动的积极性。一是深入推进绿色学校创建工作，继续提高"广东省绿色学校"创建比例，同时按照国家部署和省委省政府关于"全面实施绿美广东大行动"要求，推动高质量建设我省生态文明校园。二是继续开展节水型学校建设，每年联合省水利厅组织开展节水型高校创建。三是统筹开展节能减排工作，按照国家、省公共机构能源资源消费统计工作要求，继续做好教育系统公共机构能源资源消费统计工作，组织各学校积极参加各类节能评比和专项资金申报。

（四）广东省科学技术厅

近年来，省科技厅认真贯彻落实省委、省政府关于能源发展的决策部署和有关要求，积极开展绿色低碳领域科学研究和技术示范，为实现碳达峰、碳中和提供科学路径和科技支撑。

一是启动《广东省碳达峰碳中和关键技术研究与示范实施方案》（以下简称《双碳技术方案》）编制工作，并对照科技部编制的《科技支撑碳达峰碳中和行动方案》框架和思路不断修改完善，结合我省"双碳"技术优势、特色及产业发展短板，提出了7大领域20个细分领域的技术攻关重点方向。

二是组织实施省重点领域研发计划2022年度"新能源汽车及无人驾驶"重大专项，聚焦纯电动汽车、氢燃料电池汽车、智能网联汽车等领域的汽车动力核心部件、燃料电池系统、动力电池关键材料、充电设施、车规级芯片等进行系统性布局，支持了深圳市比亚迪公司、镭神智能公司，广州市鸿基创能公司、小鹏汽车公司、广汽埃安公司、瑞立科密公司等知名企业突破了一批关键核心技术、材料和装备，使新能源汽车上下游企业不断发展壮大，推动我省新能源汽车产业集群迈向全球价值链高端。

三是启动省重点领域研发计划"新型储能与新能源"重大专项第二批旗舰项目指南编制工作，拟重点围绕我省具有产业优势的氢能、海上风电、光伏发电和先进核能等领域继续布局关键核心技术攻关与装备研发。

四是启动省重点领域研发计划"碳达峰碳中和关键技术研究与示范"重大专项指南编制工作，拟在传统高排放高耗能工业（包括钢铁、水泥、陶瓷、玻璃等）、绿色建筑、低碳交通、生态碳汇、固废资源循环利用、前沿/颠覆性技术（CCUS、非CO_2温室气体减排等）领域布局一批关键核心技术攻关。

五是与韶关市政府联合省发展改革委、省工业和信息化厅、省生态环境厅在韶关举办了"多孔介质燃烧及热工装备"技术成果推介现场会，该成果具有低碳节能、超低排放、加热均匀等特点，可广泛应用于石油化工、有色金属、玻璃、陶瓷等产业领域。该技术成果推介会为松山湖材料实验室和企业搭建合作平台，促进松山湖材料实验室重大创新成果在韶关和全省企业、产业的示范应用，帮助企业节能减排、绿色发展，助力包括韶关等在内的众多工业城市革新产业技术和工艺流程，取得良好的转化推广效果。

下一步，省科技厅将按照"系统谋划、自上而下、持续发力"原则，联合省直有关部门尽快印发实施《双碳技术方案》。积极谋划和推进"新型储能与新能源""碳达峰碳中和关键技术研究与示范"等专项工作，继续围绕海上风电、太阳能、核能、氢能等新能源、储能、新型电力系统等领域布局关键技术攻关与核心装备研发。针对低碳/零碳工业、绿色建筑、低碳/零碳交通、生态碳汇、资源循环利用、前沿/颠覆性技术（CCUS、非CO_2温室气体减排/替代等）等领域持续推动核心关键技术、材料和装备的研发。

（五）广东省工业和信息化厅

"十四五"以来，省工业和信息化厅认真贯彻落实习近平生态文明思想和党中央、国务院关于碳达峰、碳中和决策部署，按照省委、省政府工作要求，加快推进我省工业绿色低碳转型，促进制造业绿色高质量发展。

一是推动工业能效提升。编制《广东省工业领域碳达峰实施方案》《广东省工业能效提升实施方案》，结合我省产业发展实际研究提出工业达峰和能效提升路径。2021—2022年会同省能源局共对554家重点用能企业开展节能监察。持续开展工业能效对标及能效"领跑者"活动，在石化、钢铁、水泥、玻璃、陶瓷等9个重点行业开展能效对标达标活动，推动有关行业企业对标先进，持续改善提升自身能耗水平。组织专业机构为271家企业开展公益性节能诊断服务，帮助企业发现用能问题、挖掘节能潜力、提升能源利用和管理水平。

二是开展绿色制造体系建设。围绕我省家电、建材、机械、汽车、电子信息、化工、纺织等特色行业，着力推动产品全生命周期和生产制造全过程的绿色化，全产业链构建具有我省特色的绿色制造体系。截至2022年度，全省累计创建国家级绿色工厂302家、绿色设计产品1070种、绿色工业园区10家、绿色供应链管理企业58家，我省绿色制造示范数量居全国首位。

三是实施清洁生产审核，抓好工业污染防治。推进工业领域清洁生产实施和提质增效。2021年、2022年每年结合污染防治攻坚重点行业、重点流域，制定印发年度清洁生产推行实施方案，各地市工业和信息化、生态环境主管部门加强联动，共同组织推动工业企业开展清洁生产，实施清洁生产审核。2021—2022年共推动全省3800余家企业通过清洁生产审核评估验收，据不完全统计，上述企业通过实施清洁生产可减排废水约1000余万吨、消减氨氮排放约450吨、消减工业固体废物约15万吨、节电约60亿度。

四是推进工业固废资源化综合利用。持续提升工业固废资源化利用能力建设，截至2022年底，累计推动58个一般工业固体废物资源化利用项目建设，新增一般工业固体废物资源化利用能力2814万吨/年，拉动工业投资58.9亿元。2022年上述项目实现工业固废综合利用量1600万吨，较2021年增加220万吨。推动新能源汽车退役动力蓄电池回收利用，全省已建成回收网点1523个，2022年全省退役动力电池回收利用量达5.3万吨。

五是大力发展节能环保产业。推动《广东省培育安全应急与环保战略性新兴产业集群行动计划（2021—2025年）》落实落细，提升我省节能减排降碳技术产品装备供给能力和质量。围绕动力电池综合利用、重金属废水治理、城镇生活污水处理、生态环境监测、生活垃圾焚烧发电、空气能等6条产业链开展深调研，研究编制重点产业链图谱，并遴选重点产业链"链主"企业，推动上下游产业协同发展。加强重点企业培育，我省已有格林美、中电建生态、广东环保、瀚蓝环境等4家营业收入超百亿龙头企业，28家国家级专精特新"小巨人"企业。加快科技创新及成果转化，全省环保领域重点实验室、工程技术研发中心、创新中心、孵化器等各类型省级以上创新载体达89个。2022年全省安全应急与环保产业总营业收入达3058.46亿元，利润总额达264.44亿元，实现增加值922.1亿元。

下一步，省工业和信息化厅将重点做好以下几项工作：**一是**优化产业结构，构建绿色低碳工业体系。大力发展先进制造业。坚持制造业立省不动摇，深入实施制造业高质量发展"六大工程"，提升产业基础高级化、产业链现代化水平，打造以绿色低碳为特征的世界级先进制造业集群。强化碳达峰、碳中和目标愿景对产业规划布局的指引作用，统筹规划"双区"建设和区域协调发展战略。加快发展绿色低碳产业。结合国家绿色低碳产业引导目录及配套支持政策，加快发展节能环保、清洁生产、清洁能源等绿色低碳产业。在珠三角地区打造新能源和节能环保技术装备研发基地，在粤东粤西粤北打造新能源电力和资源综合利用示范基地。调整优化用能结构。合理控制化石能源消费，提高可再生能源比重，促进煤炭清洁高效利用。引导企业、园区因地制宜，建设分布式光伏、分布式风电、多元储能、余热余压利用、智慧能源管理等一体化工程，推进多能高效互补利用。**二是**坚持创新驱动，赋能工业绿色发展。推动绿色低碳技术创新。构建以企业为主体、市场为导向、产学研协作、产业链协同的创新机制，整合创新资源支持绿色低碳技术创新，布局基础零部件、基础工艺、关键基础材料领域的低碳技术研究，突破推广高效储能、氢能、碳捕集利用封存、二氧化碳资源化利用等关键核心技术。推广应用绿色低碳技术，开展先进适用绿色低碳技术示范应用。推进新一代信息技术与制造业深度融合。围绕制造业数字化转型的核心需求和关键场景，充分利用5G、工业互联网、云计算、人工智能、数字孪生等信息技术，深化产品研发设计、生产制造等环节的数字化应用。**三是**积极推行绿色制造，提升能源资源利用水平。以电子信息、家电、汽车、化工、建材、纺织等我省特色行业为重点，促进全产业链和产品全生命周期绿色发展，深入推进绿色制造体系建设。大力培育创建国家级绿色工厂，开展绿色制造技术创新及集成应用。加大绿色产品供给，促进绿色消费，着力提高绿色产品的市场占有率。支持龙头企业在供应链整合、创新能力共享、智能化低碳管理等关键领域发挥引领作用，确立企业可持续的绿色供应链管理战略，带动上下游企业同步实现绿色低碳发展。

（六）广东省公安厅

省公安厅积极开展绿色低碳循环发展相关工作，具体工作进展情况如下：

一是强化打击危险废物环境违法犯罪。 省公安厅坚决贯彻落实习近平总书记关于生态文明建设的系列重要指示批示精神，持续组织指导全省公安机关以"昆仑"行动、深入打击危险废物环境违法犯罪和重点排污单位自动监测数据弄虚作假违法犯罪专项行动为抓手，并与夏季治安打击整治"百日行动"及"八大专项行动"等有机结合、一体推进，突出打击重点、强化破案攻坚。2021年至2022年间，全省公安机关共破环境领域刑事案件2046起，刑事拘留犯罪嫌疑人3563名，逮捕2627人，成功侦办珠海"2·2"案污染环境案、清远"7·10"特大非法捕捞案、云浮贝融公司污染环境案、佛山"8·01"污染环境案等一大批大要案件。省公安厅与省自然资源厅、省生态环境厅主动对接、深入研讨、多番协商，于2021年12月、2022年3月先后联合制定印发《广东省自然资源厅广东省公安厅广东省人民检察院关于加强自然资源行政执法与刑事司法衔接配合工作机制的意见》《广东省生态环境部门公安机关行政执法与刑事司法衔接工作机制》，有效建立了联络员、联席会议、信息通报、案件会商、调研培训等多项机制，明确案件移送受理、提前介入、联合督办、全链条打击等工作要求，优化移送立案衔接程序，纾解检验鉴定、案件移送、涉案物品处置等基层执法难点痛点，畅顺合作渠道，提高办案效能。2022年6月8日、13日，省公安厅先后赴省生态环境厅执法监督处和省自然资源厅执法监督处、矿管处开展座谈交流，着重围绕如何开展好打击生态环境犯罪助力安全生产专项检查工作以及紧密结合前期工作进行深入讨论研究，就联合督导、信息共享、案件移送、机制建设等方面达成有效共识，针对基层执法部门实际工作中遇到的突出问题交换工作意见，重点明确在专项执法检查中"双向派员"措施，探索形成常态化联合协作机制，并商定下步具体工作举措。为进一步了解基层实际情况，全面掌握涉环境领域行业业态。2021年4月，省公安厅与省生态环境厅组成联合调研组赴清远市开展专题调研，通过踏勘案件现场、组织座谈研讨、走访危废处置企业等形式，深入了解重点案件办理情况、我省目前废旧铅酸蓄电池回收利用行业的整体业态动态及非法处置该类危废犯罪活动的特点趋势；2022年7月、9月，根据安全生产大检查工作有关部署要求，省公安厅会同省生态环境厅、省自然资源厅有关业务处室组成联合检查组，先后赴云浮、清远市开展了两轮打击生态环境领域犯罪助力安全生产专项检查工作，通过查阅有关工作台账、听取工作汇报、座谈研讨、走访企业等形式，全面检视当地公安机关贯彻落实安全生产大检查、"昆仑2022"专项行动及重点案件侦办等工作进展，以问题为导向、以检查督导为抓手，推动基层公安机关及生态环境、自然资源部门深入开展打击整治破坏生态环境违法犯罪工作，切实达到"以打促管""以打促改"的源头治理效果。

二是加强机动车尾气治理工作。加强车辆注册登记和定期检验环保达标监管。全省公安交管部门办理机动车注册登记、外地车辆转入登记时，严格执行我省现阶段机动车尾气排放标准。严格实施重型柴油车、轻型汽车国六排放标准，对不满足标准限值或者排放标准的车辆不予注册登记。强化注册登记环节环保查验，通过国家机动车环境监管平台逐车核实环保信息公开情况，对不符合要求的车辆不予办理注册登记。严格变更、转让登记环保达标监管，对外地转入不符合环保达标要求的二手车，一律不予办理。2021年至2022年，全省共办理柴油货车注册登记288217辆。截至2022年12月，全省共有注册登记柴油货车1830876辆。在定期检验环保检测环节，对未经尾气排放检验或者该项目检验不合格的，不予核发检验合格标志。严格清理报废车辆。结合公安交管

"放管服"改革，开辟老旧车淘汰报废绿色通道，推动加快淘汰老旧车辆。主动会同生态环境、工业和信息化、交通运输等部门，定期筛查比对老旧车、柴油货车等高排放机动车信息，及时摸清底数，掌握动态，夯实精准治理基础。结合公安部部署的交通事故预防"减量控大"工作，对逾期未检验、逾期未报废上路行驶的车辆，逐车分析研判活动场所和轨迹，针对性布控查处。2021年至2022年，共查处8174起"驾驶报废机动车上路行驶"交通违法行为，查处487671起"逾期未检验机动车上路行驶"交通违法行为，办理735858辆机动车报废注销业务。严格处罚超标车辆。会同生态环境、交通运输等部门，建立排放超标机动车联合执法工作机制，形成生态环境部门检测、公安交管部门处罚、交通运输部门监督维修的联合治理工作闭环。依托货车、黑烟车禁限行区，通过电子警察执法和路面常态联合执法，依法查处、劝返、纠正重中型货车等高污染排放车辆。2021年至2022年，共查处4541起"驾驶排放不合格机动车上路"交通违法行为。

下一步，省公安厅将进一步提高思想认识，认真学习党的二十大报告中尤其是"推动绿色发展，促进人与自然和谐共生"的精神内涵，做好学习成果转化工作：**一是**持续强化打击力度，积极配合生态环境、自然资源等有关行政主管部门做好深入打好污染防治攻坚战工作，全力推进"昆仑2023"专项行动涉生态环境领域及第三方环保服务机构弄虚作假问题专项整治等一系列专项行动，确保专项行动取得实效。**二是**切实起到牵头抓总、谋划全局的作用，紧密关注我省环境领域犯罪的形势趋势及最新变化，紧盯持证矿产企业超范围开采、盗采河砂山砂、盗采稀土等非法采矿犯罪行为，以及涉非法转移倾倒处置废铅酸蓄电池、废机油桶、铝灰渣等危险废物污染环境犯罪行为，组织各地公安机关有针对性、有导向性地开展打击工作。**三是**继续加强与行政主管部门的配合联动，深化信息共享、情报互通、联合行动等方面合作，视情对突出犯罪领域开展联合执法行动，对大案要案开展联合督办；**四是**结合生态文明相关要求，继续会同有关部门抓好机动车尾气治理相关工作。

（七）广东省司法厅

省司法厅加强生态文明建设、绿色低碳循环发展领域立法，认真做好相关行政规范性文件审核监督工作，支持和引导相关部门在法治框架和法治轨道上，遵循稳中求进、创新引领原则，做好相关制度建设工作。

一是推动出台了《广东省建筑垃圾管理条例》《广东省气候资源保护和开发利用条例》《广东省渔业捕捞许可管理办法》《广东省洗砂管理办法》等法规、规章。

二是推动修改了《广东省水污染防治条例》《广东省海域使用管理条例》《广东省全民义务植树条例》《广东省机动车排气污染防治条例》《广东省固体废物污染环境防治条例》《广东省环境保护条例》《广东省湿地保护条例》《广东省大气污染防治条例》等法规。

三是推动修改了《广东省惠东海龟国家级自然保护区管理办法》《广东省森林和陆生野生动物类型自然保护区管理办法》《广东省植物检疫实施办法》《广东省森林病虫害防治实施办法》等规章。

四是完成了《广东省森林保护管理条例》审查修改工作。

下一步，省司法厅以"绿美广东"为引领，推进生态文明建设，加快推进《广东省生态环境教育条例》《广东省城市绿化条例》《广东省散装水泥和新型墙体材料发展应用管理规定》等法规规章立法进程，为我省生态文明建设、绿色低碳循环发展提供坚实的法治保障。

（八）广东省自然资源厅

省自然资源厅坚持以习近平新时代中国特色社会主义思想为指导，深入贯彻习近平生态文明思想和习近平总书记关于自然资源管理的重要论述以及对广东系列重要讲话、重要指示批示精神，严守资源安全底线，优化国土空间格局，推进全域土地综合整治，促进绿色低碳发展，维护资源资产权益，持续提升高水平保护高效率利用自然资源服务高质量发展的能力和水平，努力为我省绿色发展迈上新台阶作出新贡献。

一是加快形成国土空间规划体系，构建国土空间开发保护新格局。全面完成"三区三线"划定工作。指导各市县统筹划定落实耕地和永久基本农田、生态保护红线、城镇开发边界三条控制线。其中，全省划定生态保护红线50774.30平方公里，占省陆海国土总面积的20.99%，进一步筑牢我省生态安全屏障。高质量编制国土空间总体规划。依据"三区三线"划定成果，编制完成省国土空间规划，广州、深圳、佛山、东莞等四个报国务院审批和其余17个由省政府审批的地级市以及单独编制总体规划的89个县（市、区）也已形成成果，深入推进村庄规划优化提升、详细规划改革等工作，初步建成国土空间规划"一张图"实施监督系统，为全省构建"一核两极多支点、一链两屏多廊道"的网络对流型国土空间开发保护总体格局奠定坚实基础。

二是坚持最严格的耕地保护制度，落实耕地保护"国之大者"。全力推动建立耕地保护"田长制"。组织开展21个"田长制"先行县（市、区）建设，实行耕地保护网格化管理。先行建立试点县区"田长制"工作基础数据库，并对试点区域制作了耕地网格图层和网格分布图样例数据。多措并举积极推动耕地保护双管控双平衡。出台关于严格耕地用途管制的实施意见和工作指引，实施耕地"进出平衡"制度，组织开展耕地恢复和进出平衡示范点建设。建立健全耕地保护"1+N"动态监测监管体系，完善耕地"非粮化"监测体系。修订印发补充耕地指标交易管理办法等系列制度文件，加强和完善耕地占补平衡管理。开展新一轮垦造水田三年行动。在全面总结上一轮经验成效的基础上，启动新一轮三年行动计划，截至2022年底，累计动工垦造水田45万亩，其中完工42万亩，形成水田指标28万亩，彻底还清全省16.3万亩水田指标历史承诺，有效保障广湛高铁等186个重大项目建设，连续23年实现耕地占补平衡，有力促进了区域资源优势互补和绿色低碳循环发展。

三是大力支持海上风电等新能源建设，助力构建清洁低碳安全高效能源体系。全力做好海上风电等新能源项目用海服务支撑。建立重大项目用海服务保障台账，将多个海上风电项目纳入保障清单，用好政府购买重大项目用地用海用林组卷审批服务。2021—2022年，全省共审批海上风电用海项目11宗，批准用海面积5161.43公顷，装机容量604.1万千瓦。《广东省海上风电发展规划（2017—2030年）》（修编）规划的20个风电场址均已落实项目，其中已建成海上风电项目24个，用海面积7717.4公顷，装机容量790.475万千瓦；在建项目6个，用海面积2324.04公顷，装机容量414.4万千瓦；正在开展用海前期工作项目10个，预计装机容量639.3万千瓦。坚决守好筑牢海洋生态安全屏障，统筹考虑开发强度和资源环境承载能力，选取风电用海密集等重点区域开展跟踪监测，做好风电用海长期生态影响评价，推动风电项目用海持续健康有序发展。

四是系统推进生态保护修复治理工程，建设美丽低碳宜居城乡。出台《广东省重要生态系统保护和修复重大工程总体规划（2021—2035年）》。系统谋划全省重要生态系统保护和修复的重点任务、重大工程，夯实对绿色低碳循环发展的生态支撑。编制广东省国土空间生态修复规划，谋划筑牢"三屏五江多廊道"生态安全格局。推进生态保护修复重大项目实施。部署推动广东粤北南岭山区山水林田湖草生态保护修复工程试点，试点19项绩效目标已全部达成，进入收尾阶段。广东南岭山区韩江中上游山水林田湖草沙一体化保护和修复工程项目实施方案经省政府同意已报自然资源部、财政部、生态环境部备案。稳慎推进全域土地综合整治与农村建设用地拆旧复垦工作。出台省级配套支持政策，探索开展21个省级全域土地综合整治试点，起草全域土地综合整治试点奖励办法和项目管理办法。全省完成农村拆旧复垦项目交易7279亩，成交金额50.07亿元。

下一步，省自然资源厅将重点做好以下几项工作：**一是**抓好国土空间总体规划编制审批。争取省级国土空间规划率先通过国务院批准，力争今年完成由省政府审批的17个地市、56个县国土空间总体规划编制报批。**二是坚决落实耕地保护"国之大者"**。全面建立"田长制"。推动以省委省政府名义出台"田长制"有关文件，建立省、市、县、镇、村、村小组"5+1"田长责任体系，实现耕地和永久基本农田保护责任全覆盖，实行耕地保护网格化管理。严格落实"两平衡一冻结"。严格落实耕地"占补平衡"和"进出平衡"，稳妥有序推进补充耕地和恢复耕地，打好垦造水田三年行动收官战，指导各地编制年度耕地"进出平衡"总体方案并组织实施。对违法建设占用耕地的，将冻结补充耕地指标。加强耕地变化监测体系建设。搭建"天上看、地上查、网上管"的"人防+技防"动态监测监管机制，实行每月对全省耕地变化监督，做到早发现、早制止、早整改。**三是着力打造海洋产业绿色低碳循环发展新动能**。强化海洋强省建设引领。深入贯彻落实全面建设海洋强省意见，推动召开全省海洋工作会议，实施海洋强省建设三年行动方案，加速培育海上风电等新兴产业。推动海洋产业转型升级。高水平推进国家海洋综合试验场（珠海）、省级海洋经济高质量发展示范区和现代海洋城市建设。促进海洋经济发展专项成果转化，推动海上风电、海洋工程装备等新兴产业创新发展。持续办好、用好中国海洋经济博览会平台，为海洋产业转型升级汇聚技术和人才。补齐公务码头、海洋观（监）测站点等海洋公共基础设施短板，建设海洋大数据中心。加快推动重大用海项目审批。进一步健全完善重大项目用海审批"专班制""销号制""限时办结制"等。全力推进汕头港广澳港三期、广州港南沙港区国际通用码头工程等重大用海项目报批。加快围填海历史遗留问题处理，推动已批未填区域实施填海、未批已填区域完成备案，尽快形成实物工作量。**四是扎实推进绿美广东生态建设**。开展重要生态系统保护修复。全力创建南岭国家公园、丹霞山国家公园，高标准建设华南国家植物园、深圳"国际红树林中心"和国家林草局穿山甲保护研究中心，推动湛江雷州、湛江徐闻、惠州惠东、江门台山等4个万亩级红树林示范区创建取得积极进展，加快推进广东南岭山区韩江中上游山水林田湖草沙一体化保护和修复工程等重大项目实施，统筹推进国土绿化、矿山生态修复、海岸带生态保护修复。加强保护修复规划引领和制度设计。制定印发省国土空间生态修复规划，加快构建好全省生态保护修复格局。推动印发鼓励和支持社会资本参与生态修复的实施意见，率先在红树林营造和矿山生态修复方面试点探索政策激励。以乡镇为单元推进实施全域土地综合整治。以国土空间规划为引领，综合运用垦造水田、拆旧复垦、"三旧"改造、资源利用等政策工具，大力推进 42 个国家和省级试点，整体开展农用地、建设用地整理和乡村生态保护修复，有效破解空间布局无序、土地利用低效、耕地布局破碎、生态连通性低等问题，助力建强中心镇、专业镇、特色镇。及时总结试点经验，积极争取扩大试点范围。

（九）广东省生态环境厅

"十四五"以来，省生态环境厅深入践行习近平生态文明思想，牢固树立绿水青山就是金山银山的理念，坚持稳中求进工作总基调，深入打好污染防治攻坚战，协同推进降碳、减污、扩绿、增长，生态环境质量实现高位改善，经济社会发展的绿色底色更亮、成色更足。

一是深入打好污染防治攻坚战。坚持臭氧污染协同防控，大力推进挥发性有机物（VOCs）和氮氧化物协同减排，加强涉 VOCs 排放企业深度治理和涉工业炉窑企业分级管控，深化成品油全生命周期监管，强化"气象影响型"污染天气科学应急应对。2022 年大气环境质量持续领跑全国，全省 PM2.5 年均浓度降至 20 微克/立方米，连续 3 年达到世卫组织第二阶段目标，空气质量优良天数比率为 91.3%，高于全国平均水平 4.8 个百分点。坚持陆海统筹系统治水，加强"流域+区域"水环境系统治理，推动重点国考断面水质稳定达标，拓展城市黑臭水体治理成效，截至 2022 年底，县级城市黑臭水体消除比例达 42%，全面启动珠江口海域综合治理攻坚，实施 13 个市总氮协同减排。2022 年水环境质量取得历史性突破，劣Ⅴ类国考断面全面清零，水质优良率提升至 92.6%，高于全国平均水平4.7个百分点，近岸海域水质优良面积比例达89.7%，高于全国平均水平7.8个百分点，县级以上集中式饮用水源水质达标率保持100％。实施农用地土壤镉等重金属污染源头防治行动，在韶关、湛江、清远市8个县（市、区）开展土壤重金属污染成因排查，对52家矿区历史遗留固废排查，启动整治2家。推进受污染耕地安全利用，安全利用和严格管控措施落实率100％，受污染耕地安全利用率达到目标要求。推进695家土壤污染重点监管单位依法100％落实自行监测、隐患排查。有效管控建设用地土壤污染风险，更新建设用地土壤污染风险管控和修复名录23期，有序推进254家优先监管地块的污染管控工作。积极推进佛山市"十四五"土壤污染防治先行区，探索土壤、地下水协同防治新路子。深入推进农村环境污染治理攻坚，"十四五"以来，全省共完成2465个行政村环境整治、107条省级以上监管农村黑臭水体整治，全省农村生活污水治理率提升至53.4%，超额完成2022年农村生活污水和黑臭水体治理民生实事任务。

二是深入开展绿色低碳试点示范。全方位、多层次推动国家低碳省试点建设。持续推动汕头市南澳县、珠海市万山镇、广州市状元谷、中山市小榄北区、佛山市岭南大道公交枢纽站开展近零碳排放区示范工程建设；开展减污降碳突出贡献企业评选活动，授予全省第一批15家企业"减污降碳突出贡献企业"称号。持续深化碳排放权交易试点，在钢铁、水泥、石化、造纸、航空等五个行业基础上，将陶瓷、数据中心等行业纳入碳市场管理范围，碳排放配额累计成交2.14亿吨、金额56.39亿元，稳居全国首位，碳市场控排企业碳减排量比2013年碳市场启动时累计减排二氧化碳超过6600万吨；广州南沙新区和深圳福田区成功申办国家气候投融资试点。深入推广碳普惠工作，核证减排量申报范围拓展至全省，累计签发核证减排备案191万吨，带来经济收入3931余万元，其中来源于贫困地区林业碳普惠减排量（PHCER）118万吨，为贫困地区带来经济收入2467余万元。

三是加快推动"无废城市"建设。逐步完善"无废城市"建设工作机制，成立省"无废城市"建设领导小组，组建"一对一"技术帮扶组，构建"9+1+1"（9个珠三角城市+1梅州市+1信宜市）"无废城市"建设试点，上下联动、协力推进的工作机制逐步形成。因地制宜开展"无废城市"建设，深圳市形成了"源头标准化+处置平台交易化+管理智慧化"的危险废物全周期智慧管控模式，被国家列为"无废城市"建设典型案例；佛山市高标准建设南海固废处理环保产业园，初步形成了"全链条规划布局、全过程协同循环、全系统对标先进、全方位破解'邻避'"的"佛山经验—瀚蓝模式"；广州市初步形成了"法规体系完善、全链条监管到位、资源化利用全覆盖"的建筑废弃物治理的"广州模式"，可复制可推广的模式和经验逐渐丰富。持续提升危废利用处置能力建设，加强铝灰渣监管和利用处置能力建设，21个常规设施建成投运，年处置能力超80万吨，实现铝灰渣处置从应急到常规的平稳过渡，深化跨省区危废污染联防联控，与浙江等省（区）建立危废转移合作机制，全省核准危废利用处置能力达1140万吨/年，同比增长34.12%。

四是进一步完善生态环境准入服务机制。印发管理暂行规定，完善生态环境分区管控实施机制。开展减污降碳协同管控试点，强化生态环境分区管控、规划环评、项目环评联动，持续完善省级应用平台功能并面向社会开放，访问次数超过10万次，应用平台入选第五届数字中国建设峰会优秀应用案例。制定促进产业有序梯度转移生态环境保护支持措施，引导珠三角产业向粤东西北有序转移。创新环评审批服务机制。坚决遏制"两高"项目盲目发展，加强重点项目环评要素保障，出台优化重点项目服务助力经济高质量发展十项措施，靠前服务指导，创新实施环评办理承诺制，协调推进陆丰核电站5、6号机组，廉江核电项目一期工程，瑞金至梅州铁路等一批重点项目顺利通过生态环境部审批，全省共审批项目环评13055个，涉投资总额2.03万亿元。

下一步，省生态环境厅将全面贯彻落实党的二十大精神，坚持稳中求进、守正创新，锚定高质量发展首要任务，以生态环境高水平保护不断推动经济社会发展绿色低碳转型。重点做好以下几项工作：**一是**坚定服务高质量发展。制定出台减污降碳协同增效实施方案和推动服务高质量发展生态环境政策文件。深化环评要素保障，大力支持全省重大项目落地建设，积极引导珠三角产业向粤东西北有序转移，推动产业园区环境管理提质增效。大力推进减污降碳协同增效，深化广东碳标签制度，健全碳排放权市场交易机制，逐步扩大碳交易行业范围，协调建立粤港澳大湾区碳市场，持续深化低碳试点省市建设。**二是深入推进环境污染防治。**实施全面提升空气质量行动计划，推进重点区域协同防控和重点行业多污染物减排。坚持控源截污与生态扩容相结合，强化国考断面达标攻坚和近岸海域水质达优攻坚，扎实推进农村生活污水治理攻坚。强化土壤污染源头防控和风险管控，协同推进地下水污染治理。全域开展"无废城市"建设，大力推动固体废物源头减量、资源化利用和无害化处理，开展新污染物治理。**三是持续提升生态环境管理水平。**强化生态环境分区管控，持续深入推进"三线一单"实施应用，强化产业园区规划环评。完善产业污染物排放标准、领跑者激励制度、减排奖补政策、排污权交易机制和环保信用评价等政策制度，不断提高重点行业企业排放管控水平。

（十）广东省住房和城乡建设厅

"十四五"以来，省住房城乡建设厅全面贯彻落实新发展理念，认真落实习近平总书记对广东工作的重要指示批示精神，以全国住房城乡建设工作会议精神为指导，积极推进城乡建设领域生态文明建设、绿色低碳循环发展工作，全省城镇民用建筑全面按照绿色建筑标准建设，绿色社区创建任务超额完成，海绵城市建设示范带动显著，城市生活垃圾分类工作在全国评估中位居前列，智能建造试点工作取得实效。

一是全面发展绿色建筑。加强法规政策建设。贯彻落实《广东省绿色建筑条例》，统筹规划、建设、管理三大环节全面发展绿色建筑。制作绿色建筑专题宣传片和《广东省绿色建筑条例》普法长图，编撰《〈广东省绿色建筑条例〉释义》。联合省发展改革委、自然资源厅等13部门印发《广东省绿色建筑创建行动实施方案（2021—2023）》，还印发实施了《广东省建筑节能与绿色建筑发展"十四五"规划》《广东省绿色建筑发展专项规划编制技术导则》。完善标准体系。发布实施《广东省绿色建筑设计规范》《广东省建筑节能与绿色建筑工程施工质量验收规范》《广东省绿色建筑检测标准》等技术标准，实现绿色建筑建设全过程标准管控。启动《广东省近零碳建筑技术标准》编制和超低能耗建筑等试点工作。加强绿色建筑建设全过程监管。督导各地通过规划设计引领、施工图审查抽查和建设过程检查，城镇民用建筑全面执行绿色建筑标准，城镇绿色建筑占新建成建筑比例逐年递增，2021年、2022年底分别达到73%、82%。广州白云国际机场扩建工程二号航站楼等15个项目获得国家绿色建筑创新奖，涌现了一批以水发兴业、未来大厦为代表的优秀的岭南特色近零能耗建筑。广州、深圳、佛山、珠海等多地已建成高星级绿色建筑发展聚集区。

二是完成绿色社区创建任务。细化创建标准。广东省住房城乡建设厅联合发展改革委等6部门印发《广东省绿色社区创建行动实施方案》，因地制宜确定全省绿色社区创建行动的"路线图""时间表""任务书"，结合原"广东省绿色社区"、宜居社区内容，形成《广东省绿色社区创建工作要求（试行）》中的5大创建内容、17个创建标准、42项创建要求，充分融入广东特色元素，自加压力增加了补齐卫生防疫、社区服务等方面短板的内容。结合实际推进创建。在尊重省内地区发展差异的基础上，提出珠三角地区不低于70%、粤东西北地区不低于40%、全省总体不低于60%的城市社区完成创建的要求。各地级以上市均出台市级配套政策，细化各项工作任务，结合实际推进创建工作。持续巩固创建成果。2021年，广东省开展建立机制、完善标准、细化目标等措施，实现全省30%以上城市社区率先达到绿色社区创建标准，创建绿色社区超过1500个；2022年，在巩固深化已有创建成果的基础上，广东进一步加快创建进度，全省3293个城市社区达到绿色社区创建要求，占全省城市社区总数的66.44%，超额完成国家部署的绿色社区创建任务。我省中山、江门、佛山市创建比例较高，分别有93.7%、83.53%、82.72%的城市社区完成绿色社区创建。

三是推动完善环境基础设施。全域推进海绵城市建设。2022年以来，广东省住房和城乡建设厅印发实施《广东省系统化全域推进海绵城市建设工作方案（2022—2025年）》等政策法规方案，不断完善海绵城市建设政策体系，指导地市系统化全域推进海绵城市建设工作。坚持示范引领，鼓励各地积极申报国家海绵城市建设示范城市，继广州、汕头市之后，中山成功获评国家级海绵城市建设示范市，佛山、东莞、中山、江门、梅州、茂名市成功获评省级海绵城市建设示范市。经各地自评上报，全省共建成符合海绵城市建设标准面积约1468.91平方公里，占建成区面积比例达27.3%。推进生活垃圾管理分类管理。组织《广东省城乡生活垃圾管理条例》宣贯培训，印发《广东省城市生活垃圾分类工作评估办法（2021—2022年）》。开展2021、2022年度城乡建设重点工作综合检查，分层次进行省级垃圾分类评估。积极做好迎接国家评估有关工作，组织全省垃圾分类评估视频培训，强化分类督促指导，在全国城市生活垃圾分类工作每季度评估中，我省位列东部区域8个省份第2名。加快建立完善匹配的垃圾分类系统，不断扩大分类覆盖面，全省地级以上市城区约2.2万个居民小区已开展垃圾分类，共配置分类收运车约1.2万辆，厨余垃圾处理能力达1.6万吨/日。

四是推进智能建造助力绿色技术创新体系构建。打造智能建造试点项目和范例。在全国率先发布第一批42个省级智能建造试点项目和74个省级智能建造新技术新产品创新服务范例，3个试点项目、17个典型案例入选全国智能建造试点项目和典型案例，30项做法入选全国第一、二批可复制经验做法。推动广州、深圳、佛山入选全国智能建造试点城市，在培育智能建造产业集群、标杆企业以及研发推广建筑机器人应用等方面积极探索实践。大力发展数字化设计。指导广州、深圳率先应用施工图三维电子辅助审查、AI人工智能辅助审查，带动一批设计龙头骨干企业向市场推出大批自主可控数字化设计软件。推动智慧施工。建立省级工程质量安全政府监管一体化平台，汇集500余个在建工程项目的现场视频监控。广州、深圳、珠海等城市均已建立智慧工地信息化监管平台，部分重点工程项目建立"BIM+智慧工地"平台。探索建立行业级、企业级、项目级建筑产业互联网平台。中建科工集团建立了面向企业自身的工业互联网平台，将生产板块、业务板块的多个系统的数据进行整合；中建科技搭建项目级的"装配式建筑智慧建造平台"，融合设计、采购、生产、施工、运维的全过程，是我国装配式建筑领域第一个全过程智慧建造平台。大力支持建筑机器人研发应用，支持培育智能建造企业发展和实施应用。

五是不断推动建筑工地节能减排。开展建筑垃圾减量工作。深入开展房屋市政工程施工现场降碳减排政策研究。从落实企业建筑垃圾减量化主体责任、推行绿色设计理念、实施绿色建造方式、发展建筑垃圾再生产品、推广绿色施工工艺等方面推进建筑垃圾减量化工作，进一步加强建筑垃圾源头管控和循环利用。指导深圳市开展绿色建造试点工作。积极推广深圳市作为绿色建造试点地区的经验做法，紧紧围绕绿色策划、建筑垃圾减量化与综合利用、工程标准化设计、采用新型组织管理模式、建立建筑产业互联网平台等方面开展深入探索和推广应用，培育绿色建造产业生态。加强建筑施工节能管理。推动各地建立建筑工地节能降耗机制，督促项目落实节能减排责任，采取有效节能措施降低施工能耗。加强对大型施工机械设备节能管理，鼓励选用高效节能的施工机械，禁止耗能超标机械进入施工现场，设备闲置时应及时切断电源，杜绝空转。加大对新型绿色节能技术和可再生能源推广应用，在建筑施工中优先使用自动启停水泵控制系统、用电设备时间控制器、LED照明系统、太阳能路灯、空气能热水器等节能装置或设备，进一步促进能源节约和循环利用。深入推进施工扬尘污染治理。组织修订《广东省建设工程施工扬尘污染防治管理办法》，进一步规范和加强施工现场扬尘污染治理。开展常态化督导检查，督促各地主管部门严格落实施工扬尘源头管控责任，持续推进扬尘精细化治理。针对施工噪声扰民问题向各地住建、城管等相关部门发提醒函，要求各地主管部门完善施工噪声污染防治制度措施，从源头降低施工噪声污染，妥善处理噪声扰民问题。

下一步，省住房城乡建设厅以习近平新时代中国特色社会主义思想为指导，全面贯彻党的二十大精神，深入贯彻落实习近平总书记对广东系列重要讲话和重要指示批示精神，以推动高质量发展为主线，重点做好以下几项工作：**一是**多措并举提高建筑节能减碳水平。贯彻执行《广东省绿色建筑条例》，进一步建立健全绿色建筑全寿命期标准体系。开展建筑节能检查，加大绿色建筑等级等重要信息向社会公开力度。用好专项资金奖补，组织实施绿色建筑、超低能耗建筑、近零能耗建筑发展激励措施。**二是**系统化全域推进海绵城市建设。以海绵城市理念引领城市排水防涝，聚焦城市内涝、加强雨水收集和利用，系统化全域推进海绵城市建设。加强对2个试点城市、3个国家示范市和6个省级示范市示范项目的督促指导，形成一批有亮点有特色的示范片区或示范项目，引领带动全省系统化全域推进海绵城市建设。**三是**持续推进生活垃圾管理。指导各地建立健全分类处理系统，加大对现有生活垃圾分类投放收集点（站）的升级改造力度，强化收运设施科学布局。定期开展省级城市生活垃圾分类工作评估，强化督促指导。继续推动优化设施处理结构，提高焚烧能力占比。完善生活垃圾处理设施建设管理制度，加强技术指导服务，提升设施运营管理水平。**四是**大力发展数字建造技术。推动数字设计、智能生产、智能施工和智慧运维，加快BIM技术研发和应用，建设建筑产业互联网平台。完善智能建造标准体系，推动自动化施工机械、建筑机器人等设备研发与应用。**五是**广泛试点应用智能建造技术。推动智能建造试点城市高标准落实目标任务，纵深拓展优势领域，加快形成可感知、可量化、可评价的试点成果。创新智能建造产业生态，构建智能建造新技术成果库，促进成果转化应用。拓展智能建造技术在房屋市政、交通、水利等工程建设各环节的应用，加快形成涵盖全产业链的智能建造产业体系。**六是**持续推动施工现场节能减排。全面推行绿色施工，深入开展施工现场建筑垃圾减量化现状调研，研究出台我省房屋市政工程施工现场降碳减排指引文件，指导推动各地科学有序开展建筑垃圾减量工作，督促参建各方主体落实建筑垃圾减量化责任。**七是巩固绿色社区创建成果。**支持有条件的地区继续提高绿色社区创建比例。建立健全绿色社区建设管理长效机制，结合广东实际，完整社区建设，研究编制绿色社区建设地方性标准，不断完善居住社区品质提升标准体系，加强养老、无障碍、助残等设施建设，不断满足人民群众对美好环境与幸福生活的向往。

（十一）广东省交通运输厅

省交通运输厅深入学习贯彻习近平生态文明思想，积极落实《国务院关于加快建立健全绿色低碳循环发展经济体系的指导意见》《广东省生态文明建设"十四五"规划》《广东省人民政府关于加快建立健全绿色低碳循环发展经济体系的实施意见》等部署要求，加强系统谋划，聚焦运输结构优化调整、运输工具装备低碳转型、绿色低碳基础设施建管养等重点领域，持续推进交通运输行业节能降碳减污协同增效，推动我省交通运输绿色低碳循环发展。

一是提高政治站位，统筹谋划推进。加强组织领导。面对"双碳"目标下交通运输绿色低碳转型发展实际需要，省交通运输厅进一步提高政治站位，积极落实省委、省政府决策部署，2022年6月17日成立由厅党组书记林飞鸣和厅长李静担任组长的省绿色低碳交通发展工作领导小组，建立常态化工作机制，协同我省行业各方力量推进涉及我省交通运输行业的节能减排、污染防治、资源集约利用等生态文明建设全方位工作。加强系统谋划。按照省碳达峰"1+1+N"政策体系部署，组织编制我省交通运输行业碳达峰行动方案，谋划从推动交通运输结构变革、运输工具装备低碳转型、推进低碳交通基础设施建管养、建立健全低碳政策制度体系等方面统筹我省交通运输行业做好碳达峰工作。深入贯彻落实党的二十大精神，深入贯彻习近平生态文明思想，根据省委、省政府和交通运输部有关工作部署，组织编制广东省交通运输绿色低碳发展指导意见，指导我省交通运输绿色低碳发展工作，涉及交通运输结构优化、节能降碳、生态环境保护修复、污染防治、资源节约循环利用、绿色出行等交通运输绿色低碳转型发展全方位工作。持续出台各专业领域工作方案。印发《广东省推进多式联运发展优化调整运输结构实施方案》（粤府办〔2022〕25号），结合我省实际对"十四五"期我省推进运输结构调整与多式联运发展进行顶层设计，优化运输方式间衔接融合，提升综合运输整体效率，加快构建安全、便捷、高效、绿色、经济的现代化综合交通运输体系。印发《广东省"十四五"绿色公路建设实施方案》（粤交基函〔2022〕451号），统筹公路规划、设计、建设、运营、养护、管理全过程，推动我省公路工程建设项目全面践行绿色理念。印发《广东省推进琼州海峡省际客滚船舶靠港使用岸电实施方案》（粤交港口字〔2022〕243号），积极推动琼州海峡北岸客滚码头岸电设施覆盖及使用。

二是货物运输结构优化调整成效初显。推动大宗货物运输多式联运。联合中国铁路广州局集团有限公司印发《关于贯彻落实〈广东省推进多式联运发展优化调整运输结构实施方案〉的通知》，落实"一港一策、一企一策"，加快推动重要项目建设，提升铁路货运和多式联运发展的基础条件。指导"广州港贯通中南西南—粤港澳，打造'双网协同、港铁互融、枢纽集散'集装箱多式联运示范工程"成功入选国家第四批多式联运示范工程。大力推动大宗货物运输"公转铁""公转水"，2022年全省完成铁路货运量11707万吨（国铁集团数据）；集装箱铁水联运量67.8万TEU（标准箱），同比增长14.5%。稳步推进铁路专用线建设。加快推进铁路进港口、物流园区和大型工矿企业。广梅汕铁路汕头站至汕头广澳港区铁路于2022年1月开工建设，累计完成投资4.5亿元；新建茂名东站至博贺港区铁路2022年底建成运营；湛江宝满港区铁路专用线于2022年12月开工建设；深圳平湖南至盐田港铁路改造工程已通过可行性研究审批，正加快开工建设。积极推进绿色货运发展。指导韶关市入选国家第三批绿色货运配送示范城市建设名单。持续推进珠海、佛山两市城市绿色货运配送示范工程建设。

三是新能源清洁能源车船应用推广进展显著。持续加快新能源清洁能源车推广应用。截至2022年底，我省交通运输行业累计推广应用新能源汽车43.2万辆（含合规网络预约出租汽车）。全省城市公交领域电动化率达98.72%，珠三角地区、粤东西北地区公交电动化率分别为100%、92.5%，全省巡游出租汽车、合规网约出租汽车电动化率分别为84.45%、92.73%。全省氢燃料电池营运车辆2383辆，公交、货运领域分别为1037辆、1346辆。佛山高明区氢能源有轨电车示范线完成建设并投入商业运营，填补了世界氢能有轨电车现实应用的空白。积极推广新能源及清洁能源船舶。积极推广LNG船舶，截至2022年底，全省各地市签订LNG改造合同的船舶214艘，完成改造下水123艘，检验发证101艘。目前，全省LNG单燃料动力船舶151艘，居全国第一。省内首艘新建LNG单燃料动力水泥罐装船"中集润庆106"于2022年4月23日在肇通船厂顺利吉水。"珠水百年"号和"广游20"号投入运营，珠江游纯电动船运力规模达到5艘1356客位，运力规模居全国前列。新能源及清洁能源港作车辆比例逐步提升。2022年全省港作机械总数量7311台，采用电动、LNG等新能源动力4961台，比例提升至67.9%；港口港作车辆4877台，采用电动、LNG等新能源动力1245台，比例提升至25.5%。

四是交通运输用能配套设施建设使用稳步推进。全面推进我省港口岸电设施建设。截至2022年底，全省港口83.4%的码头泊位实现岸电设施覆盖，完成交通强国建设试点任务确定的覆盖率70%的既定目标，其中沿海港口已建岸电设施516套，覆盖757个泊位；内河港口已建岸电设施607套，覆盖709个泊位，内河港口岸电在全国率先实现省级全覆盖。创新监管模式，建设并使用广东省港口岸电监测平台，实现动态监管和自动统计。大力推动高速公路服务区充电桩建设。截至2022年底，全省已建成开通的高速公路服务区共483个，其中已建设充电设施的服务区469个，覆盖率97%；累计完成1305座充电桩建设工作，充电停车位约2300个，具备建设条件的服务区基本实现充电设施全覆盖。

五是提升交通基础设施绿色发展水平。提高交通用地资源集约利用水平。G15沈海国家高速公路茂名至湛江段改扩建项目通过交通组织隔离设施与扩建中分带预制护栏的"永临结合"，施工便道与"三改工程"的"永临结合"，低填浅挖、软基换填与施工便道的"永临结合"，实现土地资源集约利用。推广应用节能环保先进技术和产品。"生态环保型沥青混合料—TSEM""高性能经济磨耗层""降温抗车辙""耐久型排水"沥青路面等一批新材料、新型结构在惠清项目进行重点研究攻关并示范应用。珠三角环线高速公路中山至江门段扩建工程创新试用"减碳"沥青，成为全国首条试用减碳沥青的高速公路。推进废旧材料资源循环利用。依托矾石水道航道一期工程立项航道疏浚土综合利用关键技术研究等科研课题，为我省航道疏浚土的处理提供新的思路和处理模式，实现疏浚土综合利用。沈海高速公路汕头至深圳西段扩建工程通过大宗工业固废利用、废弃混凝土集料综合利用技术、沥青路面再生技术、混凝土构件综合利用技术等实现旧路资源最大化利用。

六是持续推进绿色低碳出行。积极开展绿色出行创建行动。2022年6月，组织广州、珠海、佛山、东莞、汕头5个地市顺利完成绿色出行创建的考核自评工作，并会同省发展改革委等部门组织对5个地市的绿色出行创建申请材料进行了专家评审，其中广州、佛山、东莞市通过省级专家评审并准予推荐至交通运输部。广泛开展绿色出行宣传活动。会同省公安厅、省总工会和省能源局制定印发2022年度公交宣传周省级活动方案，组织各地市开展公交主题宣传展览、公交志愿服务等活动，鼓励有关企业通过建立绿色出行积分、开展知识竞赛、发放出行礼包、推行优惠周卡等方式，充分将绿色出行理念融入市民生活，引导公众优先选择绿色出行方式。

七是持续深化污染防治。推进港口船舶水污染物治理。目前，全省400总吨以下的内河营运船舶875艘全部完成防污染设施改造；348个内河码头和67个沿海码头实现污染物接收设施 100％覆盖。全省 697 个码头中，229 个已接入市政生活污水管网，剩余码头已建设生活污水处理设施或配套收集转运设施。同时，建设并推广使用广东省港口船舶水污染物监测平台，截至 2022 年底，监测平台共有船舶 6410 艘、码头 679 家、第三方接收单位 123 家、转运单位 27 家和处置单位 30 家完成注册。依托监测平台，船岸交接登记制度逐步完善，全省共完成 6236 条电子联单。推进行业大气污染治理。积极推进营运柴油车污染治理，2022 年共对 10.61 万辆道路运输车辆进行了燃料消耗达标核查。印发《广东省交通运输厅关于加强交通建设项目非道路移动机械排放污染防治工作的通知》，进一步强化非道路移动机械排放管理工作，细化施工期间非道路移动机械使用规定。加强公路水运工程施工扬尘排放管理，2022 年共抽查在建公路水运工程项目 12 个，参建单位 49 家，发现问题 21 项，现场发出整改要求、整改时限。扎实推进塑料污染治理。按照海事部门公布的垃圾管理计划编制指南制定《船舶垃圾管理计划》，配备数量和容积满足垃圾分类收集和储存要求的收集装置，塑料废弃物按要求进行收集并排入接收设施。大力推进高速公路服务区垃圾分类工作，截至 2022 年底，全省 483 个高速公路服务区实现垃圾分类"有设施、有标识、有指引"目标，推动各服务区减少一次性塑料制品使用。

下一步，省交通运输厅将重点做好以下几项工作：**一是继续推动交通运输结构优化调整。**深入实施国家和省级多式联运示范工程，加快铁水多式联运发展，引导长途大宗货物运输更多选择铁路、水路运输方式。加快全省高等级航道网扩能升级，提高对接沿海港口的江海联运能力。加快推进铁路专用线建设，推进铁路进沿海港口、物流园区和大型工矿企业。加快城乡物流配送体系建设，推进国家绿色货运配送示范工程创建。继续实施城市公交优先发展战略，建设完善城市多层次公共交通系统，打造高效衔接、快捷舒适的公共交通服务体系，积极引导公众选择绿色低碳交通方式。**二是进一步优化交通运输用能结构。**持续推进新增和更新的城市公共交通、出租汽车、城市物流配送车辆按有关文件要求应用新能源和清洁能源。推动淘汰国三及以下排放营运柴油货车。积极组织申报公共领域车辆全面电动化先行区试点工作，同时在试点城市中加大燃料电池汽车推广应用力度。实施绿色出行"续航工程"，进一步优化调整高速公路服务区充电设施布局。加快推进内河LNG船舶应用。全面推进港口船舶岸电建设和使用，进一步推进岸电设施、船舶受电设施建设，船岸协同推进，大力提升船舶靠港岸电使用率。推进琼州海峡省级客滚码头、3万吨级以上干散货码头、内河码头岸电常态化使用。

（十二）广东省水利厅

省水利厅深入学习贯彻习近平生态文明思想，积极践行习近平总书记"节水优先、空间均衡、系统治理、两手发力"治水思路，对照国务院《关于加快建立健全绿色低碳循环发展经济体系的指导意见》《关于加快推进我省生态文明建设的实施意见》等有关文件要求，从全面推行河长制湖长制、开展农业节水和合同节水、实施最严格水资源管理制度、加强水土保持、稳步开展水权交易等方面，推进绿色低碳循环发展，加快构建系统完备、科学规范、运行有效的治水体系。

一是全面深入推行河长制湖长制。我省河湖长制工作连续五年获得国务院督查激励，坚持高位推动落实，层层压实河湖长工作责任。时任省委书记李希、省长王伟中带头担纲履职，全省8万多名河长湖长累计巡河湖265.5万次，有效推动解决了大批影响河湖健康的重点难点问题。强化流域统筹区域协同，积极推动变"分段治"为"全域治"。切实发挥河长制平台作用，建立珠江流域省级河湖长联席会议机制、韩江省际河流河长协作机制、韩江流域水利综合治理联席会议制度。全面检视体系建设，完善河湖长组织体系。建立河湖长体系动态管理机制，完善河湖管护队伍体系，积极发展护河志愿队伍参与河湖管护。全省共设立巡河员、护河员2.1万人，年管护经费约20亿元，护河志愿者注册人数超98万人，服务时数累计超400万小时。加强河湖长制监督检查，严格落实考核问责。实施河湖长制工作年度考核，开展"进驻式"暗访检查，强化激励问责，制订《广东省河湖长制监督检查办法》。纵深推进"四乱""碍洪"问题清理整治。录入水利部系统"四乱"问题2100宗、我省常态化监测发现"四乱"问题7266宗、排查出碍洪问题664宗，已全部销号。累计清理违规侵占河湖的建筑物面积188.5万平方米，腾退被侵占的河湖管理面积2200多万平方米，清理非法占用河湖岸线长度200公里。高质量推进万里碧道建设，全力开展幸福河湖建设。截至2022年底，全省共建成万里碧道5212公里（其中2022年度建成2273公里），水碧岸美的生态效益和水岸联动发展的经济效益已经得以有效显现。广州黄埔区南岗河成功入选水利部第一批幸福河湖建设项目，中央投资和年度任务双百分百完成。

二是深入实施国家节水行动，提升水资源节约集约利用水平。逐步完善节水顶层设计，出台《广东省实施〈中华人民共和国水法〉办法》《广东省节约用水办法》《广东省水权交易管理试行办法》，为全省节约用水工作提供法律依据。制定了《广东省节水行动实施方案》《广东省节水型社会建设"十四五"规划》《广东省用水定额》《广东省节水统计调查制度（试行）》等系列政策文件，建立省节约用水工作联席会议制度，通过完善用水计量，强化计划用水和用水定额管理，健全水资源费和水价机制，不断推进全社会、全行业、全方位节水。持续推动节水型社会建设，截至2022年，全省累计建成43个节水型社会达标县（区）。打造节水标杆示范，引领社会全面深入节水，全省累计9家工业企业、24个用水产品型号、6家公共机构获得国家水效领跑者称号。建成2宗国家级节水型灌区，5家高校入选国家节水型高校典型案例，广州市黄埔区、深圳市、东莞市列入国家典型地区再生水利用配置试点。101家省级机关和事业单位100%建成节水型单位，累计建成59所节水型高校、241个水利行业节水型单位、12个省级节水教育社会实践基地、2家省级节水标杆星级饭店、17宗省级节水型灌区。累计实施合同节水项目20余项，主要集中在学校、医院与供水公司等公共机构领域，共引入社会资金约4000万，每年节水直接经济效益超3000万元，激发了节水市场主体活力。大力推进农业节水。持续推进大中型灌区建设管理工作。2022年，全省共有57宗大中型灌区实施改造，受益灌溉面积367万亩。推动建成15宗省级节水型灌区，全省农田灌溉水有效利用系数由0.524提高到0.532，农业用水量从204.19亿方下降至198.73亿方。全力推动农业水价综合改革水利部分工作。截至2022年底，全省大中型灌区基本实现渠首取水口100%在线计量，累计建设大中型灌区供水计量设施5727处，实现大中型灌区供水计量面积达1052.78万亩，大中型灌区骨干工程基本实现计量供水；按照《广东省农业取水许可管理工作方案》，并以东江流域为试点，探索农业水权确权、水权交易等工作；完成388宗中型灌区和2宗大型灌区的取水许可证核发工作。2022年全省保有农业取水许可证共2044套，许可水量123亿立方米。全省2550万亩改革任务初步完成农业用水指标分解工作，110个涉改革县通过颁发水权证或下达年度用水计划的方式稳步推进农业水权改革任务。加强创新研究，探索节水产业发展新路径。2022年，在省领导的指示和支持下，开展了广东省节水优先战略与策略研究，通过扫描全球最佳节水实践，寻找我省节水实施路径，探索研究节水技术产业布局的可行性。成功举办首届全国节水创新发展大会和节水高新技术成果展，建立供应端与需求端的有效衔接，国内外46家知名企业参展，促成约10亿元项目签约交易。强化宣传教育引导，树立节水文明新风尚。常态化和关键节点相结合，大力推动《公民节约用水行为规范》主题宣传"七进"活动，2022年全省累计开展线上线下活动200多场，共有18家单位被水利部评为《行为规范》主题宣传活动优秀组织单位。在第三届"节水在身边"全国短视频大赛中，我省共有6部作品获奖，获奖作品数量居全国首位，宣传推动形成社会节水新风尚。

三是深入推行最严格水资源管理制度，强化水资源刚性约束。印发"十四五"用水总量和强度管控方案及地下水管控指标方案，累计批复实施14条跨市、38条跨县区江河水量分配方案，健全覆盖流域与区域、地表与地下、常规与非常规水源的用水总量控制指标体系。开展全省取用水管理专项整治行动，自我加压核查登记河道内外共计3.25万个取水口，问题项目100％完成整改提升。完成取水监测计量体系年度建设任务，重点中型以上灌区渠首取水实现在线监测全覆盖，非农业用水量在线监测率达82％。2022年，在保持经济社会持续稳定发展的同时，我省全面超额完成国家下达的水资源管理"三条红线"约束性指标任务。全省用水总量401.7亿立方米，严格控制在435.0亿立方米以内；万元地区生产总值用水量和万元工业增加值用水量分别较2020年下降10％、19％，超额完成下降4％、3％的目标；农田灌溉水有效利用系数提高至0.532，超额完成0.527的目标；重要江河湖泊水功能区水质达标率持续提高至88.4％，高于国家考核目标82.3％。

四是扎实推进饮用水水源保护，提高饮水安全保障水平。每年按时组织对76个全国重要饮用水水源地开展安全保障达标建设，促进各地制定水源地达标建设规划或实施方案并开展自评估；专人对各全国重要水源地水量、水质、监控、管理等四大项25小项内容进行逐年评估。健全完善水质预警机制。及时将省水文局水质监测评价情况函告有水质不达标风险的地市，督促及时排查隐患、落实整改、加强水源地及其周边地区的管理保护。配合水利部开展全国重要饮用水水源地名录复核调整及饮用水水源保护相关工作调研，进一步优化我省重要水源地优化布局，共申报退出7个、新增3个重要饮用水水源地，在用水源地名录由76个调整为72个。

五是优化水资源调配，促进河湖生态流量保障。细化第一、二批重点河湖管控措施，印发《广东省第二批重点河湖生态流量保障实施方案》，出台了鉴江、沙河、石马河、淡水河、茅洲河、枫江、潼湖等重点河湖生态流量保障实施方案，提出了生态流量管控措施、预警方案、责任主体、考核要求和保障措施。印发《广东省水利厅关于做好2022年重点河湖生态流量保障工作的通知》，要求省各流域管理局、各地级以上市水利（水务）局，对我省列入全国生态流量重点河湖名录的18条（个）河湖和85条（个）地市级重点河湖，持续推进重点河湖生态流量目标和方案制定，落实重点河湖生态流量保障措施。加强生态流量数据报送，印发《关于开展广东省重点河湖生态流量数据报送工作的通知》，要求省水文局、各地级以上市水务（水利）局，对我省18条（个）重点河湖，23个生态流量控制断面，做好控制断面流量监测报送工作，明确各重点河湖监测断面数据报送人，保障数据及时有效上传。

六是加强水土保持，促进生态修复。根据年度水土流失动态监测成果显示，全省水土保持率由2020年的90.12％提高到2022年的90.27％，水土流失面积减少527.65平方公里，中度以上水土流失强度占比下降3个百分点，实现水土流失面积和强度"双下降"。2021年到2022年，全省新增水土流失治理面积2541.84平方公里，其中，种植水土保持林509.81平方公里，种植经济林72.63平方公里，种草11.39平方公里，新修或改造梯田1.27平方公里。较好地发挥了水土保持在生态文明建设和国土绿化、改善生态景观的多重作用，为绿色低碳循环发展创造了良好条件。

七是稳妥推进小水电分类整改，改善河湖生态环境。省委、省政府高度重视小水电分类整改工作，省领导多次批示指示。省政府于2021年7月印发《广东省小水电清理整改工作实施方案》，建立分管省领导担任召集人、12个省直部门组成的省级联席会议制度，并定期召开专题会议研究部署工作；全省18个涉及分类整改工作的地级以上市均印发工作方案并组建政府主要领导为召集人的工作专班。截至2022年底，完成近万宗小水电站核查评估、"一站一策"方案编制及批复、8000余宗生态流量核定批复及泄放设施改造工作，累计关停或退出476宗小水电站，其中2022年关停或退出264宗；出台系列政策指导文件。为做好与水利部等7部门文件的衔接，以7部门名义印发《关于进一步做好我省小水电分类整改工作的通知》，指导各地优化政策措施；省小水电联席会议办公室先后印发了"一站一策"、退出类小水电站综合利用功能难以替代专题论证、验收销号等工作指引，组建专家库，推动省发改委等5部门制定出台立项、环评等5项手续完善指引；建立健全工作机制。发挥省联席会议的统筹协调作用，建立健全信息通报、督导检查等系列工作机制，累计印发17份工作简报，及时通报进展动态，在全省范围初步营造出比学赶超的工作氛围；搭建省小水电清理整改管理平台和小水电生态流量监管平台，强化跟踪落实。

八是初步建立用水权交易机制，培育绿色交易市场机制。建立了水权交易体系。2016 年，省政府发布实施《广东省水权交易管理试行办法》（粤府令第 228 号），是全国首个以省政府规章出台的水权交易管理办法。该办法建立了我省水权交易的相关管理制度、水权交易监督管理体系。搭建了水权交易平台。经省人民政府同意，我省创建了全国首个企业化经营的水权交易平台"省环境权益交易所有公司"，通过交易平台开展水权交易规范操作。完成了区域之间水权交易。完成了我省首宗水权交易项目"惠州市用水总量控制指标以及东江流域取水量分配指标转让项目"，标志着我省乃至华南地区水权交易挂牌项目实现零的突破。探索完善水权交易机制。正有序开展省级储备水权有偿配置、水权交易激励机制、用水权分配和市场化交易制度建设等研究工作。

下一步，省水利厅将重点做好以下几项工作：**一是**推深做实河湖长制。完善机制法制建设。出台并严格落实《广东省河湖长制监督检查办法》《广东省全面推行河湖长制工作考核办法》（修订），抓紧起草《广东省河湖长制工作条例》。强化河湖管理基础。基本完成"广东智慧河长"平台建设，开展省级河湖健康监测评价、"一河（湖）一策"实施方案滚动编制及健康档案建立。推进河湖治理常态化。深入推进河湖"清四乱"常态化规范化，持续开展一年两次集中"清漂"行动，全面落实省洗砂监管执法机制。抓好幸福河湖和万里碧道建设。务实推进碧道年度任务建设，高质量完成南岗河幸福河湖试点建设任务，积极谋划推动省、市、县三级幸福河湖建设。稳步推动水经济研究发展。积极推动一批水经济试点落地，探索生态产品价值转化机制，因地制宜打造绿色水经济新业态。加强宣传引导。积极引导和组织开展系列赛事、"志愿组织领管碧道"等活动，形成全社会爱河护河、亲水乐水的良好氛围。**二是**持续强化刚性约束，提升水资源节约集约利用水平。以建立健全水资源刚性约束制度为引领，深入贯彻落实"四水四定"原则，健全完善水资源刚性约束指标体系，做实做细取用水强监管工作。持续贯彻节水优先方针，落实国家节水行动方案，探索南方丰水地区节水创新典范。进一步加强生态流量管控，落实生态流量监测能力建设，健全我省生态流量管控体系。**三是强化农业节水增效。**以粤东粤西粤北地区为重点推进农业节水，加快推进茂名高州水库、韩江粤东、雷州青年运河等大型灌区和中型灌区续建配套与现代化改造。加快推进农业水价综合改革工作。在"十四五"前两年优先推动珠三角经济发达地区整体加快改革工作，其余地区稳中有进逐步加快。进一步推进灌排工程体系和供水计量设施建设，督促各地抓好大中型灌区完善计量设施建设，并因地制宜建设田间计量设施。加强灌溉用水管理，加快推进农业用水指标合理分解至用水主体工作。鼓励引导各地因地制宜发展农民用水自治、专业化服务、水管单位管理等多种形式的终端用水管理模式。全面完成大中型灌区成本核算等。**四是稳步推行合同节水管理。**创新合同节水管理模式，搭建合作平台，拓展合同节水管理服务范围和深度。在公共机构、公共建筑、高耗水工业和服务业、供水管网漏损控制等领域，引导和推动合同节水管理。**五是进一步建立健全用水权交易机制。**按照实行最严格水资源管理制度的要求，进一步开展区域水权初始分配，明确区域水权；推动制定《广东省用水总量管理办法》，通过严格区域用水总量控制，积极培育区域水权交易市场；推进建立政府预留指标竞争性配置制度，解决深圳、东莞等地区因珠江三角洲水资源配置工程建设所存在的用水总量控制指标不足问题；进一步强化水资源计量监控设施建设，为水权确权和交易提供支撑。

（十三）广东省农业农村厅

省农业农村厅深入贯彻习近平生态文明思想，落实习近平总书记对广东系列重要讲话和重要指示精神，以绿色发展为导向，加强组织领导，围绕农业农村"双碳"战略目标的实现，大力实施农村人居环境整治，发展绿色种养循环农业，保护和高效利用农业资源，加强农业废弃物综合利用等，有效增加农民收益，促进乡村振兴。

一是持续推动国家农业绿色发展先行区建设。组织好2022年第三批农业绿色发展先行区的申报工作，陆丰市成功入选。指导纳入第一、二批国家农业绿色发展先行区的东源、恩平、德庆县（市）等建设农业绿色发展支撑体系、建立重要农业资源台账。

二是积极开展农业生产"三品一标"工作。印发省农业农村厅种植业、畜牧业、渔业、品种、品牌和标准化生产"3+3"专项实施方案，指导全省农业生产"三品一标"工作。统筹安排财政资金，积极推进示范试点。2022年，我省围绕粮食、岭南水果、蔬菜、南药、茶叶、生猪、家禽、水产等岭南优势产业，遴选出10个县（市、区）作为项目试点，各安排600万元，从品种培育、品质提升、品牌打造和标准化生产等环节推进农业生产高质量发展，探索农业绿色高质量发展典型经验。

三是推进绿色农田建设。在推进高标准农田建设工作中高度重视绿色发展。2022年，经省政府同意印发了《广东省高标准农田建设规划（2021—2030年）》（粤农农〔2022〕162号），明确提出将绿色发展理念融入高标准农田规划、立项、实施、验收、管护和利用全过程，强化绿色农田示范项目，保护生态环境，实现绿色发展。2022年，选取试点县打造51个宜机化改造和绿色农田试点示范项目，涵盖2022年实施高标准农田建设的市。各市通过开展种植绿肥、增施有机肥、秸秆还田等土壤改良与地力提升工程措施；选取绿色生态材料，因地制宜建设生态沟渠、生态塘堰、生态道路等绿色路渠工程；开展病虫害生态防治，集成推广绿色高质高效技术，打造集耕地质量保护提升、生态涵养和田园生态景观改善为一体的高标准农田，有效推动了农田建设绿色低碳发展。

四是积极推进农药减量增效。农药使用量连续7年呈下降趋势，2022年全省农作物农药使用量4.95万吨（商品量），比2015年减少20.9%；主要农作物病虫害绿色防控覆盖率达到48.1%，比2015年提高25.5个百分点；主要农作物病虫害统防统治覆盖率达到45.9%，比2015年提高26.2个百分点。农药品种结构不断优化，低毒微毒农药占比不断上升，高活性和环保型新品种市场份额逐年增大。在有效防控农作物病虫危害、保障粮食连年丰收的同时，实现了农药减量预期目标。组织全省大力开展农药包装废弃物回收处理，建立包装废弃物回收体系，压实农药生产者、经营者和使用者回收处理主体责任，2022年我省农药包装废弃物回收率59.8%，比2021年提高了5.9个百分点。

五是加强秸秆综合利用。秸秆综合利用能力显著提升，全省2021年秸秆综合利用率92.0%，通过2022年持续推进各项措施，我省秸秆综合利用率提高至92.98%。秸秆综合利用模式持续拓宽。2022年以来，指导各地推广秸秆直接还田技术，注重加强肥料化、饲料化、燃料化、基料化、原料化"五料化"利用模式推广和集成，"秸秆打捆+燃料化利用"模式在广东省农科院技术支撑下，示范基地每月可生产水稻秸秆颗粒200吨以上，实现240元/吨的颗粒燃料化加工效益。秸秆收储、利用工作机制逐步完善，加强机械化、智能化作业推广，因地制宜选择作物切割高度、打捆密度，提高秸秆捡拾效率、搂草效率、回收效率，机械化离田作业比例显著提升。开展综合利用服务社会化服务，组织具备条件的地市县通过公开招标方式，扶持购置秸秆还田/离田农机装具，开展专业化服务，引进先进的秸秆搂草、捡拾、打捆、装卸、灭茬等机械设备，保障秸秆资源供应能力，推动秸秆肥料化规模化利用。逐步建立完善收储运服务体系，发动农机合作社、肥料公司等相关主体开展农作物秸秆收、储、运工作，有效提升秸秆收储运能力。鼓励扶持各地秸秆产业化利用主体主动收集秸秆，为农户提供相应的补助，提高农户参与积极性和可持续性。

六是强化农膜污染治理。全省农膜回收率持续提高，2022年全省农膜回收率92.05%，较2021年提高0.7个百分点，农膜回收企业由2021年的108个增加到265个，农膜回收网点由2021年的1871增加到2484个。地膜源头减量效果显著，秸秆替代地膜覆盖作物模式逐步建立。"一膜多用"模式逐步推广扩大，全生物降解地膜推广面积逐年增加。2022年，我省支持省级科研单位在粤北和珠三角地区分别选择覆膜面积大、残留量高的代表性区域进行相关主导作物（烟草、番薯、大棚菜等）的全生物降解地膜应用试验示范，全生物降解地膜具有显著的生态效应，具有替代普通地膜的前景，可以从源头上控制农膜污染产生。

七是扎实推进畜禽粪污资源化利用。全面建立全省畜禽养殖废弃物资源化利用政策体系和工作机制，组织领导、责任落实、资金扶持及宣传推广有效强化，继续将畜禽粪污资源化利用工作列进省河湖长制考核。扎实推进2018—2022年共22个中央财政和中央预算内投资畜禽粪污资源化利用整县推进项目县实施进展，截至2022年底，2018—2020年度实施的20个项目县完工率已达100%。加强资源化利用计划和台账管理，加强畜禽规模养殖场资源化利用计划和台账管理，逐步推行规模以下养殖场（户）畜禽粪污资源化利用计划和台账管理。深入推进农业农村污染治理，联合省生态环境厅等五部门印发《广东省农业农村污染治理攻坚战实施方案（2022—2025年）》，加强畜禽粪污资源化利用、密切配合生态环境部门做好畜禽养殖污染防治监管，推动农业农村绿色低碳发展。积极推广低蛋白日粮工作，深入实施豆粕减量替代行动，全面推广低蛋白日粮、饲料精准配方、饲料精细加工等关键技术措施，调整优化饲料配方结构。支持各类专业院校开展构建加酶饲料可消化氨基酸数据库、在新型功能性平衡脂质低蛋白日粮方面的研究以及在饲料中使用复合酶和益生菌等。推动畜牧业转型升级高质量发展，发展标准化、规模化、生态绿色养殖，组织开展国家、省级以上畜禽养殖标准示范场和广东省现代化美丽牧场创建活动。截至2022年底，全省按照新标准创建33家国家级畜禽标准化示范场、651家省级畜禽标准化示范场和86家广东省现代化美丽牧场。

八是大力发展水产生态养殖。深入推动珠三角百万亩养殖池塘升级改造行动。以规模养殖场、连片养殖场为重点，推进100万亩养殖池塘升级改造，建设30个示范性美丽渔场、10个水产健康养殖和生态养殖示范区、100个水产品质量安全智检小站，推广绿色、健康、生态养殖模式，实现提质、增效、稳产、减排、绿色的高质量发展目标。截至2022年底，已完成22.48万亩养殖池塘升级改造，正在改造面积17.23万亩，其中广州、惠州、东莞、江门、肇庆均超额完成任务。制定《广东省2022年水产绿色健康养殖技术推广"五大行动"实施方案》，加大水产绿色健康养殖技术模式示范推广力度，提升示范基地绿色健康养殖技术的质量和水平，制定一批区域适用性好、指导性强的技术标准规范，宣传一批可复制、可推广的典型范例，促进水产养殖业绿色高质量发展，加快推进水产养殖业转型升级。截至2022年底，创建国家级水产健康养殖和生态养殖示范区9个，省级水产健康养殖和生态养殖示范区205个。示范区内开展池塘工程化循环水养殖、工厂化循环水养殖、稻渔综合种养、鱼菜共生生态种养、养殖尾水治理等模式关键技术研发与示范推广。

九是持续在农村人居环境整治提升中推动绿色低碳循环发展。牵头制定《广东省农村人居环境整治提升五年行动实施方案》，明确"十四五"我省农村人居环境整治提升的总体要求、工作目标和重点任务。牵头制定《广东省关于扎实推进"十四五"农村厕所革命的实施意见》及《广东省农村厕所建设改造技术指南（试行）》，积极推广节水型、少水型水冲厕所。指导地市因地制宜，科学制定改厕方案，积极推动农村厕所粪污就地就近资源化利用，与农村庭院经济和农业绿色发展相结合，农牧循环、就近消纳、综合利用。支持家庭农场、农民合作社等结合发展绿色农业开展厕所粪污收集处理利用。截至2022年底，我省卫生户厕普及率达96%以上，标准化公厕69888座。

十是大力推介广东乡村休闲精品。举办广东乡村休闲精品推介活动，结合重点时节推介乡村休闲精品，引导城乡居民到乡村度假休闲。创建认定一批乡村休闲品牌，2022年新增开平市和仁化县2个全国休闲农业重点县、10个中国美丽休闲乡村、1个全国科普示范基地。联合省文化和旅游厅开展省级休闲农业与乡村旅游重点县、示范镇、示范点创建认定活动，引导行业规范发展。开展"广东乡村休闲体验季"消费券发放工作，通过发放消费券等方式，吸引城乡居民到乡村休闲旅游，做大乡村民宿、农家乐、休闲农业与乡村旅游园区消费市场，带动当地农特产品销售及相关服务消费。

下一步，省农业农村厅将重点做好以下几项工作：**一是**推进高标准农田建设。落实《广东省高标准农田建设规划（2021—2030年）》要求，继续推进100万亩高标准农田建设，因地制宜开展绿色农田示范项目建设，探索多元投融资模式，提高建设质量和标准。**二是**持续推进农药减量增效，推动农业绿色发展。加强农药监督管理，依法依规开展农药行政许可，规范农药行业从业行为，加强监督检查，保障农药产品质量，确保农药依法生产、规范经营、科学使用。提升病虫监测预报能力，推进精准预测预报，准确研判农作物病虫发生态势，提高指导防治的时效性和准确性。大力推动病虫害专业化统防统治和绿色防控。分区域、分作物建立绿色防控技术模式，因地制宜推行绿色防控技术，减少化学农药使用。大力培育专业化防治服务组织，加强专业化防治服务组织技术指导，提升统防统治水平，推动统防统治规范化、规模化发展。加强农药安全使用宣传培训及技术推广，提升农民安全用药意识及水平，防止超范围使用农药、加大农药使用量等不规范用药行为。推进农药包装废弃物回收体系建设，探索建立根据农药经营台账收取农药生产企业回收处理费用的长效机制，大力推动全省农药包装废弃物回收处理及资源化利用。**三是**推进化肥减量增效。夯实测土配方施肥基础，继续抓好取土化验、田间肥效试验、农户调查等工作，不断更新土壤养分检测数据，完善省测土配方施肥专家系统应用平台"施肥博士"小程序；创建化肥减量增效示范县，建设绿色种养循环农业试点县，进一步扩大示范规模；加强技术培训，抓好宣传引导，提高农民和新型经营主体的科学施肥水平；加强有机肥生产使用情况调研，争取省级早日出台有机肥使用补贴政策；大力推进农业面源污染监测建设，为农业源头减量决策提供数据支撑。完成编制并发布"种植业农业面源污染监测技术规范"等5项广东省地方标准。**四是**推进畜牧业绿色低碳。稳定畜牧业支持政策。严格落实乡村振兴实绩考核、"菜篮子"市长负责制考核和河湖长制考核，切实落实属地责任。保持现行有效的金融、财政、用地、环保、交通运输等产业支持政策稳定。持续推进畜禽粪污资源化利用工作。巩固2018—2022年实施的22个畜禽粪污资源化利用整县推进项目工作成效；强化落实畜禽规模养殖场建立粪污资源化利用计划和台账工作，规范畜禽养殖户粪污处理设施装备配套，推动处理设施装备提档升级。深入贯彻粮食节约行动。加强饲料粮减量替代，依托相关科研院所利用现代动物营养学成果，以豆粕减量替代为突破口，深入挖掘地方性可利用饲料资源，在新型低蛋白配方工作上做出成效，实现农业体质增效，减少粮食浪费。推进产业转型升级高质量发展。紧紧围绕"四个转型"，优化产业结构布局，加快养殖场户升级改造，建设绿色、高效的现代化养殖场（小区），发展标准化、规模化、生态绿色养殖，推进畜牧业转型升级高质量发展。到2023年底，全省畜禽粪污综合利用率保持在78％以上，规模养殖场粪污处理设施装备配套率稳定在96％以上。**五是推进水产生态养殖。**持续推进水产养殖尾水治理工作。配合生态环境厅制订出台地方强制水产养殖尾水排放标准。梳理提升水产养殖尾水处理技术。借鉴利用先进的水处理技术，推广应用微生物，促进尾水资源化利用、循环利用或达标排放。因地制宜推广生态健康养殖模式。大力推广池塘工程化循环水养殖、工厂化循环水养殖、深远海养殖、稻渔综合种养和鱼塘种稻等。多措并举，推动水产养殖绿色发展。持续推进水产健康养殖和生态养殖示范区创建活动，积极指导开展水产绿色健康养殖技术推广"五大行动"，突出抓结构调整，加强技术指导，集中推广应用主导品种和主推技术，为"一县一园、一镇一业、一村一品"建设提供技术支撑，促进水产养殖业绿色发展。**六是推进农村绿色低碳。**统筹乡村基础设施和公共服务布局，建设宜居宜业和美乡村，按照绿色低碳要求，深入实施乡村建设行动，优化提升村庄规划，持续推进农村人居环境整治提升五年行动，以资源化利用为主，协调抓好农村厕所革命、生活垃圾污水治理，全域开展"五美"专项行动。以普惠性、基础性、兜底性民生建设为重点，统筹加快补齐农村道路、农田灌溉、教育医疗等基础设施和基本公共服务短板，健全长效管护机制。以低碳环保要求，统筹推进农房管控和乡村风貌提升，加强南粤古驿道、万里碧道等建设，推进国家乡村振兴示范县创建，连线成片建设乡村振兴示范带。

（十四）广东省商务厅

省商务厅积极开展绿色低碳循环发展相关工作，具体工作进展情况如下：

一是积极优化贸易结构，大力发展绿色产品贸易。大力发展高质量、高技术、高附加值的绿色低碳产品贸易，严格管理高耗能、高排放产品出口，鼓励节能环保服务、环境服务、节能减排关键原材料和核心技术等进口。2022年，我省进出口总值8.31万亿元，同比增长0.5%。其中，高新技术产品等绿色低碳产品贸易出口1.67万亿，占全省比重31.4%。

二是促进贸易新业态扩容提质，实施数字贸易工程。研究形成《粤港澳大湾区全球贸易数字化领航区建设方案》，于2022年5月由省政府呈报国务院审批。强化载体培育，认定100家广东省数字贸易龙头企业，新增认定1个省级数字服务出口基地，累计认定8个省级数字服务出口基地。支持广州市天河中央商务区国家数字服务出口基地做大做强，推广FT账户、积极参与共建粤港澳大湾区国际商务与数字经济仲裁中心，推动在金融和知识产权方面创新发展。积极搭建数字贸易展会交流平台，在首届粤港澳大湾区服务贸易大会期间举办数字经济与制造业融合发展论坛，组织78家企业现场参加北京"服贸会"期间举办"广东主题日"活动、发布10个广东省服务贸易创新发展案例。

三是推动优势行业参与共建绿色"一带一路"。当前，我省绿色对外投资呈现快速发展趋势，特别在新能源车产业、光伏产业等有较强国际竞争力的优势行业，有望成为我省对外投资合作新增长点。2022年，我省在"一带一路"沿线国家经备案的节能环保产业对外投资项目共14个，投资金额4924万美元。地区方面，投资项目集中在亚洲、欧洲和北美地区，包括中国香港、马来西亚、越南、德国、意大利和美国等地。投资行业方面，主要集中在制造业、科学研究和技术服务业等。

四是促进商贸流通领域绿色发展。培育壮大现代商贸流通领军企业。组织开展供应链创新与应用示范工作，组织推荐江门市成为第二批国家供应链创新与应用示范城市，华新商贸等10家企业成为国家供应链创新与应用示范企业，获评企业数量居全国首位。支持广州、深圳建设国际消费中心城市。指导广州市全面梳理培育建设工作进展、成效和典型经验呈报商务部，广州市14条案例做法被纳入商务部首批培育建设典型经验向全国推广。指导深圳市印发实施《深圳市关于加快建设国际消费中心城市的若干措施》。组织召开2022广东消费中心城市特色活动暨消费中心城市发展论坛。积极开展绿色商场创建。开展2022年度绿色商场创建工作，专题组织线上培训，邀请行业专家解读授课，提高"绿色商场"创建行动的知晓度和参与度，组织各地市积极发动符合条件的商场门店和其他零售业态积极申报创建绿色商场，2021、2022年度新增认定绿色商场创建单位51家。落实塑料污染治理工作。根据省发展改革委、省生态环境厅《关于进一步加强塑料污染治理的实施意见》，指导各市按国家统一要求做好一次性塑料制品使用、回收报告工作，第四期一次性塑料制品使用、回收报告我省报送数据经营主体1415家。推进再生资源回收工作。指导各市完善再生资源回收体系，完善回收网点，方便居民交售再生资源。截至2022年底，全省经备案再生资源回收经营者共8936家。指导回收企业结合家电以旧换新、家电下乡等活动，积极开展废旧家电回收，支持废旧纺织品回收龙头企业在各地布设回收网点。

下一步，省商务厅将深入学习贯彻党的二十大精神，深入贯彻习近平生态文明思想和习近平总书记对广东系列重要讲话、重要指示批示精神，对照《关于加快建立健全绿色低碳循环发展经济体系的实施意见》（粤府〔2021〕81号）的任务分工和要求，扎实推进商务领域绿色低碳循环发展，助力我省绿色低碳循环发展经济体系建设。

（十五）广东省文化和旅游厅

全省各级文化和旅游行政部门深入贯彻国家和省关于加快建立健全绿色低碳循环发展经济体系工作部署，促进经济社会全面绿色转型的工作要求，不断提高文化旅游行业绿色发展水平。主要情况如下：

一是积极制止餐饮浪费，倡导绿色低碳生活方式。积极做好游客文明、健康、节俭旅游的引导工作，指导行业协会发倡议书，号召会员单位落实社会责任，制止旅游餐饮环节浪费。广泛开展多种形式的厉行节约、反对浪费宣传活动，在文艺创作及各类文化和旅游活动中弘扬中华民族勤俭节约、戒奢克俭的优良传统。要求旅行社、A级旅游景区、旅游度假区、旅游星级饭店积极行动，发放、张贴宣传标语及提示牌；推行"公筷公勺"，不使用不可降解的一次性餐具，积极推行"分餐制"；结合实际，提供小份菜、半份菜等更多可选择套餐，适应不同群体需求；实行适量点菜和剩菜打包提醒，推出主动退换菜等有利于节约用餐的服务方式。

二是减少提供一次性用品，提高服务业绿色发展水平。按照省委省政府的工作部署，指导星级饭店做好绿色低碳循环发展有关工作，不主动提供一次性用品；同时，通过指导酒店行业协会加强行业自律，张贴宣传海报、派发单张等方式，积极开展有关宣传。

三是加强文明旅游宣传，强化公众绿色环保意识。为加强文明旅游宣传，在每年的5月19日"中国旅游日"启动仪式中发起了"文明旅游倡议及签名活动"，发动星级饭店、景区、旅行社等旅游经营企业宣读誓词，倡导文明用餐，杜绝餐饮浪费，落实"光盘行动"；拒绝食用野生保护动物；倡导安全出行，倡议文明旅游，营造舒适旅游环境。同时，省文化和旅游厅还发出了安全提醒，提醒公众遵守防控要求，遵守交通安全，谨慎参与高风险项目，妥善应对突发事件，倡导安全、文明旅游。

四是加强国家生态旅游示范区建设管理。按照《国家生态旅游示范区建设与运营规范（GB/T 26362-2010）》《国家生态旅游示范区管理规程》和《国家生态旅游示范区建设与运营规范（GB/T 26362-2010）评分实施细则》，指导深圳东部华侨城、韶关丹霞山、梅州雁南飞茶田景区、惠州南昆山等4家国家生态旅游示范区完善生态停车场、旅游厕所、污水处理系统等绿色配套设施，以节约能源和生态环境保护为前提，打造生态研学、森林康养等绿色旅游产品；将保护生态环境纳入经营管理中，重视对游客、员工开展环境保护和节约利用资源宣传引导，强化绿色服务、低碳消费理念。将生态旅游示范区管理与国家4A级旅游景区、省级旅游度假区和乡村旅游镇村等评定复核工作同部署、同推进、同落实，进一步加强生态旅游示范区质量管理。

五是认真组织做好博物馆节能减排课题试点探索。2022年，省文化和旅游厅认真贯彻落实党中央、国务院关于碳达峰、碳中和的重大决策部署，组织省博物馆、省博物馆协会承担国家文物局"博物馆节能减排"课题，作为全国唯一试点，提交试点报告和试点方案，为全国博物馆落实"碳达峰、碳中和"国家战略开展探索，根据国家文物局的要求，开展《博物馆节能减排工作指南》编制工作。

下一步，省文化和旅游厅将继续加强对行业的指导，通过开展文明旅游宣传、旅游市场质量考核、国家生态旅游示范区建设管理、继续编制《博物馆节能减排工作指南》等方式，进一步提高文旅行业绿色发展水平，推进建立健全绿色低碳循环发展经济体系。

（十六）广东省市场监督管理局

省市场监督管理局积极开展绿色低碳循环发展相关工作，具体工作进展情况如下：

一是积极发挥标准化对绿色低碳循环发展的基础性作用。联合省发展改革委等11部门组织广东省碳达峰碳中和标准化技术委员会、广东省标准化研究院等技术机构，在深入调研各重点行业碳达峰碳中和标准体系建设情况，以及掌握国家相关要求的基础上，编制《广东省碳达峰碳中和标准体系规划与路线图（2023—2030 年）》，目前已报省双碳领导小组办公室作发布前审查。联合省能源局等 6 部门研究制定《广东省节能标准化工作行动方案》（粤市监〔2022〕107 号），为有效贯彻落实《广东省"十四五"节能减排实施方案》提供标准化技术支撑。组织省标准化研究院建设"广东省碳达峰碳中和标准化技术信息公共服务平台"，并于 2022 年 5 月上线试运行，提供广东省碳达峰碳中和政策法规、标准研制、标准信息数据库、技术案例示范、培训课程等信息服务。积极构建促进绿色低碳循环发展的标准体系。2022 年对《燃煤电厂膜法碳捕集运行技术规范》《燃煤电厂二氧化碳捕集测试平台运行技术规范》《智慧零碳工业园区设计和评价技术指南》《火力发电企业二氧化碳排放在线监测技术要求》《港口企业碳排放核算及报告规范》《汽车工厂碳排放核算技术规范》《棉印染产品单位产品综合能耗限额》《加氢站站控系统技术要求》等 18 项省地方标准进行立项。

二是系统推进碳达峰碳中和有关计量工作。印发《广东省计量发展规划（2022—2035 年》，设置"专栏 4 计量服务绿色低碳可持续发展"，提出计量在碳排放、能源、生态环境监测、气候变化等领域的重点措施规划。构建协调统一的计量工作体系，推动建立计量联席会议制度。制定联席会议 2022 年工作要点，实施"完善碳达峰碳中和计量体系"等 10 项工作任务。深入推动企业能源计量工作。2022 年全省完成 319 家用能单位的能源计量审查，通过审查发现企业能源计量薄弱环节，有效促进企业提升能源计量管理水平。开展能效标识监督检查。2022 年对我省获得"中国能效标识"备案的电饭锅、热泵热水器、空气调节器、电磁灶、空气净化器等消费者关注度较高的产品进行能效标识监督抽查。其中，抽查空气调节器 25 批次，空气净化器 20 批次，电磁灶 25 批次，热泵热水器 20 批次，电饭锅 30 批次，有效规范企业用能产品能效标识标注行为。加快产业计量测试中心布局建设。2022 年共授权成立了 2 家省级产业计量测试中心，批准筹建了 5 家省级产业计量测试中心。截至 2022 年，我省产业计量测试中心共33家，其中国家电动汽车电池及充电系统产业计量测试中心等包含绿色低碳领域产业计量测试中心共10家。

三是全面落实国家统一推行的绿色产品认证制度。落实《国务院办公厅关于建立统一的绿色产品标准、认证、标识体系的意见》，组织开展绿色产品认证制度与标识体系政策宣贯和技术培训，推广实施绿色建材、绿色家电、绿色快递包装和低碳节能等绿色产品认证。鼓励支持认证机构扩充绿色产品认证资质，提升绿色、低碳节能产品认证能力。组织CQC广州分中心等机构探索开展碳足迹评价研究与碳标签标识制度试点，为碳核查、碳交易提供专业化技术支持与服务。会同行业主管部门，通过绿色采购等政策支持，组织开展绿色建材认证试点，以及开展绿色建材、绿色家电下乡等推广活动，促进绿色、低碳节能、节水产品认证推广实施与相关获证产品广泛采信采样。截至2022年底，全省共12家本地注册机构、21家认证分支机构获得绿色产品认证资质，能力范围涵盖现有绿色、低碳节能产品认证所有领域，共为501家组织（企业）发放1937张绿色产品认证证书，为2805家组织（企业）发放19473张低碳节能、环境标志等产品认证证书。

四是加强绿色低碳领域市场监管执法工作。围绕"成品油""塑料购物袋""一次性塑料生活用品""日用化学制品"等重点产品，对生产方式落后、产品质量低劣、环境污染严重、原材料和能源消耗高等违反国家法律法规的违法行为，以及"能效""水效"标识弄虚作假等违法行为进行严查严管。2022年，全省市场监管部门查处能效、水效产品及标识类案件111宗，罚没款55.63万元；查处成品油质量案件50宗，罚没款245.46万元；查处铅蓄电池案件11宗，罚没款12.26万元；查处塑料购物袋案件288宗，罚没款23.34万元；查处一次性塑料生活用品案件25宗，罚没款9.23万元；查处过度包装案件5宗，罚没款7.33万元。

下一步，省市场监督管理局将重点做好以下几项工作：**一是**加强绿色低碳循环发展标准体系建设。鼓励广东企事业单位积极参与绿色低碳循环发展相关标准的制修订工作，推进构建以国家标准、行业标准为基础，地方标准为辅助，团体标准和企业标准适应创新需求的，符合广东实际的绿色低碳循环发展标准体系。进一步推动"广东省碳达峰碳中和标准化技术信息公共服务平台"建设和推广应用，升级平台功能，聚合资源，打造专业、权威的双碳标准化技术信息公共服务平台，通过数字化、信息化手段推动标准和技术融合创新，提升"双碳"标准的工作和服务效能。开展"双碳"领域标准技术的培训和交流活动。组织各单位积极开展和参与"双碳"相关领域标准技术的培训和交流活动，及时跟进国内外"双碳"领域标准化工作发展动态。**二是**加快完善碳计量体系。联合相关部门扎实推进我省"双碳"标准计量体系的建设。加强全省碳排放计量标准建设，组织相关技术机构启动碳排放关键计量测试技术研究攻关，推动碳计量标准物质研制。加快推进国家碳计量中心建设，为助推大湾区产业结构深度调整和实现绿色化转型提供全面的计量技术支持。推进广东省碳达峰碳中和计量技术委员会组建工作。加强能源资源计量服务能力建设，开展能源资源计量服务示范活动。加强重点用能单位能源计量审查，指导、督促用能单位按照国家标准配备能源计量器具。配合有关部门开展能效和水效"领跑者"活动，服务生态文明建设。强化计量宣传。组织全省开展"5·20"世界计量日宣传活动，加强绿色低碳计量科普与宣传，推动计量科普知识"进课堂、进社区、进企业"，展现计量在促进全社会高质量发展中的基石作用。**三是**推动落实绿色产品认证制度。联合有关行业主管部门，持续推动实施绿色产品认证，不断扩大绿色产品认证领域，促进绿色产品采信采用。加强认证监管，持续开展包括绿色产品认证在内的认证活动监管，整治规范认证市场秩序，提高认证质量。**四是**依托常态化市场监管工作，继续推进绿色低碳循环发展行政执法工作。

（十七）广东省统计局

省统计局坚持以习近平新时代中国特色社会主义思想为指导，深入学习贯彻习近平生态文明思想和习近平总书记关于广东工作和统计工作重要指示批示精神，认真贯彻落实省委、省政府的重大决策部署，以党的政治建设为统领，不断完善生态能源统计制度，认真做好生态能源统计监测，加强碳排放统计核算研究，圆满完成各项重大工作任务，成效显著。

一是认真落实生态文明体制改革工作部署。 按照广东省生态文明体制改革实施方案要求，完善生态文明绩效评价考核和责任追究制度。对生态文明建设目标评价考核体系进行精简整合，纳入高质量发展综合绩效评价。省统计局先后开展2020、2021年度广东省高质量发展综合绩效评价工作。编制完成2019、2020年度广东省自然资源资产负债表。

二是扎实开展碳排放统计核算相关工作。 积极开展省级（能源活动、工业生产过程领域）二氧化碳排放统计核算方案及可行性研究。参与和配合国家完成碳排放权交易市场发展情况重点课题研究、工业生产过程碳排放调查试点研究、钢铁企业生产过程碳排放统计调研、国际航空燃料舱研究等调研任务，完成2项国家重点课题，撰写多篇研究分析报告，为加快建立统一规范的碳排放统计核算体系贡献广东经验。

三是开展生态保护补偿统计监测指标体系研究。 2022年，结合我省实际，在征求省相关部门意见基础上，完成了国家对生态保护补偿统计监测指标体系指标数据可获得性、配套资金情况及自行开展的地区性生态保护补偿工作等指标征求意见的反馈情况，为国家统计局研究建立生态保护补偿统计指标体系提供参考依据。

四是高标准完成节能减排统计监测预警工作。 围绕能耗"双控""双碳"目标，省统计局加大对企业能源生产、消费、经销等基层数据的审核查询力度，确保数据质量。真实反映能源消费变化和节能"双控"成果，及时开展节能监测预警分析，为各级主管部门的决策提供理论依据和数据支撑。

五是部门间密切合作协同推进完成各项工作任务。 省统计局配合部门完成2020、2021年度环境保护责任暨打好污染防治攻坚战成效考核、第二轮中央生态环境保护督察及整改、成品油行业专项整治落实情况联合督促检查、遏制"两高"项目盲目发展暨加强能耗双控联合督促检查等工作；配合部门完成生态文明体制改革、绿色低碳循环发展、节水型社会建设、无废城市建设和最严格水资源管理、清洁生产等相关规划制定、政策落实等工作。

下一步，省统计局将重点做好以下几项工作：**一是**继续做好生态能源统计工作。深刻领会习近平总书记关于统计工作的重要指示批示精神，深化能源统计数据全面质量管理。积极研究完善能耗核算制度，继续做好节能降耗统计监测。加强对各市生态能源统计工作指导。在清洁生产、新能源、节能环保和能源安全等领域开展统计监测工作研究和探索，为省委、省政府科学决策提供高质量的统计服务。**二是**加快建立碳排放统计核算制度。积极配合国家做好广东碳排放总量核算工作，协助国家做好工业生产过程领域碳排放统计核算的研究论证、试点调研、专项调查和试算评估。在国家制度基础上，研究制定具有广东特色的碳排放统计核算制度（能源活动部分），适时组织各市开展碳排放核算试算工作。**三是**加快生态保护补偿统计监测指标体系建设。按照国家统计局统一部署，开展地区生态保护补偿统计监测指标体系指标数据的试行统计，会同相关部门落实好各项工作任务，确保指标数据获取渠道畅通，数据质量可靠。

（十八）广东省地方金融监督管理局

省地方金融监管局高度重视绿色金融低碳循环发展工作，系统谋划部署全省绿色金融改革，推动碳排放市场建设和碳金融发展，截至2022年底，全省绿色金融信贷余额达2.2万亿元，同比增长53.3%，助力经济高质量发展。

一是统筹规划全省绿色金融发展。专章谋划全省绿色金融发展。在2021年印发的广东省金融改革发展"十四五"规划以及省政府印发《广东省深入推进资本要素市场化配置改革行动方案》均对发展绿色金融作了专章谋划，形成了有利于绿色金融发展的良好政策环境。明确提出大湾区绿色金融发展的重点方向和主要任务。将绿色金融作为湾区国际金融枢纽建设的重点方向，推动纳入粤港澳大湾区发展战略，写入国家出台的金融支持湾区建设"30条意见"中，推动湾区绿色金融融合发展。出台《广东省发展绿色金融支持碳达峰行动实施方案》，提出发展绿色金融的"一揽子"政策，统筹绿色金融体系建设，推动创新绿色金融服务与产品支持产业低碳改造与绿色技术研发等。

二是省市联动打造绿色金融改革创新的"广州样板"。省市区三级联动出政策、建机制、逐条逐项落实试验区总体方案的工作任务，全力破解制约绿色金融发展的体制机制障碍。设立绿色金融街搭建集聚发展平台，支持金融机构设立专营机构，组建广东省绿色金控，以试验区"小切口"实现绿色金融改革创新的"深突破"，试点示范效应持续形成。将绿色改革创新事项及时总结归纳，形成可复制推广的优秀案例，率先向全省复制推广，碳排放权抵质押贷款业务和林业碳汇业务标准和成果已在全省范围推广，辐射带动清远、韶关、梅州、河源等地区。在全国六省（区）九地绿色金融改革创新试验区建设自评价中，广州市绿色金融试验区连续4年考评位居全国第一。南沙新区获批开展全国首批应对气候变化投融资试点。

三是构建绿色金融创新发展体系。完善绿色金融组织体系。国有商业银行均已在广州设立了绿色分行，股份制商业银行与地方法人机构等设立绿色金融事业部、绿色支行，建设银行、人保财险分别设立了全国首家绿色金融创新中心和保险产品创新试验室等后台机构，专注绿色金融产品研发。创新绿色金融产品。创新抵质押方式，先后推出"排污权质押融资""合同能源管理未来收益权质押融资""乡村振兴复垦贷""光伏贷""林链贷"等40多个绿色信贷产品。大力推广环境污染责任保险、安全生产责任保险、蔬菜气象指数保险、光伏日照指数保险等产品，在全国首创药品置换责任保险。推动绿色债券融资规模持续扩大。调动境内外两个债券市场资源，发行全国首单"三绿"资产支持票据、全国首批碳中和债券，在香港、澳门两地同时挂牌发行全国首只双币种国际绿色债券。完善绿色基础设施建设。推动广东股权交易中心设立绿色环保板，广东中小企业信用信息融资对接平台"粤信融"绿色金融专区等一批绿色金融对接平台，搭建绿色项目资金对接系统，建设国内首个绿色融资租赁线上平台、新能源资产投融资与交易平台、生态补偿交易平台等一批绿色金融服务平台。

四是推动碳金融市场建设与碳金融产品开发。推动碳现货市场建设。广东是最早设立碳排放交易所，开展碳现货试点的省份，截至2022年末，广东省碳配额现货累计交易量2.14亿吨，成交金额56.39亿元，均居全国各区域碳市场首位。推动服务绿色发展的期货市场建设。2021年4月，广州期货交易所正式落地并揭牌，2022年12月，广州期货交易所成功上市工业硅期货和期权，成为我国首个新能源金属期货。推动碳金融产品开发与创新。制定碳排放权抵质押融资、林业碳汇生态补偿等实施方案，推动碳排放权抵押融资、配额回购、配额托管等创新型碳金融业务。探索推进基于能源数据的企业碳账户建设。2022年6月，上线广州市企业碳账户并发出全国首份标准化碳信用报告，形成企业碳排放数据采集、核算、评价贴标和融资对接的全流程闭环，探索构建企业"碳账户+碳信用+碳融资"体系，为绿色金融服务"双碳"目标探索出一条有效路径。截至2022年末，已上线企业801家。创新推广绿色供应链融资模式、碳惠贷、碳排放权抵押贷、药品置换责任保险、"保险+期货+银行"、"银行+融资租赁"等系列绿色金融产品和服务。

五是拓展粤港澳大湾区绿色金融合作空间。设立粤港澳绿色金融改革领导小组，分管省领导亲自推动组建领导小组，统筹粤港澳三地绿色金融融合发展。推动设立粤港澳大湾区绿色金融联盟。穗深港澳四地共同发起设立绿色金融联盟，联合推动粤港澳大湾区绿色金融市场体系建设。探索大湾区绿色金融标准互认。与香港品质保证局签订《推动绿色金融发展合作备忘录》，合作推动绿色金融技术和经验分享。联合港澳制定《粤港澳大湾区绿色供应链金融服务指南——整车制造业》，并将绿色供应链管理指标体系拓展至电子制造业。

下一步，省地方金融监管局将以完善标准体系，夯实绿色金融发展基础为核心，推动全省绿色金融快速发展。**一是抓好全省绿色金融发展统筹。**按照省政府办公厅出台的《广东省发展绿色金融支持碳达峰行动实施方案》工作部署，结合我省城乡区域协调发展战略，推动粤东粤西粤北地区结合自身产业特点和资源禀赋，开展绿色金融改革探索。**二是抓好绿色金融改革创新试点。**重点做好广州试验区经验总结，加大试验区成功经验在其他地市的复制推广力度，研究推进试验区的提质升级。支持广州南沙、深圳福田深化开展应对气候变化投融资试点。**三是抓好绿色金融机制建设。**研究出台基于碳核算的绿色项目标准，支持广州期货交易所开发绿色期货品种，积极推动南沙设立绿色债券综合服务中心建设，有序扩大开展企业碳核算账户建设，创新碳金融产品；围绕政策激励体系、绿色金融标准、环境信息披露等方面探索机制突破，进一步推动绿色金融改革创新发展。**四是抓好粤港澳大湾区合作创新。**继续推动广碳所与港交所深化合作，做好粤港澳大湾区碳市场建设方案并推动实施，依托粤港澳绿色金融合作专责小组，发挥粤港澳大湾区绿色金融联盟作用，进一步探索粤港澳大湾区绿色金融标准的互认共认，推动绿色金融发展与人民币国际化互融共促。**五是抓好绿色金融的"双碳"支持作用。**支持金融机构做好减碳节碳计划，以及内部风险管理，推动金融机构率先达到"双碳"目标。推广使用好碳减排支持工具，引导金融机构围绕降碳和增汇领域创新金融服务产品，加大金融支持力度，助力"双碳"目标实现。

（十九）广东省能源局

2021年以来，省能源局统筹能源安全保供和绿色低碳转型，推动可再生能源高质量跃升发展，为构建清洁低碳安全高效的能源体系、实现碳达峰碳中和目标提供坚强保障。

一是加快构建清洁低碳安全高效能源体系。大力发展可再生能源，规模化开发利用海上风电，推动粤东基地纳入国家"十四五"可再生能源发展规划，争取国家批复了广东海上风电规划调整，建成阳江沙扒、湛江徐闻、汕尾甲子、揭阳神泉等项目，新增装机689万千瓦。积极发展光伏发电，坚持集中式和分布式并举，新增装机793万千瓦。加快发展抽水蓄能，建成梅州一期、阳江一期等项目，新增装机240万千瓦。推动煤炭清洁高效利用，按照"应开尽开、应投尽投、能早尽早"原则，推动新增支撑性调节性煤电项目建设，落实清洁高效要求，2022年全省电煤消费量约1.47亿吨，同比下降3.8%。合理发展天然气发电。2021—2022年已建成投产粤电花都岭南热电、东莞中堂热电和大唐佛山鳌围热电等项目，新增装机719万千瓦。安全有序发展核电，稳妥推进惠州太平岭核电厂一期建设，推动陆丰核电5、6号机组和廉江核电一期工程获得国家核准陆续开工建设；争取国家加快核准惠州太平岭核电二期、陆丰核电1—2号机组等重点项目。深化电力体制改革，建立"批发市场+零售市场"有效联动、场外与场内交易品种互补、一级市场与二级市场有效衔接、多个交易品种多种时间尺度交易频次的市场体制机制，逐步构建完善"中长期+现货+辅助服务"电力市场体系，2022年电力市场交易规模扩大至3000亿千瓦时。督促电网重点项目建设提升输电能力，积极协调推进500千伏深圳中西部受电通道等21项电网重点工程投产，其中建成的粤港澳大湾区直流背靠背电网工程可提升省内东西部电力交换能力至1000万千瓦。谋划提升中长期跨省跨区送电能力，500千伏闽粤联网工程和粤澳联网220千伏第三输电通道建成投产，推动完成"电力援疆"工作合作框架协议，全力推进藏东南至粤港澳大湾区±800千伏特高压直流输电工程核准工作。稳妥有序推动新型储能电站发展，累计建成新型储能装机规模约71万千瓦、位居全国第二，佛山南海、梅州五华电网侧储能项目和肇庆高新区源网荷储一体化项目列入省级试点示范项目并稳步推进建设。

二是优化完善能耗双控制度。牵头编制《广东省"十四五"节能减排实施方案》，持续完善能耗双控制度。坚持节约优先、效率优先，严格能耗强度控制，增加能源消费总量管理弹性。完善能耗双控指标设置及分解落实机制，以能源产出率为重要依据，合理确定各地市能耗强度降低目标。落实好原料用能和可再生能源消费不纳入能源消耗总量和强度控制有关政策要求。有序实施国家和省重大项目能耗单列，支持国家和省重大项目建设。2021—2022年，全省能耗强度累计下降3.8%，扣减国家单列项目能耗、原料用能和可再生能源消费量后，累计下降约4.0%。

三是坚决遏制"两高"项目盲目发展。印发《广东省坚决遏制"两高"项目盲目发展的实施方案》，全面排查"两高"项目，合理控制"两高"产业规模，严把"两高"项目准入关，大力推动存量项目节能降碳升级改造。加强节能监督管理，2021年组织开展全省六大高耗能、纺织印染、造纸等8个行业634家重点用能单位专项节能监察，"拉网式"排查存量高耗能企业节能审查制度和能耗限额标准等制度执行情况。2022年，在前期工作基础上，对高耗能行业重点领域开展全覆盖节能监察，依法依规推动违规项目整改。

四是不断完善充电基础设施。印发《广东省贯彻落实〈国家发展改革委等部门关于进一步提升电动汽车充电基础设施服务保障能力的实施意见〉重点任务分工方案的通知》，截至2022年底，累计建成电动汽车充电站超5500座，公共充电桩约21.8万个，基本实现高速公路服务区充电设施全覆盖，公共充电桩保有量、充电量位居全国第一。

下一步，省能源局将重点做好以下几项工作：**一是**加快推进我省能源电力绿色低碳转型，推动构建新型电力系统。大力发展海上风电，加快海上风电项目集中连片开发利用，打造广东海上风电基地。结合"百县千镇万村"高质量发展工程实施，积极发展"光伏+""风电+"模式，因地制宜发展生物质能，推动可再生能源开发利用与乡村振兴融合发展。在确保安全的前提下，加快推进在建核电建设，积极推动争取国家加快核准惠州太平岭核电二期、陆丰核电1—2号机组等重点项目，推动后续核电项目滚动开发建设；加强支撑性调节性清洁煤电建设，有序推进煤电节能降碳改造、供热改造和灵活性改造"三改联动"；稳妥有序推动新型储能建设，推进源网荷储一体化和多能互补试点示范建设；持续优化电网主网架结构，加快推进骨干电源配套电网规划建设，保障海上风电等新能源及"风火互补"煤电基地高效送出，加快适应大规模、高比例新能源消纳的数字电网建设。**二是完善能源消耗总量和强度调控。**重点控制化石能源消费，原料用能和可再生能源消费不纳入能耗双控考核，为高质量发展腾出用能空间。结合各地区经济社会发展、产业结构、重大项目布局等情况，将能耗要素向优质产业、优质项目倾斜，体现高质量发展要求。**三是坚决遏制高耗能高排放低水平项目盲目发展。**严控新增"两高"产能，严格落实钢铁、水泥、平板玻璃等行业产能置换政策。持续开展高耗能行业重点领域节能监察，建立能效先进和落后清单，对标能效标杆水平推动节能降碳升级改造，依法淘汰落后工艺技术和生产装置。

（二十）广东省林业局

2021 年以来，省林业局坚持以习近平新时代中国特色社会主义思想为指导，深入贯彻落实党的二十大精神，始终践行习近平生态文明思想，紧紧围绕国家林草局和省委省政府工作部署，牢固树立绿水青山就是金山银山理念，坚持走科学、生态、节俭的绿化发展之路，大力开展造林和生态修复，严格森林资源管理，持续推进湿地和自然保护地建设，加强森林自然灾害防控，全面推进绿美广东生态建设。

一是国土绿化成效显著。开展林业重点生态工程建设。印发《广东省高质量水源林建设规划（2021—2025 年）》，推进沿海防护林体系工程建设，大力培育大径材林，2021—2022 年全省完成造林与生态修复 458.37 万亩。其中，完成高质量水源林 204.08 万，完成沿海防护林体系建设 39.97 万亩，大径材培育 77.54 万亩。开展科学绿化和造林指导。以省府办公厅名义出台《关于科学绿化的实施意见》，修订《广东省造林管理办法》，编制《大径材基地建设技术规程》《广东省主要乡土树种名录》《关于加快推进国家储备林建设的实施方案》

《桉树改造生态补偿实施意见》《绿美广东大行动实施方案》，加强国土绿化和生态修复全过程、规范化管理，进一步提升科学绿化水平。开展森林城市建设。开展森林城市综合评价及生态绿地优化研究和国家森林城市监测评价，珠三角国家森林城市群顺利通过国家验收，指导韶关、阳江、茂名3市成功创建国家森林城市，全省国家森林城市达到14个，成为全国成功"创森"数量最多的省之一。编制《珠三角森林城市群高品质提升建设规划》，推进珠三角国家森林城市群高质量发展。开展乡村绿化美化建设，2021—2022年完成建设绿美乡村1689个，其中绿美古树乡村68个，绿美红色乡村86个。草原监测评价工作顺利完成。按照国家林草局的部署要求，投入省财政项目资金1200万元，组织开展草原监测评价工作，初步掌握了我省357.77万亩草地基况数据。开展我省草原变化图斑核查处置工作，防止发生违法占用破坏草原行为。加强古树名木保护管理。全方位实施古树名木保护行动，组织开展古树名木补充调查、建档、挂牌保护等工作，新发现疑似古树6077株，重新制作并悬挂保护牌83069个。

二是森林资源管理水平进一步提升。坚持限额采伐和凭证采伐制度，森林覆盖率和森林蓄积量稳步提高，根据《2021中国林草资源及生态状况》，截止到2021年底，我省森林覆盖率53.03%，位居全国第5。按照国家林草局的部署要求，统筹开展2022年森林督查和2021年森林督查发现问题整改，取得了积极成效。2022年森林督查违法破坏森林资源案件4475宗，违法使用林地面积1822公顷，违法采伐林木蓄积13.38万立方米，案件发生数量、违法使用林地面积和违法采伐林木蓄积同比分别下降41%、69%和23%。2021年森林督查案件7534宗，已完成查处整改7466宗，查处整改率达99.1%。

三是自然保护地建设扎实推进。高位推动，做好顶层设计。省政府成立广东国家公园建设工作领导小组，南岭国家公园、丹霞山国家公园纳入国家林草局、财政部、自然资源部、生态环境部联合印发的《国家公园空间布局方案》。南岭国家公园创建工作取得实质性进展，完成创建阶段工作任务，进入设立报批阶段，设立材料于2023年9月顺利通过国家林草局组织的专家论证会。启动丹霞山国家公园创建材料编制工作，已完成科考报告及创建方案初稿编制。印发《关于建立以国家公园为主体的自然保护地体系的实施意见》《广东省自然保护地规划（2021—2035年）》《广东省森林公园建设技术指引（试行）》《广东省地质公园建设技术指引（试行）》《广东省海洋公园建设技术指引（试行）》等系列文件，为我省自然保护地建设发展指明了方向。联合省发展改革委、财政厅印发《广东省自然保护地生态保护补偿方案》，对促进自然保护地生态修复、推进绿色低碳循环发展助力巨大。开展全省自然保护地整合优化工作。编制了《广东省自然保护地整合优化方案》，获自然资源部、生态环境部、国家林业和草原局审核通过，规划自然保护地1073处，以国家公园为主体、以250处自然保护区为基础、以823处自然公园为补充的自然保护地体系初见规模。全面加强自然保护地监督检查。持续开展绿盾专项行动，全面清理整治自然保护地违法违规行为。

四是湿地保护管理工作持续强化。制定《广东省湿地公园管理办法》《广东省林业局关于省重要湿地认定和名录发布管理办法》，规范湿地公园建设管理和落实湿地分级管理制度，规范广东省重要湿地认定和名录发布工作，促进湿地资源可持续利用。开展省重要湿地申报认定工作，认定并发布广东深圳华侨城等9处省级重要湿地。广东新会小鸟天堂等5个试点建设到期的国家湿地公园顺利通过国家验收。

五是林业有害生物防控有力有效。健全林业有害生物监测体系，坚持预防为主，全面开展主要林业有害生物灾害监测，完成松材线虫病、薇甘菊、红火蚁专项普查，及时发布趋势预报和灾害预警，开展首次森林草原湿地生态系统外来入侵物种普查，发现132种外来物种，其中对林业生产有影响或有潜在风险的外来物种有28种。强化产地检疫、调运检疫和检疫复检，持续开展"林安"检疫执法专项行动，检疫检查备案企业4000多家，出动检疫检查人员近万人次，查处办结违规检疫案件11宗。开展科学精准治理，以松材线虫病防控五年攻坚行动为重点，大力推行无公害绿色防治，实行专业化统防统治及区域化联防联治，成灾率控制在国家林草局规定的目标内。加大宣传科普，举办五年攻坚、防治技术、检疫执法、调查监测培训，轮训各级林业管理技术人员，加强社会化防治组织防治员职业技能培训，推动科技成果转化和应用，提升基层专业化统防统治水平，共同守护绿色家园。

六是森林火灾预防措施到位。高度重视，自上而下压实森林防火责任。积极推动时任省委书记李希和省长王伟中共同签发2022年第一、第二号总林长令，系统谋划森林防火工作。严防死守，确保重要节点防火形势稳定。印发《森林特别防护期和重要时间节点分片挂钩指导方案》，建立森林特别防护期和重要时间节点省局领导和机关处（室）分片挂钩指导工作机制，抓紧抓实抓细森林火灾防范工作。协同联动，多措并举防范森林火灾隐患。连续两年协同省森林防灭火指挥部办公室、省公安厅同步开展隐患"五清"、火灾打击"猎火"行动、输配电设施森林火灾隐患排查整治、旅游景区森林火灾风险排查整治等专项整治工作，切实做到防范于未"燃"。稳步推进，保质完成森林火灾风险普查。2022年全省6项内外业调查和实验室样品检测任务、"一省一市"深圳市试点任务均已完成，省级森林火灾风险普查危险性评估、减灾能力评估以及重点隐患评估取得初步成果。夯实基础，不断加快生物防火林带建设。据统计，2021—2022年累计完成生物防火林带维护任务7200公里，累计完成森林防火重点区域新营造生物防火林带2400公里，提升了基层森林火灾防控能力水平。

下一步，省林业局将继续认真贯彻落实省委省政府关于绿美广东生态建设的决策部署，深入实施绿美广东生态建设"六大行动"，重点做好以下几方面工作。**一是全面推进绿美广东生态建设。**高标准贯彻落实省委关于加强绿美广东生态建设的决定，以提升生态系统多样性、稳定性、持续性为目标，以科学绿化为准则，认真制定各项行动方案（森林质量精准提升行动、城乡一体绿美提升行动、绿色通道品质提升行动、古树名木保护提升行动、全民爱绿植绿护绿行动），抓好任务落实。**二是进一步加强森林资源保护管理。**统筹开展2023

年森林督查和历年森林督查发现问题整改工作，切实做到发现一宗，查处一宗、整改一宗、销号一宗，持续保持打击毁林的高压态势，坚决保护好森林资源和自然生态环境；加快推进森林可持续经营试点工作，构建以森林经营方案为核心的决策管理机制和政策保障体系，着力提高森林资源质量。**三是进一步提高自然保护地建设水平**。建设高水平自然保护地体系。建设一批示范性自然保护地。持续推进自然保护地整合优化，健全自然保护地管理发展机制，推动国家级、省级自然保护区勘界、科考工作。强化自然保护地监督管理。全面梳理我省自然保护地监督检查、各类专项行动发现的问题，举一反三，督促各地进一步加大整改力度。加强生物多样性保护。开展自然保护区生物多样性监测，进一步优化我省自然保护地生产、生活和生态空间，提升生态系统质量和稳定性、扩大生态产品供给能力、增强自然保护地碳汇能力，为建设美丽广东和保障广东省社会经济持续发展筑牢生态根基。**四是进一步完善湿地保护管理**。完善湿地保护管理体系，开展湿地分级管理工作，指导各地按规定申报重要湿地，认定和发布一批省重要湿地。加强湿地公园建设管理，全力推进国家湿地公园试点建设。推进落实《广东省红树林保护修复专项行动计划实施方案》，编制《广东省红树林保护修复专项规划》。大力推进深圳国际红树林中心建设。**五是进一步强化生物灾害治理**。持续落实松材线虫病疫情防控五年攻坚各项目标任务，抓好外来入侵物种普查及防控，强化林业植物检疫监管，每年实施主要林业有害生物防治面积36.67万公顷以上，筑牢生态生物安全防线。**六是进一步加强防火能力建设**。持续深化开展"五清"等专项行动工作，积极探索创新着力提升综合防范能力。全力推动普查成果深化应用，营造全民参与森林防火浓厚氛围，对标谋划林火综合阻隔系统建设。

（二十一）广东省高级人民法院

省高级人民法院坚决贯彻落实党中央推进生态文明建设重大决策部署，认真贯彻习近平新时代中国特色社会主义思想，深入学习领会习近平生态文明思想、习近平法治思想，紧紧围绕党和国家工作大局，充分发挥审判职能，为广东生态文明建设和绿色低碳发展提供有力司法保障。

一是充分发挥审判职能作用。2022年全省法院共受理环境资源一审案件1.8万件，其中刑事2189件，民事14185件，行政2356件；审结1.6万件，其中刑事2094件，民事12604件，行政2084件。大力保护生态环境与自然资源。坚持罪刑法定原则，依法惩处污染环境和破坏生态环境资源的犯罪行为，发挥刑罚的震慑作用，教育和引导人民群众自觉保护生态环境，合理开发和利用自然资源。林某泉等组织、领导黑社会性质组织及附带环境公益诉讼案中，佛山法院对林某泉依法数罪并罚判处有期徒刑二十四年六个月，同时判赔生态环境修复等费用29.6亿元，创全国之最，中央纪委国家监委对该案进行专题报道。充分保障人民群众合法权益。坚持保护优先、注重预防、修复为主等原则，加强对环境污染和生态破坏民事侵权案件的审理力度，切实维护人民群众的生态环境权益。坚持良好生态环境是最普惠的民生福祉，围绕重污染天气、黑臭水体、农村环境治理等突出环境问题，充分运用司法手段切实维护人民群众环境权益。肇庆法院审理鼎湖区检察院诉刘某等排放废水导致西江水质污染刑事附带民事诉讼，判令刘某等赔偿生态环境损害费用及事务性费用合计近40万元。有效促进行政机关依法履职。坚持合法性审查原则，支持和监督行政机关打击环境资源违法行为，加强对环境资源领域行政不作为案件的审理，促使行政机关依法履职。深圳法院审理德某宝公司逃避监管排放水污染物罚款及行政复议案，判令生态环保部门对德某宝公司违法行为处以罚款正确，有效支持行政机关履职。切实维护国家利益和环境公共利益。2022年全省法院共受理一审环境公益诉讼案件1242件，审结147件；受理生态环境损害赔偿案件33件，审结27件。大力支持检察机关提起环境公益诉讼，依法保障社会组织的环境公益诉权，助力提升广东生态环境治理水平。广州法院依法审理赵某某填埋危险废物刑事附带民事公益诉讼案，判处有期徒刑五年及赔偿环境污染损害赔偿1884

万余元。有力服务绿色低碳循环发展。支持政府依法淘汰落后产能和高能耗企业、淘汰关停"散乱污"企业等整治行为，形成污染防治合力，推动经济结构绿色转型。指导下级法院审理好碳排放权、碳汇权交易等新类型案件，依法保障企业间合法碳交易，促进碳排放市场有序运作。时任院长周强在最高法院的工作报告中，专门肯定了广东法院的碳交易案件审理工作。2022 年 7 月的气候变化司法应对国际研讨会上，最高法院指定省法院作经验交流，广州、深圳两个案例入选最高人民法院发布的司法积极稳妥推进碳达峰碳中和典型案例。

二是积极参与生态环境治理。 省法院重视拓展审判工作的综合效能，积极参与生态环境治理，通过立法建议、司法建议等途径，实现司法办案社会效果最大化。积极参与环境资源立法和制度完善。近三年来，省法院对涉环境资源立法提供意见近百次，多次参加征求意见座谈会。各地法院也为当地环境治理法规、规章等制定建言献策，受到积极评价。加强重点领域环境司法保护。推动重点污染流域生态环境治理成果的巩固，重视对黑臭水体、"垃圾围城"等污染案件审理，助力城乡人居环境改善。指导深圳、汕头法院依法审理涉茅洲河、练江的水污染公益诉讼案件。创新审判执行方式，践行恢复性司法理念，确保生态环境修复责任落实到位。打造典型案例。省法院每年在"6·5"环境日期间发布环境保护典型案例。全省法院多个案例入选最高人民法院典型案例，其中，省法院终审的"卓文走私珍贵动物案"入选联合国环境规划署案例，终审的"非法出售蚯蚓电捕工具案"写入最高法院出台的《中国生物多样性司法保护》，指导的两个案例入选最高人民法院发布的司法积极稳妥推进碳达峰碳中和典型案例，指导的"噪声扰民诉前禁止令案"入选"新时代推动法治进程 2022 年度十大案件"。

三是持续推进专业化审判体系建设。 为有效统一司法理念，集中司法资源构建专业、高效的环境资源审判机制，省法院不断推进环境资源审判体制机制建设，取得了明显成效。推进专门机构建设。省法院指导各地法院结合实际情况和工作需要，稳步推进环境资源审判机构和队伍建设。目前已有省法院和广州、深圳、珠海、汕头、惠州、湛江、阳江、清远、茂名等9家中院以及广州、深圳、清远等地4家基层法院成立了环境资源审判庭或法庭，多地法院设立环境资源巡回审判庭或旅游巡回法庭。2021年8月，我省2个集体3名个人被评为人民法院环境资源审判工作先进集体和先进个人。构建集中管辖机制。立足服务保障广东"一核一带一区"区域协调发展，有效解决跨行政区划环境污染生态治理难题，经最高法院批准，自2020年1月1日起，广州、深圳、珠海、汕头、湛江、清远6个中级法院以及广州海事法院集中管辖一审环境民事公益诉讼案件，形成"6+1"模式。此外，深圳中院指定龙岗法院、珠海中院指定斗门法院集中管辖所在地市一审环境资源案件，形成集聚优势。完善归口审理模式。截至2022年底，省法院、深圳、珠海、佛山等9家中院以及汕头、惠州等地7家基层法院实行环境资源案件"三合一"或"二合一"归口审理，通过统筹适用刑事、民事、行政司法手段，形成合力全方位保护生态环境。健全专家咨询和具有专业知识的陪审员参加审判制度。省法院于2017年6月建立了全省法院环境资源审判咨询专家库，并于2020年6月完成第二届39名咨询专家选任工作。省法院还下发专家库管理办法及引入专家流程规定，建立具有专业知识人民陪审员参加环境资源审判机制，多地法院选任具有生态环境专业背景的专家作为人民陪审员参加案件审理。

下一步，广东法院将继续围绕党和国家工作大局，进一步完善环境资源审判体制机制，充分发挥审判职能，努力探索新时代绿水青山就是金山银山的广东路径。**一是进一步提高政治站位。**深入学习贯彻习近平总书记重要讲话、重要指示批示精神，贯彻落实党的二十大报告对推动绿色发展、促进人与自然和谐共生的重大战略部署要求，牢固树立和践行绿水青山就是金山银山的理念，紧紧围绕推动高质量发展的主题，为建设人与自然和谐共生的现代化提供有力司法服务。**二是完善环境资源审判机构设置。**进一步推进环境资源案件集中管辖与归口审理模式，尽快实现环境资源审判专门机构的全面铺开和实质化运转。推动在国家公园、自然保护区等生态功能区设立特色生态法庭，归口审理辖区内的环境资源案件，加强重点区域生态环境司法保护。**三是**进一步提升案件审判质效。准确理解把握新的法律政策精神，深入学习贯彻《民法典》绿色原则和最高人民法院新发布的相关司法解释，及时调整裁判思路。加强大气污染、水污染、土壤污染等重点领域的环境资源审判工作，持续开展绿地建设、古树保护、噪声消除、垃圾分类等群众身边的环境治理工作。加大生态环境保护民事公益诉讼案件的审理力度，大力推进生态环境损害赔偿工作。**四是**服务绿色低碳循环发展。围绕高质量发展主题，依法审理涉绿色金融投资、产业结构调整案件，妥善处理高耗能、高排放项目引发的纠纷，助力加快发展方式绿色转型。围绕"双碳""双控"任务目标，审理好碳排放权、碳汇权交易等新类型案件，促进碳排放市场有序运作，助力我省碳达峰、碳中和目标顺利实现。**五是**加强协调联动机制建设。加强与检察机关、公安机关、环境资源行政主管部门的沟通协调，通过举办联席会议、签署协议或备忘录等形式，加强信息数据共享、证据调取采信、案件线索移交等方面的工作对接，完善异地执行委托衔接、生态环境修复效果评估、环境修复资金管理制度等配套措施，推动生态环境整体保护、综合治理。**六是**切实增强法治宣传效果。利用"6·5"环境日等重要时间节点，通过邀请代表委员旁听重大典型案件庭审、集中开庭宣判、巡回审判、发布典型案例等形式多样的宣传方式，自觉接受社会公众监督，扩大环境资源审判影响力。

（二十二）广东省邮政管理局

"十四五"以来，在省委省政府和国家邮政局的正确领导下，省邮政管理局深入践行习近平生态文明思想，强化邮政快递业生态环保工作尤其是快递包装绿色治理，落实新发展理念，注重源头整治，推动协同共治，大力推进"9917"工程，取得积极成效。2022年全省实现采购使用符合标准的包装材料比例达到97.3%；规范包装操作比例达到96.8%；实现电商快件不再二次包装率达到96.4%；可循环快递箱（盒）应用规模230万个，回收复用瓦楞纸箱11000余万个件，新能源、清洁能源汽车保有量1万多辆，超额完成"9917"年度工作目标。

一是加强组织领导，高起点统筹谋划。年度3次召开局党组会议、局长办公会议研究部署全年生态环保工作，制定年度全省邮政快递业生态环保工作要点、广东省邮政业生态环境保护工作实施方案等，突出塑料污染治理在行业生态环保工作中的中心定位。研究制定《广东省快递企业省内总部统一管理责任制实施办法（试行）》，明确企业总部对全网塑料污染治理具体要求，宣讲通报责任追究形式，并与品牌省总部签订责任书，提升企业工作的自觉性，落实企业生态环保主体责任。

二是强化部门协同，共同统筹谋划。推动省政府出台高质量发展和"两进一出"工程试点两份重磅文件，明确邮管、生态、科技、住建、商务等多部门职责，协同严控电商产品过度包装，加强包装研发创新，增强行业绿色供给。联合省商务厅印发通知，进一步加强全省电商快递包装协同治理，推动企业落实主体责任、建立实施绿色采购制度、强化消费引导，2家企业成功列入工信部绿色设计示范名单。协同海南省、广西区共同建立国家生态文明试验区（海南）快递包装绿色治理跨省协同工作机制，与海南局联合发文协同推进海南省快递包装绿色治理和落实有关禁塑规定，为助力国家生态文明试验区（海南）建设贡献广东力量。

三是加强政策引领，激发企业动力。落实交通运输领域中央与地方财政事权和支出责任改革要求，持续推动地方政府落实邮政业污染防治属地责任，2019—2022年，连续四年争取地方财政资金专门设立"推动邮政业绿色发展"项目，共安排1200余万元用于推动行业绿色发展及塑料污染治理等生态环保工作。推动省政府印发加快建立健全绿色低碳循环发展经济体系的实施意见，加快推进可循环快递包装应用，指导帮助试点单位做好资金申报、附件填报及重大项目入库管理等工作，顺丰与苏宁两家企业在邮政管理部门的积极协助下，向试点属地发改部门申报了试点项目中央预算。

四是强化督导检查，压实企业责任。严格落实包干督导机制，加大监督力度，结合迎党的二十大、旺季保障督导等工作，将塑料污染治理作为现场督导的必查项，由局领导亲自带队对地市、对品牌、对企业类型实现全覆盖督导。持续加大生态环保执法力度，指导对违反绿色环保相关规定的企业立案处罚22宗，实现地市全覆盖，进一步压实企业塑料污染治理主体责任。组织省生态环保厅、市场监管局共同对辖区邮政快递处理中心进行包装督导检查，企业落实工作情况得到其他部门的高度肯定。

五是加强宣传引导，营造良好氛围。全面开展相关法规、标准的宣贯和培训，通过召开现场会议、制作宣传动漫、印制宣传材料、打造"快递包装"电视栏目等多种方式，围绕胶带缠绕过多、填充物使用过多、大箱小用等现象，呼吁引导自行包装寄件客户绿色包装，在全省形成浓厚的绿色快递氛围。积极联系省发改委深度挖掘可循环快递包装应用的新闻线索，通过《人民日报》宣传广东邮政业快递积极探索可循环绿色包装治理工作方向，《人民资讯》刊载《广东快递业探索推广快递可循环绿色包装》。

六是加强用品用具监管，强化源头治理。深入贯彻落实"放管服"改革要求，建立健全"双名录"新型监管方式，实现由生产监制转变为质量监督，实现邮政业用品用具监管常态化和规范化，强化事中事后监管，对后续执法检查中产品检验不合格的生产企业采取移出名录等方式，推动邮政业用品用具市场健康发展，服务保障邮政业绿色高质量发展。

下一步，省邮政局将重点做好以下几项工作：**一是**大力实施"9218"工程实现广东目标任务。大力实施"9218"工程，深入推进过度包装和塑料污染治理，为全国实现2023年底实现不再电商快件二次包装比例达90%，使用可循环快递包装的邮件快件达到10亿件，回收复用完好的瓦楞纸箱8亿个贡献广东力量。积极推广可循环、易回收、可降解的替代产品，推进快递包装绿色产品认证工作，鼓励企业生产、研发、推广、使用绿色环保新材料新产品，稳步提升快递包装绿色化低碳化水平。**二是持续巩固行业塑料污染治理成果。**指导各市局要持续跟进辖区塑料污染治理工作，严禁辖区邮政快递网点使用不可降解的塑料包装袋、一次性塑料编织袋，定期开展摸底调查，全面掌握辖区在使用不可降解的塑料胶带使用量，引导企业采用符合标准的包装材料，全面巩固广东2022年底全省快递邮政快递网点禁止使用不可降解的塑料包装袋、一次性塑料编织袋工作成果。**三是**加快推进快递包装绿色转型。将快递包装绿色转型作为2023年全省邮政快递业生态环保工作要点之一，指导各市局结合本辖区情况制定具体工作措施，推进落实包装转型。发挥广东省内总部统一管理责任作用，健全绿色采购制度，加大绿色资金投入，推动企业发挥省内总部统一管理牵引作用指导其通过集采统购，实现包装统采价格优势，促进包装源头治理。

（二十三）国家税务总局广东省税务局

全省各级税务机关坚持以习近平新时代中国特色社会主义思想为指导，深入学习党的二十大精神，认真贯彻习近平生态文明思想和习近平总书记对广东系列重要讲话、重要指示批示精神，落实党中央、国务院决策部署，牢牢把握广东"一核一带一区"区域发展战略要求，通过改革创新推进绿色税收体系建设，充分发挥税收职能作用，落实落细各项税收优惠政策，做好资源税征收工作，助力绿色永续发展，服务"人与自然和谐共生的现代化"，让绿色低碳成为广东高质量发展的鲜明底色。

一是强化党建引领，深化党业融合。切实发挥党建引领作用，促进党建工作与税收业务深入融合，聚焦党建工作围绕中心、建设队伍、服务群众的根本职责和核心任务，紧密结合绿色税收体系建设工作实际，统筹好税务工作与生态环境保护建设的关系，旗帜鲜明讲政治，始终坚持把讲政治贯穿税务工作始终，深刻把握"国之大者"的核心要义，助力生态文明展现税务作为。

二是落实法定职责，加强协同共治。健全完善与自然资源、生态环境、水利等部门的协作机制，推动部门数据共享和征管协作法定职责落实，规范涉税信息交换的数据项、交换频率、数据格式，拓展涉税数据信息获取范围，提高数据交换应用及时性和准确性。加强各类涉税信息数据比对分析，增强数据管税工作质效，在税源精准智管、纳税集成智报、风险管理智控、决策分析智能等方面持续发力，积极提升绿色税种综合治理、源头治理科学化、信息化、精细化水平。在佛山市南海区试点开发应用"环保税智能管服体系"，针对环保税涉及领域专业、计算复杂、环保税纳税人识别难、后续管理难等问题加强探索应用，该项目已入选我省公共数据资产凭证三个试点项目之一。加强资源税管理，摸清全省资源税税源底数，深化数据应用，强化税源动态监控，夯实数据基础，开展资源税分税目行业分析工作，形成资源税精准监管工作指引。

三是坚持守正创新，建设绿色税制。推出"绿色税制轻松查"服务举措，汇总梳理绿色税制相关税收政策，打造《绿色税制建设电子书》，开展前瞻性、科学性改革创新，开发可搜索、能分享的可视化电子书载体，满足纳税人政策查询、解读需求。在第三届"广东省纳税人缴费人最期待的十条税费服务举措"评选活动中，依托广东税务微信公众号、南方日报、南方+等新媒体平台广泛开展宣传，纳税人缴费人反响热烈。

四是落实优惠政策，助力发展大局。坚持以纳税人缴费人需求为导向，不折不扣落实环境保护、节能节水、资源综合利用以及合同能源管理、环境污染第三方治理等方面的企业所得税、增值税优惠政策，鼓励企业清洁生产、废物集中处理、资源循环利用。按照税务总局部署，持续开展"便民办税春风行动"，深化办税缴费便利化改革，推进税费服务智能化升级，创新税费服务个性化措施，全面推行税务事项证明告知承诺制，优化全省税收营商环境。以智慧税务建设推进税收优惠政策落实落细落准，持续优化推送政策红利直达市场主体。

党的二十大擘画了以中国式现代化全面推进中华民族伟大复兴的宏伟蓝图，全省各级税务机关将进一步增强奋进新征程的信心决心，拿出抢抓机遇的决心魄力，拿出走在前列的干劲闯劲，积极推动全省绿色发展迈上新台阶。**一是牢牢把握党的领导这一统领**。落实党的二十大关于加强党的领导和党的建设部署要求，推动党对税收工作的领导全面增强，坚持抓好党建促业务，把绿色税制建设融入到"两个维护"高度思考和推进。**二是牢牢把握税收现代化这一主题**。持续深化税收征管改革，全面梳理绿色税种征收管理流程，积极主动转变税收征管方式，持续完善征管职责清单，通过"强管理、抓服务、聚合力"方式，实现征管方式从固定管户向清单式分类分级管理转变，推动税收工作集成提升。**三是牢牢把握高质量发展这一要务**。聚焦主责主业积极作为，放大税收政策效应，有力服务碳达峰、碳中和目标，统筹做好"减"与"收"工作，坚决落实好各项税收优惠政策，充分激发市场主体活力，大力支持生产和生活方式绿色转型，服务税收营商环境优化工作，服务广东生态文明建设大局。

（二十四）国家金融监督管理总局广东监管局

国家金融监督管理总局广东监管局强化监管引领，引导辖内银行保险机构践行绿色发展理念，大力发展绿色金融，不断提升绿色低碳发展服务质效，助力提升生态系统多样性、稳定性、持续性，推进广东经济社会发展全面绿色转型。截至2022年底，辖内主要银行机构绿色信贷余额1.51万亿元，同比增长57.22％，绿色信贷占各项贷款比例12.65％，较年初提高3.51个百分点。主要有五方面工作成效：

一是构建高质量绿色金融政策体系。转发并督促机构贯彻落实银保监会《银行业保险业绿色金融指引》，印发《关于推进广东银行业保险业绿色金融发展的指导意见》，提出5大方面19条工作措施，系统指导辖内银行保险机构以自身绿色发展，助力广东经济社会发展绿色转型。创新绿色保险统计体系，填补统计空白；细分地区和项目维度，持续完善银行业绿色融资统计制度。

二是建立多层次绿色金融服务体系。支持设立全国首家气候支行、全国首家零碳网点，支持建设银行参与发起设立粤港澳大湾区碳金融实验室。辖内机构设立绿色金融事业部、绿色分（支）行、绿色金融科技实验室、绿色保险创新实验室等20余家，绿色专业服务能力持续提升。

三是创新多样化绿色金融产品体系。推动银行机构落地企业碳排放强度与贷款利率挂钩产品、碳排放权质押贷款、可再生能源补贴确权贷款、公益林生态补偿贷款等业务。引导保险机构持续丰富保险产品，大力发展环境污染责任保险，陆续推出"林业碳汇价格保险""林业碳汇遥感指数保险""碳排放保险"等新型绿色保险产品。

四是打通多元化绿色融资渠道。引导银行保险机构积极助力碳中和项目直接融资，承销全国首单碳市场履约挂钩的债券、全国首批碳中和绿色ABN、粤港澳大湾区首笔碳中和债等。发挥保险资金的长期优势，通过债权、股权投资计划等投向绿色领域。支持10家法人机构累计发行268亿元绿色金融债，全面支持节能环保、基础设施绿色升级等领域。落地广东首笔绿色信贷资产跨境转让业务，充分发挥粤港澳大湾区"两个市场、两种资源"比较优势，引入低成本资金支持大湾区绿色产业发展。

五是支持重点领域节能降碳行动。推动工业绿色低碳转型，促进传统产业数字化、智能化、绿色化融合发展。辖内工业企业技术改造升级项目贷款余额超2300亿元。助力能源转型，辖内清洁能源产业贷款余额3124.84亿元。助力编织绿色交通网络，辖内环境友好型铁路、绿色航运等绿色交通贷款余额近4000亿元。助力生态农林牧渔业发展、生态保护与修复等重大工程建设，辖内生态环境产业贷款余额418.50亿元，其中生态保护与修复贷款占比近四成

下一步，广东银保监局将继续坚持以习近平新时代中国特色社会主义思想为指导，全面贯彻落实党的二十大精神，完整、准确、全面贯彻新发展理念，提高政治站位，强化监管引领，推动银行业保险业持续提升绿色金融创新与服务能力，积极支持绿美广东建设。**一是**落实落细绿色金融政策要求。督促银行保险机构落实落细《银行业保险业绿色金融指引》，进一步完善绿色金融管理

制度和业务流程，加强内控管理与信息披露，完善绿色金融标准，加强绿色金融统计。**二是高水平助推绿美广东生态建设。**引导银行保险机构紧紧围绕绿美广东生态建设任务要求，支持广东经济社会发展绿色化、低碳化。鼓励银行保险机构加大对生态保护、绿色产业等重点领域的金融支持。**三是提升绿色金融创新与服务能力。**引导银行保险机构积极稳妥开展绿色金融产品和服务创新。鼓励银行保险机构创新绿色金融体制机制，加强专业培训和人才储备，优化绩效考核机制，积极探索环境和气候风险管理工具和方法，有效提升绿色金融服务能力。

（二十五）中国证券监督管理委员会广东监管局

2021年以来，广东证监局以习近平新时代中国特色社会主义思想为指导，深入学习贯彻党的二十大和十九届历次全会精神，按照证监会和省委省政府有关发展绿色金融支持低碳循环发展有关工作部署，积极推进辖区资本市场在绿色企业上市融资和发行绿色债券等方面取得显著成效。

一是支持绿色企业上市、挂牌、再融资。在上市、挂牌方面，2021年以来，辖区共有13家绿色企业（主要包括新能源汽车、生态农业、节能环保、清洁能源等行业）在境内证券交易所上市，有2家绿色企业在新三板市场新增挂牌，相关企业首发融资120.6亿元。此外小鹏汽车于2021年7月在香港联交所主板挂牌交易，首发融资160.19亿港元，成为首家在港股上市的新能源汽车企业；风电装备制造企业明阳智能于2022年7月在伦敦证券交易所发行全球存托凭证（GDR），融资6.57亿美元，成为国内首家发行CDR的民营上市公司。在股权再融资方面，2021年以来，辖区共有7家绿色上市公司通过定向增发、配股等方式融资109.33亿元；有2家绿色上市公司发行可转债融资103.22亿元；有20家绿色新三板挂牌企业通过定增融资12.11亿元。

二是鼓励企业发行绿色公司债券及资产证券化产品。2021年以来，辖区共有7家企业发行绿色公司债券9只，发行规模95亿元，有6家企业发行绿色资产证券化产品（ABS）29只，发行规模63.86亿元。部分企业境外发行绿色债券取得新突破，引进海外资金支持境内绿色产业发展。如：2021年2月明阳集团在澳门债券市场发行2亿美元绿色债券，为澳门债券市场发行的首笔非金融企业绿色债券；2022年1月广州开发区控股集团成功发行4.9亿美元绿色债券，是全国首单中国香港、新加坡、中国澳门三地上市挂牌的非银企业绿色债券，也是首单粤港澳大湾区赴新加坡交易所上市发行的绿色债券项目。

三是支持证券期货经营机构开展多元化的绿色证券业务。2021年以来，辖区共有3家证券公司作为主承销商共承销绿色公司债券和绿色资产证券化产品20只，合计金额107.01亿元；共有3家基金公司设立19只绿色主题公募基金，管理基金规模279.25亿元；共有5家期货公司积极探索绿色金融与农业种养殖业相结合，开展生猪、鸡蛋等"保险+期货"试点项目73个，试点金额7696.41万元。

四是积极支持碳排放权市场建设。广东证监局会同省地方金融监管局研究制定《关于完善期现货联动市场体系推动实体经济高质量发展实施方案》，提出我省健全绿色要素市场体系建设、建设粤港澳大湾区双碳要素交易市场等举措，以期货市场发展助力我省绿色低碳转型发展。同时，通过开展"智碳共享，绿色湾区—广东碳市场建设"直播、投资者教育、碳市场知识普及宣传活动等系列宣教活动，引导辖区证券期货经营机构、上市公司等各方主体积极参与碳市场建设。2021年5月，证监会批准广州期货交易所推进碳排放权、工业硅、多晶硅等与绿色低碳发展密切相关的产业特色品种的研发上市。2022年12月广州期货交易所首个品种工业硅期货和期权成功上市交易。

下一步，将重点做好以下几方面工作：**一是**支持绿色企业上市挂牌融资。大力支持绿色企业在境内外交易所上市或在新三板市场挂牌，积极引导绿色上市企业利用资本市场并购重组及股权再融资，提高核心竞争力。**二是**支持企业发行绿色债券。联合地方政府、交易所加强绿色债券的宣传推广和政策引导，积极配合相关单位和部门出台绿色债券补贴等具体细化政策，推动辖区企业充分利用绿色公司债发行审核"绿色通道"政策，通过交易所债券市场发行绿色公司债券等品种，助力绿色转型发展。**三是**支持广州期货交易所加快发展。支持广州期货交易所围绕绿色金融，研究开发相关期货品种，服务绿色发展。**四是**支持证券基金机构提升绿色金融服务能力。积极引导证券基金机构与绿色投资项目对接，鼓励证券金融机构完善符合绿色企业特点的金融服务机制，服务绿色产业企业创新发展。

地市篇

（一）广州市

广州坚定不移走生态优先、绿色低碳的高质量发展道路，生态文明建设和绿色低碳循环发展工作取得明显成效。2022年，广州市地区生产总值2.88万亿元，其中，工业增加值占比达24.1%，同比提高0.3个百分点，连续两年企稳回升。先进制造业占规上工业增加值比重为61.6%，单位工业增加值能耗下降率为2.93%。能耗总量为6439万吨标煤，同比增长−2.07%，能耗强度下降3.1%。全市环境空气质量优等级天数同比增加50天，全年PM2.5每天达标，平均浓度22微克/立方米，再创新低，在国家中心城市中保持最优。全市已建成运营生活垃圾终端处理设施共计24座，焚烧和生化总设计处理能力3.9万吨/日，形成"焚烧为主、生化为辅、循环利用"的垃圾处理新格局，是国内率先实现原生垃圾零填埋的超大城市，获批全国废旧物资循环利用体系建设重点城市。建成各类自然保护地89个，面积约10.98万公顷，其中自然保护区6个、风景名胜区4个、森林公园58个、湿地公园20个、地质公园1个，为重要自然生态系统、自然遗迹、自然景观和生物多样性提供了系统性保护，提升了生态产品供给能力，维护了生态安全。

1. 工作进展及成效

一是出台市级生态文明规划。印发实施《广州市生态文明建设"十四五"规划》，明确广州市"十四五"生态文明建设29项主要指标目标，提出科学构建美丽国土空间格局、推动经济社会全面绿色转型、建设绿色低碳美丽宜居花城、提升生态系统质量和稳定性、建立健全生态文明制度体系、倡导文明健康绿色环保生活方式六大重点任务。坚持尊重城市发展规律，强化生态文明建设的统筹协调，强调企业和项目的载体作用，推动全市生态文明建设高质量发展。

二是完善能源消耗总量和强度调控。进一步完善能耗双控监督管理机制，强化全过程管理，促进能源全面节约；出台"十四五"节能减排政策文件，根据排放现状和减排潜力，提出节能减排目标，科学合理分解指标，推动重点领域绿色升级，确保完成的"十四五"节能减排目标；坚决遏制不符合产业政策的"两高"项目盲目发展，建立"两高"企业台账和动态调整机制；强化用能管理，分析广州用能预算调度，研究建立市、区、企业三级用能预算管理体系，加强对重点用能单位节能管理。

三是推进产业结构优化升级。加快工业领域绿色低碳转型，推动构建汽车近地化产业布局，打造12个滨江高端产业园，加快粤芯三期、芯粤能等一批集成电路重大项目建设；推动纺织服装、美妆日化等五大优势特色产业集群推广应用行业级工业互联网平台；推动企业绿色化改造，构建广州特色的绿色制造体系。累计创建了广汽本田等46家国家级绿色工厂、立白等本土品牌的192项绿色设计产品，共计创建238项国家级示范项目；开展清洁生产审核，2022年全市验收通过企业91家，实施清洁生产改造方案1554个。全市通过清洁生产验收企业168家，实施清洁生产改造方案2644个，带动投资82440万元。

四是高品质推进绿色建设。编制发布绿色建筑发展专项规划，科学合理地确定绿色建筑中长期发展目标、重点发展区域、技术路线和保障措施等；探索建筑能耗限额管理机制，在全省率先启动公共建筑能耗限额管理工作，选取49栋公共建筑开展能耗限额管理试点工作；启动修订绿色建筑管理规定，聚焦城乡建设绿色发展新目标、新任务，不断完善绿色建筑政策法规。

五是全面推进废旧物资循环利用体系建设。入选全国废旧物资循环利用体系建设重点城市名单，编制废旧物资循环利用体系建设实施方案，立足更高政治站位、服务双碳工作大局、突出企业和项目的引领带动，聚焦废旧物资回收网络、再生资源加工利用水平、二手商品交易和再制造产业发展、废旧物资循环利用政策保障等四大领域，统筹协调废旧物资循环利用体系建设。

六是持续推进塑料污染治理。明确目标任务，强化工作落实，按照塑料污染整体工作部署，突出重点，分步推进相关塑料制品生产企业的质量监管；压实属地监管责任和企业主体责任，坚持常规检查与执法检查相结合，对违反相关规定的及时立案查处；积极开展绿色节约型机关建设，推动政府系统全体单位落实源头减量工作，全面禁止使用一次性塑料饭盒，严格控制塑胶制品的使用；规范回收利用，推广替代产品，对塑料回收等八类再生资源的回收方式、利用路径予以引导和规范；加强宣传引导，组织开展生活垃圾分类主题宣传月活动、低碳校园环境教育专项活动、生活垃圾分类科普培训等。

七是健全完善生态环境保护基本制度。《广州市生态环境保护条例》于2022年6月5日起施行。《条例》构筑广州生态环境保护新体系，将"三线一单"制度纳入条例，确定了生态环境修复、生态损害赔偿和生态保护补偿相结合的制度保障体系；首次确立镇街生态环境网格化监督管理制度，夯实生态环境保护工作的基础；推进环境治理新模式，营造多元共治的科学治理体系。

八是探索生态产品价值实现机制。构建生态产品价值实现试验政策，推进国家城乡融合发展试验区广州（片区）生态产品价值实现机制改革试验工作实施，全力支持海珠区、花都区、从化区开展生态产品价值实现机制试点建设；健全生态产品市场交易机制，打造环境与资源金融服务基础设施。

九是实施资源有偿使用和生态保护补偿。加快自然资源资产统一确权登记，落实建设用地资源有偿使用制度，严格执行不得变相减免土地出让收入的要求，健全多元化生态保护补偿机制，做好流域生态保护补偿工作，建立健全生态公益林补偿机制，落实北江、东江流域的生态保护补偿工作。

十是深入推进绿色低碳交通运输发展。截至2022年底，全市地铁站点200米范围内公交衔接比例达到100%、中心区166个地铁站点实现夜间公交接驳率达100%、中心城区绿色出行分担率为75.62%，基本形成绿色出行服务体系。积极推广应用新能源车辆，截至2022年底，全市共有电动公交车1.46万辆，纯电动巡游出租车1.78万辆，纯电动网约车12.07万辆。积极推进多式联运示范工程建设，"广州港贯通中南西南—粤港澳，打造'双网协同、港铁互

融、枢纽集散'集装箱多式联运示范工程"成功申报国家第四批多式联运示范
工程创建项目。持续推进完善"干支衔接型货运枢纽—公共配送中心—末端
共同配送站"三级城市配送网络，积极推广应用新能源城市配送车辆。

2. 下一步重点工作

下一步，广州市将全面贯彻党的二十大精神，按照省委、省政府及市委决
策部署，立足广州作为国家中心城市、综合性门户城市、大湾区核心引擎、省
会城市的战略定位，向着新的奋斗目标出发，为全省在全面建设社会主义现代
化国家新征程中走在全国前列、创造新的辉煌作出应有贡献，在实现中华民族
伟大复兴的时代大潮中展现新担当新作为。

一是统筹推进生态文明建设。大力发展循环经济，统筹推进废旧物资循环
利用体系建设，做好全国废旧物资循环利用体系建设重点城市相关工作。统筹
协调废弃汽车全链条治理工作，制定废弃汽车专项整治行动方案。组织开展生
态文明督查激励工作，加强督查激励地区成果经验总结宣传。

二是全面加强资源节约工作。结合实际和工作基础，制定贯彻落实意见和
年度工作要点，加强资源节约工作和碳达峰碳中和工作的统筹协调，系统推进
能源、水、粮食、土地、矿产、原材料等资源利用工作；提前谋划开展能耗双
控逐步转向碳排放总量和强度"双控"研究工作；完善重点用能单位管理体系，
加强节能改造和用能管理指导；大力推进存量项目改造，建立长效监管机制。
深入挖掘工业和建筑领域节能潜力，为产业项目发展预留用能空间，保障重大
项目用能需求。

三是积极稳妥推进碳达峰碳中和。推进全市碳达峰碳中和实施意见、碳达
峰实施方案落地落实，推进能源、工业、建筑、交通等重点领域碳达峰方案印
发实施。开展碳达峰碳中和背景下经济社会绿色低碳高质量发展路径研究，提
出碳达峰碳中和具体工作措施和实施路径。落实中央经济工作会议关于在落实
碳达峰碳中和目标任务过程中锻造新的产业竞争优势精神，加快组建碳达峰

中和产业联盟和产业发展基金。开展绿色低碳示范等相关前期研究，大力推动低碳零碳负碳项目建设。

（二）深圳市

党的十八大以来，深圳市经济社会全面绿色低碳转型取得历史性成就，绿色生产生活方式全面融入城市基因，人民群众优美生态环境的获得感、幸福感显著提升，在超大型城市绿色转型上走出了一条符合深圳定位和特色的道路，交出了一份亮丽的"绿水青山就是金山银山"的深圳答卷。从"生态立市"到"美丽中国典范"，深圳市绿色低碳发展的实践和探索为"深圳奇迹"画上了浓墨重彩的一笔。2022年全市地区生产总值3.24万亿元，增长3.3%。经济总量居粤港澳大湾区城市群首位，规上工业总产值4.55万亿元、增长7.0%，规上工业增加值1.04万亿元、增长4.8%，工业增加值占地区生产总值比重提高到35.1%，工业总产值、工业增加值实现全国城市"双第一"。在实体经济日益壮大的同时，深圳市单位GDP能耗、碳排放量、用水量分别降至全国平均水平的1/3、1/5和1/8，均处于国际先进、国内大城市最优水平，绿色竞争力在全国289个城市中排名第一。深圳市走出了一条经济发展与绿色低碳转型协同互促的道路，绿色低碳已经成为深圳市经济高质量发展的重要动能。

1. 工作进展及成效

一是全面加强"双碳"目标谋篇布局。坚持党的领导强化统筹协调，坚持把党的领导贯穿碳达峰、碳中和工作全过程，成立深圳市碳达峰碳中和工作领导小组，领导小组由市委主要负责同志任组长，市政府主要负责同志任常务副组长，市政府分管发改、外事、生态、住建、交通、工业的领导同志任副组长，共29个成员单位，实现对全市"双碳"工作的一体谋划、一体部署、一体推动、一体督导。抽调各部门绿色低碳相关业务骨干组建市级碳达峰碳中和工作专班，组织研究力量对IPCC、发改部门、生态环保部门的各种碳排放核算方法进行了深入研究，广泛收集数据资料，摸清碳排放底数，对未来碳排放的情景进行预测，科学制定深圳碳达峰路径。积极构建碳达峰碳中和"1+N"政策体系，深入学习领会国家、省"双碳"政策体系文件精神，结合深圳地方实际，组织编制深圳市碳达峰实施方案，形成了能源、工信、交通、建设、市场、全民、碳汇七大重点领域行动计划，构筑起深圳市碳达峰碳中和工作的"四梁八柱"。强化配套保障措施，凝聚全市合力支撑"双碳"工作，研究制定科技、财政、绿色金融、标准计量、碳交易、气象等碳达峰碳中和保障措施，编制印发深圳市碳达峰碳中和年度工作要点，对年度"双碳"工作做具体安排部署，明确责任部门、时间节点。

二是加快建立绿色低碳产业体系。深入推进产业绿色低碳转型，培育发展壮大"20+8"产业集群，出台《深圳市人民政府关于发展壮大战略性新兴产业集群和培育发展未来产业的意见》，持续优化产业结构，布局以先进制造业为主体的20个战略性新兴产业集群以及8大未来产业，"一群一策"推动产业集群建设。2022年七大战略性新兴产业（20个产业集群）增加值超1.3万亿，同比增长7%，占GDP比重首次突破40%，产业发展的绿色低碳水平稳步提升。推动绿色低碳产业高质量发展，统筹绿色低碳产业培育工作与协同发展，立足深圳绿色低碳产业发展现状与需求，制定发布《深圳市促进绿色低碳产业高质量发展的若干措施》，印发新能源、智能网联汽车、安全节能环保三大产业集群行动计划，加快构建绿色低碳产业认定管理规则体系，从资金、技术、土地、场景应用等多个角度对绿色低碳产业发展提供支撑。2022年深圳市绿色低碳产业增加值1730.62亿元，同比增长16.1%，其中智能网联汽车（46.1%）、新能源（16.1%）两大产业集群增加值实现两位数增长，绿色低碳产业成为经济新增长点。发展壮大绿色低碳服务，持续推动碳排放权交易市场发展，修订发布《深圳市碳排放权交易管理办法》，优化碳排放配额管理制度，规范碳排放权交易活动。2022年深圳碳市场交易额达2.47亿元，同比增长30.39%；碳配额交易额2.30亿元，同比增长188.40%；年末碳配额收盘价53.50元，市场累计交易额突破20亿元大关；碳市场流动率为21.25%，连续多年稳居全国第一。积极实施《深圳经济特区绿色金融条例》，筹建绿色金融公共服务平台工作，2022年共认定国开行深圳市分行科技金融处等21家绿色专营金融机构，推动绿色金融快速发展。产业数字化绿色化"双化协同"，深入实施"工业互联网+绿色制造"工程，加快信息技术在绿色制造领域的应用，实现生产过程物质流、能量流等信息采集监控、智能分析和精细管理。构建市级绿色制造体系，印发深圳市《绿色制造试点示范管理暂行办法》，统一规范深圳绿色制造相关指标，加大节能低碳技术推广运用。推动绿色制造试点示范，截至2022年底，深圳市共创建国家级绿色工厂79家，绿色供应链14家，绿色园区2个，绿色产品92种，工业产品绿色设计示范企业13家，其中2022年17家绿色工厂，5家绿色供应链，10个绿色产品，8家工业产品绿色设计示范企业，居全国地级市前列。

三是积极推动能源绿色低碳转型。坚持节能优先的能源发展战略，创新节能管理方式，印发实施《深圳市用能预算管理实施方案（试行）》，在全省率先建立横向覆盖全社会各重点用能领域，纵向覆盖全市、各区、各重点用能单位、各重点用能项目的多级用能预算管理机制。率先探索能耗"双控"向碳排放"双控"转变，开展转变路径研究，启动编制碳排放"双控"转变试点工作方案。实施数据中心节能审查管理办法，在全国率先提出数据中心最高能效标准，推动数据中心绿色低碳发展。强化清洁能源保障，加快清洁电源项目建设，开工建设光明燃机电源基地、东部电厂二期，建成投产大唐宝昌燃气热电扩建项目，2022年底全市电源总装机规模达1826万千瓦，清洁能源装机占比达到78.3%。进一步发挥天然气支撑作用，开工建设深圳市天然气储备与调峰库二期扩建工程库区项目，出台《关于支持开展天然气贸易助力打造天然气贸易枢纽城市的若干措施》，持续扩大天然气贸易规模，巩固"多气源、一张网、互连互通、海陆共济"的天然气供应格局。中西部受电通道工程建成投产，新增外部送深圳电力200万千瓦，藏东南清洁电力送深工程前期顺利推进。大力发展新能源，鼓励分布式光伏发展，推动碲化镉薄膜光伏等试点示范项目，出台《深圳市关于大力推进分布式光伏发电的若干措施》《深圳市分布式光伏发电项目管理操作办法》，支持分布式光伏发电项目推广应用、规范发展，2022年建成光伏装机约7.3万千瓦，全市光伏发电装机达30万千瓦。推动海上漂浮式光伏示范项目试点，积极争取深汕红海湾海上风电项目。印发深圳市氢能产业发展规划，组织实施氢能产业发展扶持计划。打造技术领先、先行示范的氢能产业，首个国际氢能产业园在盐田区正式揭牌，建成加氢站3座。推动打造新型电力系统，出台《深圳市虚拟电厂落地工作方案（2022—2025年）》，成立国内首家虚拟电厂管理中心，建成虚拟电厂运营管理平台，合计接入容量超120万千瓦，最大可调节负荷能力20万千瓦。创新能源综合服务新业态，探索建立区域综合能源服务机制，推动九龙山数字城等运用建筑光伏一体化（BIPV）、新型储能与梯次储能柔性负荷、电动汽车V2G充放电、大数据电池健康检测的"光储充放检"技术，搭建虚拟电厂，实现电网削峰填谷，源网荷储协同友好互动。

四是着力提升交通运输绿色低碳水平。持续优化交通运输结构，积极推进海铁联运发展，进一步优化港口集疏运体系，深圳港海铁联运线路已延伸至7个省和直辖市，开通30条海铁联运班线，12个内陆港。不断构建以轨道交通为主体、常规公交为网络、慢行交通为延伸的多元公共交通体系，健全绿色出行网络。2022年新开通地铁5条（段）128公里，轨道交通运营里程达559公里，跃居全国第四，轨道公交一次换乘可达建成区比例提升至92.8%，累计新改扩建非机动车道达到460公里，全市非机动车道里程超3000公里。新能源汽车发展引领全球，在全国率先实现公交车、巡游出租车、网约车100%纯电动化，持续提升公共领域汽车清洁化水平，2022年完成物流配送车、环卫车和港口、机场作业机械清洁化替代6695台，推广LNG和氢燃料垃圾转运车202台，纯电动物流配送车辆推广规模近10万辆，位居全球第一。积极鼓励私人自用领域使用新能源汽车，2022年新推广新能源汽车23.9万辆，渗透率达61.8%，全市新能源汽车保有量超76.6万辆。推动智能网联汽车规模化商业化，实施国内首部关于智能网联汽车管理的法规，全市累计开放智能网联汽车测试示范道路里程达201公里。加快绿色交通基础设施建设，印发《深圳市新能源汽车充电设施专项规划》，加快打造功能完备、布局合理、运行稳定、智慧安全的充电基础设施网络。2022年新增公共充电桩1.2万个，累计建成12万个，建设规模国内领先。出台《深圳市综合能源补给设施布局规划（2022—2025年）》，2022年建成5座V2G示范站和6座综合能源补给站。推进建设盐田国际航行船舶保税LNG加注中心。印发《深圳市国际航行船舶保税液化天然气加注试点管理办法》，实现国际船舶保税LNG首船加注。

五是扎实推进建设领域绿色发展。 积极打造绿色建筑领域"深圳标准"，印发《深圳经济特区绿色建筑条例》《关于支持建筑领域绿色低碳发展若干措施》，将碳达峰碳中和融入绿色建筑全生命周期管控，切实加强对绿色低碳建筑项目的支持力度。以国际先进标准为标杆，发布实施《深圳市绿色建筑评价标准》《深圳市公共建筑节能设计规范》《深圳市居住建筑节能设计规范》等绿色建筑相关标准，多部为国内首创，建立和完善了涵盖规划设计、施工验收和运营维护在内的建筑节能与绿色建筑全生命周期技术标准体系。大力提升绿色建筑品质，全面严格执行绿色建筑标准，截至2022年底，全市累计有1521个项目获得绿色建筑评价标识，总建筑面积超过1.6亿平方米，标识数量和面积全国领先。18个项目获得全国绿色建筑创新奖，其中一等奖18个。2022年入选国家智能建造试点城市，新开工装配式建筑面积1845万平方米，新增绿色建筑面积1816万平方米。

六是打造生态宜居深圳典范。 深入推进减污降碳协同增效，深圳蓝、深圳绿成为城市名片，印发《深圳市深入打好污染防治攻坚战行动方案》《"深圳蓝"可持续行动计划（2022—2025年）》《深圳市应对气候变化"十四五"规划》，锚定"双碳"目标，全面提高环境治理综合效能，2022年空气质量优良天数比例达92.1%，PM2.5年平均浓度为16微克/立方米。出台《深圳经济特区生态环境保护条例》，设置应对气候变化专章，明确将碳达峰碳中和纳入生态文明建设整体布局。高标准建设"无废城市"，以循环经济十四五规划引领循环经济发展，开展废旧物资循环利用体系建设示范城市建设工作，编制形成实施方案，为全国废旧物资循环利用体系建设提供深圳经验。完成平湖能源生态园二期升级改造，光明、龙华能源生态园开工建设。2022年新增固废处理能力2.9万吨/日、累计27.7万吨/日，生活垃圾回收利用率达47.2%。入选国家首批再生水利用配置试点城市，再生水利用率达74%。持续提升生态系统碳汇能力，加快山海连城绿美深圳生态建设，深入实施"山海连城"计划，首条山海通廊"塘朗山—大沙河—深圳湾"全线贯通，2022年新建远足径郊野径248公里、新建改造绿道368公里。新改扩建公园26个、总数达1260个。建立城市树木、绿地管理"一张图"，强化293万余株植物闭环管理。启动编制《深圳市海洋碳汇核算指南》地方标准相关工作，开展对福田区红树林植物复种项目产生的碳汇量进行测算和交易产品的设计。

七是鼓励绿色低碳生活方式。创新构建深圳"碳普惠"体系，发布《深圳碳普惠体系建设工作方案》，明确各年度的实现目标，聚焦于组织管理、制度标准、低碳场景、市场交易、信息服务等领域。建立绿色出行等低碳行为的数据聚集平台，通过政策鼓励、公益支持和交易赋值等方式，构建全民参与、可持续运营的碳普惠体系。出台《深圳市居民低碳用电碳普惠方法学（试行）》《深圳市共享单车骑行碳普惠方法学（试行）》《深圳市森林经营碳普惠方法学（试行）》，积极开展海洋活动碳普惠方法学和滨海湿地碳普惠方法学开发。打造碳普惠应用程序，先后上线"低碳星球""居民低碳用电""全民碳路"碳普惠应用程序累积用户数超300万。加大绿色低碳理念宣传推广，统筹开展全市2022年全国节能周活动，以"绿色低碳，节能先行"为主题，累计开展线上线下活动782场次，超288万人参与活动，充分展示全市节能降碳成效。采用AR技术举办"低碳生活、绿色时尚"——深圳市2022年六五环境日主题线上活动。在全国率先建立健全"碳币"服务平台管理机制和激励机制，以"碳币"形式，对个人、家庭、社区、学校和企业的生态文明行为进行奖励。鼓励绿色产品消费，深入推进绿色产品认证服务，5家认证机构获得绿色产品认证资质，成为全国首批绿色产品认证机构，积极引导推动企业申请绿色产品认证，2022年，深圳新增各类绿色产品认证证书500张，较2021年增长11%。围绕手机、电脑、消费级无人机、电视机、空调等绿色产品展开购置补贴活动，累计促成交易约14万笔，带动交易额6.65亿元，大力推动绿色产品消费。加强绿色低碳试点示范，制定《深圳市近零碳排放区试点建设实施方案》，围绕区域、园区、社区、校园、建筑和企业，分类开展试点建设，共确定两批次56个近零碳试点项目。积极推动绿色生活创建行动，2022年共创建绿色单位777家，其中节约型机关222个、绿色家庭18个、绿色学校85家、绿色社区265家及绿色建筑162个、绿色酒店4家、绿色企业6家、环境教育基地3家及自然学校2家。

八是绿色低碳开放合作亮点纷呈。携手港澳共建绿色湾区，印发《创建粤港澳大湾区碳足迹标识认证推动绿色低碳发展的工作方案（2023—2025）》，创新开展碳足迹标识认证，联合香港在全国率先开展粤港澳大湾区碳足迹标识认证试点工作。加强绿色金融合作，深圳市政府两次赴香港发行绿债券共计54亿元、蓝色债券11亿元，募集资金分别用于城市轨道交通和水治理等项目。高标准举办第十届深圳国际低碳城论坛，在高质量办好主论坛和平行论坛的基础上，围绕能源、工业、交通、建筑、"双碳"产业发展等领域评选绿色低碳场景应用示范基地并组织开展系列主题活动、举办"双碳"知识竞赛以及绿色低碳发展十年成就展等，持续增强绿色低碳发展国际影响力。广泛参与国际绿色交流合作，率先加入C40城市气候领导联盟，并两次获得C40气候领导联盟城市奖。参加联合国气候大会"中国角"系列边会有关活动。在2022年11月的第27次缔约方会议上，深圳市参加了共建近零碳社区边会、生态文明与美丽中国实践边会、中国城市气候行动经验与南南城市气候合作圆桌会议、气候投融资边会圆桌讨论、中国碳市场的发展与展望边会圆桌讨论等系列活动，分享近零碳社区、美丽中国实践、气候行动、气候投融资、碳排放交易等方面工作经验。

2. 下一步重点工作

深圳市将坚决贯彻落实习近平生态文明思想、党的二十大、二十届一中、二中全会精神，充分展现中国特色社会主义先行示范区的新担当新作为，对标国际一流、国内领先，奋力推进绿色高质量发展迈出新步伐、再上新台阶，为超大型城市碳达峰碳中和蹚出新路、做出表率，为建设人与自然和谐共生的现代化做出新贡献。

一是积极稳妥推动碳达峰碳中和。加快构建全市碳达峰碳中和1+N政策体系，印发实施深圳市碳达峰实施方案及能源、工信、交通、建设等重点领域行动计划，完善科技、金融、财政、计量、碳交易等配套政策措施。发挥碳达峰碳中和领导小组统筹引领作用，压实各区各部门绿色低碳主体责任，形成全市绿色转型强大工作合力。

二是大力推进绿色低碳产业高质量发展。组织落实《深圳市关于促进绿色低碳产业高质量发展的若干措施》，会同各部门制定各专项领域实施细则，启动实施财政扶持资金项目申报计划。编制出台深圳市绿色低碳产业指导目录、认定管理办法、技术通则等促进绿色低碳产业配套政策措施。围绕清洁能源、节能环保、新能源汽车、生态环境、基础设施绿色升级、绿色低碳服务等六大重点领域，持续提升技术创新能力，促进新模式新业态创新发展，加快新技术新产品应用推广。

三是强化能耗双控管理。积极推进用能预算，督促项目建设单位强化"先预算、后用能"意识，加强用能精细化调控。积极开展能耗"双控"向碳排放"双控"转变路径预研工作，研究建立完善碳排放统计核算体系、碳排放"双控"制度体系以及配套管理制度和市场化交易机制，研究编制碳排放"双控"试点工作方案。加强固定资产投资项目源头节能管控，贯彻落实重点用能设备能效管控要求，强化节能事中事后监管。建设集全市双碳数据、能耗数据、示范项目数据及碳汇数据等于一体的"双碳"管理服务平台，提升能耗、碳排放管理智慧化、数字化水平。

四是积极应对气候变化。优化市场机制，编制碳交易支持碳达峰碳中和实施方案，配套出台碳排放权交易管理办法配套实施细则。探索打造区域性、外向型碳交易市场，积极参与粤港澳大湾区碳市场建设，试点跨境减排量交易。深化试点示范，福田区高质量开展国家首批气候投融资试点建设。探索建立海洋碳汇交易制度，开展海洋碳汇核算试点，推动建设海洋碳汇登记与交易平台，探索构建智能碳源碳汇感知体系。

五是持续深入打好污染防治攻坚战。开展"深圳蓝"可持续行动，持续加强大气污染治理。开展碧水巩固提质行动，统筹水环境、水资源和生态治理。打好重点海域综合治理攻坚战。统筹打好珠江口海域综合治理攻坚战相关任务，实施"一湾一策"重点海湾综合治理。持续推进"无废城市"建设和新污染物治理。实施"无废城市"全民减废、分类收集、资源循环、安全处置、改革创新、无废文化、区域合作、减废降碳八大行动。

六是加快推进"宁静城市"建设。统筹落实噪声污染防治行动方案，落实"深十条"噪声污染防治措施。扎实推进土壤污染防治。加强土壤污染源头防控，发布土壤污染重点监管单位年度名录，规范土壤污染重点监管单位周边监测。

（三）珠海市

珠海市坚持以习近平新时代中国特色社会主义思想为指导，深入贯彻习近平生态文明思想，认真按照《关于加快建立健全绿色低碳循环发展经济体系的指导意见》,《广东省生态文明建设"十四五"规划》和《广东省人民政府关于加快建立健全绿色低碳循环发展经济体系的实施意见》部署要求，扎实开展生态文明建设和绿色低碳循环发展工作。

1. 工作进展及成效

一是加强生态文明建设和绿色低碳循环发展顶层设计。2022年1月，珠海市人民政府印发《珠海市生态环境保护暨生态文明建设"十四五"规划》；市发展和改革局牵头制定《珠海市碳达峰实施方案》，按照省的部署下发《珠海市发展和改革局珠海市工业和信息化局关于做好"十四五"园区循环化改造工作的通知》等综合性文件，统筹指导和推进全市生态文明建设和绿色低碳循环发展工作。

二是健全绿色低碳循环发展的生产体系。推进工业绿色升级，依法依规推动落后产能退出，出台《珠海市2021年推动落后产能退出工作方案》，集中资源重点发展新一代信息技术、新能源、集成电路、生物医药及智能家电、装备制造、精细化工"4+3"支柱产业集群。构建绿色制造体系，2022年全市3家绿色工厂、6项绿色设计产品、3家绿色供应链管理企业通过国家工信部绿色体系评审。烽火海洋网络设备有限公司3个项目顺利通过国家工业和信息化部绿色制造系统集成项目验收。统筹推进企业排污整治，动态更新流域范围重点工业企业名单，召开会商分析研判会6次，共排查入河排口1489个、排查岸线780公里，完成比例100%。严格"两高"项目管理，印发《珠海市坚决遏制"两高"项目盲目发展的实施方案》，建立"两高"项目清单，严格存量、在建、拟建"两高"项目管理，全面禁止新建、扩建水泥、平板玻璃、化学制浆等高污染项目。加强高能耗企业用能跟踪监测，将30家重点用能单位能耗数据接入珠海市能源管理中心平台进行实时监控，将47家综合能源消费量5000吨标准煤以上的用能单位纳入信息系统进行管理。加快农业绿色发展，强化耕地质量保护与提升，受污染耕地安全利用措施到位率100%，受污染耕地安全利用率99%，比省的要求提高9%，同时建成全市耕地质量监测体系网，共建立耕地质量监测点10个。建设高标准农田，2022年新建高标准农田1000亩，率先在全省开工和完成区级验收；全市现有高标准农田面积23.43万亩。开展农药质量监督抽查，每年随机抽查农药样品30批次，建立水稻施肥示范推广点6个，推广面积达2万亩；全市15个规模养殖场中有9家规模养殖场建起了沼气池，容积合计88230立方米，畜禽粪污资源化利用率达到96.84%。提高服务业绿色发展水平，培育跨境电商增长新动能，实施"数商兴农"工程，推荐7家企业17款珠海农特产品入驻韶关周田电商中心。开展14场跨境电商业务专题培训，累计培训人数超1900人次。积极推进会展业绿色发展，推动办展设施循环使用，鼓励线上线下融合办展、绿色办展，开展3场线上线下结合展会活动。大力发展绿色金融。截至2022年12月底，珠海市金融机构本外币绿色贷款余额突破千亿，达1020.66亿元，同比增长82%。运用碳减排支持工具，撬动银行机构投放贷款6.65亿元。2022年11月，珠海华润银行在全国银行间市场成功发行30亿元的绿色金融债券，为绿色产业发展提供低成本、中长期的资金支持。提升产业园区和产业集群循环化水平，2022年市、区累计统筹安排财政资金1689.81万元支持全市企业33个节能改造和清洁化改造项目。配合省发改委完成珠海经济技术开发区园区循环化改造终期验收评估工作。

三是健全绿色低碳循环发展的流通体系。打造绿色物流，加强物流运输组织管理，加快推进"城市绿色货运配送示范工程"创建，初步形成"集约、高效、绿色、智能"的珠海特色城市货运配送服务体系。大力推广应用新能源车辆，2022年全市新购置150辆电动公交车，截至2022年底，全市共有新能源公共汽车2528辆，较2021年增加82辆，新能源巡游车2176辆，较2021年增加656辆。加强港口岸电设施建设，珠海港控股集团将电网供电的龙门吊，取代现有的39台传统柴油发电的龙门吊，每年节约油料费用为人民币1558.05万元，年减排为2340吨标准煤。加强再生资源回收利用，完善再生资源回收体系，2022年出台《珠海市促进低价值可回收物回收若干措施》，发布可回收物指导目录，截至2022年底，全市共建成13个可回收物分拣中心，配备可回收物运输车辆164台，回收利用率达35％以上。开展废旧家电回收利用，联合家电企业大力开展家电以旧换新工作，对新购置家电销售价格10％给予补贴，有效促进了全市废旧家电的回收资源化利用。规范邮政快递行业绿色发展，积极推进可循环快递包装应用，全市邮政行业现有新能源车122辆，设置绿色回收装置140个，循环包装箱62785个，45毫米以下胶带使用70438卷。加快发展绿色贸易，推动大湾区绿色金融市场互联互通，推动绿色信贷资产跨境转让，积极利用境外低成本的资金支持国内绿色发展。大横琴投资有限公司成功发行粤港澳大湾区首支双币种国际绿色债券，在香港、澳门两地同时上市，其中离岸人民币绿色债券发行金额8亿元，美元债券发行金额4.5亿美元。

四是健全绿色低碳循环发展的消费体系。提升绿色消费水平，政府部门积极加大绿色采购力度，2021年12月，印发《珠海市财政局关于优化政府采购领域营商环境的通知》（珠财〔2021〕102号），不断加大和提高节能环保产品政府采购市场份额，2021—2022年，全市政府的绿色采购金额分别为5.04亿元和3.64亿元，政府绿色采购比例均达到100％。绿色采购制度也扩展至市国有企业，珠海市航空城集团从2022年起实施新增车辆100％使用新能源。目前珠海机场民航牌车辆共240辆，其中电动车辆72辆，占比30％，并配套安装充电桩共计38台。倡导绿色低碳生活方式，积极推进生活垃圾分类和减量化、资源化利用，截至2022年底，全市居民小区、公共机构、公共场所、经营区域生活垃圾分类有效覆盖率100％，生活垃圾分类投放点升级改造比例达到99％，生活垃圾分类运输、分类处理体系持续完善，持续保持全市原生生活垃圾"全焚烧、零填埋"，生活垃圾资源化利用率86.2％。全市生活垃圾分类知晓率和参与度达90％以上，纳入国民教育的学校占比100％。自2021年6月1日《珠海经济特区生活垃圾分类管理条例》实施以来，全市生活垃圾分类案件立案911宗，罚款20.26万元。扎实推进塑料污染治理全链条治理，制定《珠海市塑料污染治理行动方案（2023—2025年）》，压实各职能部门的责任，力争在2025年之前在塑料污染治理方面取得更大的成效。开展绿色生活创建行动，取得良好成效。2022年全市80％以上区级及以上党政机关达到节约型机关创建要求，60％以上城乡家庭达到绿色家庭创建要求，74％以上的学校达到绿色学校创建要求，72.6％城市社区达到绿色社区创建要求，中心城区绿色出行比例达70％以上，公交出行总体满意率92.19％，50％大型商场获评绿色商场称号，全市城镇新建民用建筑中绿色建筑面积占比达100％。

五是加快基础设施绿色升级。 构建清洁低碳安全高效能源体系。加强能源消费总量和强度"双控"，印发《珠海市"十四五"节能减排实施方案》，提出到2025年，全市单位地区生产总值能源消耗比2020年下降14.5％，能源消费总量得到合理控制，完成省下达的化学需氧量、氨氮、氮氧化物、挥发性有机物重点工程减排量任务。大力发展可再生能源，加快开发利用海上风电，金湾、桂山二期海上风电已建成投产和并网消纳。积极推动光伏发电建设，制定斗门整县推进分布式光伏试点方案，制定《珠海市光伏电力发展"十四五"规划》。优化电网建设，截至2022年底，已投产110千伏航空输变电工程、110千伏造贝输变电工程、220千伏白藤输变电工程、110千伏雷蛛输变电工程、220千伏加林至南屏双回电缆化改造工程、220千伏井湾牵引站供电工程、珠海三角岛35千伏供电工程。推动完善环境基础设施，加快推进污水收集，管网建设工作，印发实施《珠海市污水系统专项规划（2020—2035）》，2021—2022年，共新增污水处理能力18.5万吨/日，新建改建污水管网921公里；2022年城市生活污水集中收集率超75％，污水处理厂进水BOD_5平均浓度84.7mg/L，处理水量3.13亿吨，较2021年同期均有明显提升，提质增效成效显著。加快补齐工业污水处理能力短板，2022年已建成4座工业污水处理厂、66.4km工业污水管网，在建3座工业污水处理厂，设计规模达10.5万吨/日；预计全部建成后全市处理规模达20.1万吨/日，同比2020年增长161％。高标准推进生活垃圾处理设施建设，印发实施《珠海市垃圾处理设施专项规划（2020—2035）》，2022年9月、10月依次基本建成建筑垃圾及炉渣综合利用项目、厨余垃圾处理二期项目并接收炉渣、厨余垃圾进料调试。构建绿色低碳高效综合交通运输体系，积极打造绿色公路,将生态环保理念贯穿交通基础设施规划、建设、运营和维护全过程。开展非道路移动机械、扬尘等专项检查,2022年度共出动检查人员946人次,检查工地259次,发现未按规定张贴环保标识非道路移动机械27辆,发现工地扬尘治理问题42项,已督促施工单位完成整改,确保闭环管理。加快LNG动力船舶应用,2022年广东省新能航运有限公司(珠海)新建24艘LNG动力船舶,已全部取得营运证并正式投入使用。根据省统一部署,落实广东省内河航运绿色发展示范工程船舶LNG动力改造工作,29艘已于2022年12月底前全部完成改造,并取得船舶检验证书。建设美丽低碳宜居城乡,高要求推进美丽圩镇建设,在全市15个建制镇开展美丽圩镇建设攻坚行动,全面整治提升了圩镇人居环境,提升了垃圾治理和生活污水治理水平。全市15个圩镇全部达到"宜居圩镇"标准,其中6个达到"示范圩镇"标准,受到省住房城乡建设厅的通报表扬。积极开展农村环境综合整治,印发实施《珠海市农村生活污水治理巩固提升工作方案(2021—2025年)》,积极推进农村生活污水治理民生实事。构建国土空间开发保护新格局,建立健全分区管控体系,2022年珠海市高质量完成"三区三线"划定工作,全市共划定永久基本农田7.28万亩(48.54平方公里)、生态保护红线525.18万亩(3501.22平方公里)、城镇开发边界78.77万亩(525.16平方公里)。

六是构建市场导向的绿色技术创新体系。鼓励绿色低碳技术研发,支持绿色低碳领域核心和关键技术攻关。2022年全市产业核心和关键技术攻关共立项35项,市区财政资金支持8925.6万元,涉及电子信息、人工智能、智能制造、新能源、新材料、生物医药等领域。加速科技成果转化,鼓励生态环保、绿色低碳领域的技术推广应用研究。全市支持有关企事业单位在"面向节能环保需求的新型智能气压胀管技术开发与应用推广""有毒难生物降解有机废水的电催化处理技术和装置的开发和应用""恒效净化健康车"等涉及低碳减排、节能环保相关领域开展科研与推广应用。

七是完善法规政策体系。从严从重从快加强环保执法,强化执法监督,对破坏生态环境资源犯罪坚持"零容忍"，坚决打击非法排放、倾倒、处置有毒有害污染物、非法排放超标污染物等污染环境犯罪，2021—2022年共起诉277人。强化生态环境公益保护，立案办理生态环境和资源保护领域公益诉讼案件93件，起诉索赔生态修复费用等38.27亿余元，金额为全国之最。加强依法精准治污，2021年5月修正《珠海市渔港管理条例》，进一步提升珠海市渔港的清洁化生产水平，强化渔港污染治理能力。健全绿色收费价格机制，合理制定污水处理收费标准，严格落实阶梯气价和水价政策。完善绿色标准、绿色认证体系和统计监测制度，开展重点用能单位能源计量审查。将年综合能源消费总量1万吨标准煤以上的重点用能单位作为能源计量审查重点对象，2021—2022年共对13家重点用能单位开展能源计量审查，提升了用能管理效益；开展碳排放检测机构整治工作。2022年完成3家具备碳排放核查资质检测机构10个整改项目的整改核实工作。

八是组织开展绿色低碳宣传。2021—2022年珠海市广泛开展绿色健康、节能降碳宣传教育。强化动态宣传，刊发绿色低碳宣传新闻稿件900余篇；推出专题节目，广播951频率的《湾区大视野》《小树开门》等栏目共推出51期相关资讯。新媒体创新播发，充分利用新媒体广泛开展宣传，共发布超过500篇报道，阅读量总计达到1700万次。广泛宣传公益广告，珠海电视两个频道制作编播绿色公益广告合计6679次。

2. 下一步重点工作

珠海市将坚持以习近平新时代中国特色社会主义思想为指导，全面贯彻落实党的二十大精神，深入贯彻习近平总书记对广东、珠海系列重要讲话和重要指示精神，完整、准确、全面贯彻新发展理念，服务和融入新发展格局，高质量建设新时代中国特色社会主义现代化国际化经济特区，努力成为全省发展又一重要引擎和珠江口西岸核心城市。

一是积极稳妥推进碳达峰碳中和工作。坚决按照"全省一盘棋"的布局，贯彻执行《广东省碳达峰实施方案》重点工作，结合实际落实落细珠海市各项任务，聚焦能源、工业、城乡建设、交通运输、农业农村等重点领域同向发力，为实现全省碳达峰碳中和总体目标做出贡献。

二是围绕"产业第一，制造业当家"，推进产业、能源和交通运输结构转型优化。围绕"4+3"产业集群，推动传统产业数字化转型升级和战略性新兴产业发展壮大。持续巩固"散乱污"企业综合整治工作成果，依法依规布局高耗能企业"去产能"。把好新落户项目能效水平准入关，坚决遏制高耗能高排放低水平项目盲目发展。加快布局新能源和可再生能源产业，促进新能源产业集群化、联动化发展，发展壮大动力电池、储能电池和光伏设备产业，布局发展智能电网产业。加快推进斗门区国家整县（市、区）屋顶分布式光伏开发试点工作。交通领域，加快推进以大中运量城市轨道交通为主，新能源常规公交为辅的低碳交通运输体系建设，重点推进珠海中心站（鹤洲）、珠海北站等节能低碳交通枢纽站场建设，高水平发展智能交通。全面推进省级以上工业园区循环化改造。

三是建设绿美珠海，开展各项绿色低碳创建行动。深入贯彻绿美广东生态建设工作部署，实施绿美珠海建设"九大行动"，以"七大领域"重点项目为抓手持续推进"美丽中国"珠海实践。以做好国家生态园林城市复审迎检工作为契机，加快打造城市森林，构建完善全市域生态公园、城市公园、社区公园、口袋公园四级城乡公园体系，统筹推进生态修复六大任务，巩固提升生态系统碳汇能力。继续做好塑料污染治理工作，使珠海市的塑料污染治理机制运行更加有效。持续开展绿色生活创建行动，在全社会营造好绿色低碳的生活氛围。

（四）汕头市

2021年以来，汕头市坚持以习近平生态文明思想和新发展理念为根本遵循，统筹产业结构调整、污染治理、生态保护，协同推进降碳、减污、扩绿、增长，积极推进绿色低碳发展，促进人与自然和谐共生。

1. 工作进展及成效

一是推进经济结构绿色转型。全市三次产业比重由"十三五"期末的4.5∶48.9∶46.6调整为2022年的4.5∶47.9∶47.5。通过实施产业集群联动协调机制，建立完善链长制和"七个一"体系，引导资源要素、政策措施和工作力量向产业集群集聚。制定汕头市产业发展指导目录，全方位推动"三新两特一大"产业发展。2022年全市新一代电子信息产业增加值增长15.1%、大健康产业增加值增长12.6%、玩具创意产业增加值增长8.9%。超40亿元功能材料等重大项目落地建设，金平区西陇科学和光华科技获评中国化学试剂行业十强。华侨试验区出入口局投入使用，国内首个跨境软件定义广域网业务落地。成功举办首届"服博会"，新获3个国家级区域品牌。玩具企业获超50个国内外头部文创品牌授权。全市高技术制造业、先进制造业占比分别比2021年底提高2.0和1.6个百分点。2021年，获评"国家节水型城市"称号。2022年汕头市列入全国2022年度生态环境领域真抓实干成效明显地方激励的9个城市之一。

二是健全绿色低碳循环发展的生产体系。优化国土空间开发保护格局，优化完善"3+8+10"（3个国家级重点产业平台+8个市级产业平台+10个区级产业平台）产业园区体系，为构建绿色低碳循环发展的生产体系提供自然要素支撑。推进工业绿色升级，加快推进绿色制造体系建设。建立绿色制造培育库，全面推行清洁生产，2021—2022年共234家企业清洁生产审核验收通过。持续推动技术升级改造。科学编制新建产业园区开发建设规划，推进既有产业园区和产业集群循环化改造。加快农业绿色发展，在练江流域规模化养殖场推广"猪—沼—菜（果、林）"、水肥一体化等种养结合循环生态农业模式，实现畜禽养殖废弃物物资源化综合利用。大力推广水产生态健康养殖技术，促使全市17万亩河口区池塘生态养殖尾水达标排放，排出尾水水质明显优于沟渠水源本底水质。汕头市纳入资源化利用考核的规模养殖场粪污处理设施配套率达到100%。2021年下达省级涉农资金安排推进农业绿色发展项目1216万元，市级231.5万元。2022年下达省级涉农资金安排推进农业绿色发展项目438万元，市级755.2万元。推广新型种植模式，减少农膜使用量，加快推进农膜、农药包装废弃物回收处理。据统计，2022年农药包装废弃物产生量63.83吨，回收量53.27吨，回收率83.46%。持续开展化肥农药减量增效行动，2022年全市主要农作物化肥利用率达到40%以上，实现化肥农药使用零增长和减量增效目标。提高服务业绿色发展水平，积极推进绿色商场创建，苏宁广场被确认为2021年度全省5家绿色商场创建单位之一，汕头万达广场被确认为2022年度全省46家绿色商场创建单位之一。

三是健全绿色低碳循环发展的流通体系。打造绿色物流，推进货运运输结构调整，公路运输方面发展集约化、规模化公路货运企业，截至2022年底，全市营运货车10059辆，总吨位154934吨，平均吨位21.41吨。水路运输方面全面淘汰老旧车船，共淘汰退出老旧船舶5艘3.8万吨。推广应用节能设备与智能化技术。全面推进港口装卸机械"油改电"。推进港口岸电设施建设及维护、提升船舶靠港岸电的使用率。当前广澳港区已建成3000KVA和2000KVA高压岸电各一座，覆盖港区5个泊位。海门港区建成1000VA船舶岸电设施1座，覆盖1个泊位。加强船舶靠港使用岸电监管，提高船舶岸电使用率，2021—2022年共推进船舶岸电受电设施改造29艘次，监管大型进出港船舶使用岸电124艘次。淘汰高耗能电气产品和推广使用节能产品。大力推广普及电子运单的使用，推动实现快递运单减量化。加强再生资源回收利用，指导企业持续推进可循环快递包装应用，截至2022年底，全市现有可循环快递包装箱为1.2万个。全市共有278个邮政、快递网点设置快递回收箱。每年度开展再生资源回收行业专项整治工作，大力推动形成再生资源回收行业长效管理机制。

四是推动建立绿色低碳循环发展的消费体系。推进塑料污染治理工作，印发实施《汕头市塑料污染治理三年行动方案》。开展江河湖海清漂专项行动，

2021—2022年全市累计清理水面漂浮物19.6万吨，其中塑料垃圾约2万吨，河湖面貌得到有效改善。号召全市餐饮住宿等商贸服务企业落实"能耗双控"工作，倡导商场超市节约用电、科学用电。推进过度包装治理。督促邮政、快递企业落实邮件快件绿色环保工作要求。开展过度包装专项监督抽查活动。出台18条具体措施，持续优化政府采购营商环境，加大绿色低碳产品采购力度。2021年度，全市政府采购节能、环保产品金额1.64亿元；2022年采购节能、环保产品金额1.62亿元。

五是加快基础设施绿色升级。加快构建清洁低碳能源体系，加快构建清洁低碳能源体系。大唐南澳勒门I项目已于2021年底全容量并网，预计年发电量7.51亿千瓦时，每年可节约标煤24万吨，减少二氧化碳排放量45万吨。华能勒门（二）海上风电场项目已于2022年开工建设，项目建成后年均发电量20亿千瓦时，节约标煤约65万吨，减少二氧化碳排放约180万吨。2021—2022年，全市新建一批复合型集中式光伏项目，在提供清洁能源的同时提升项目的社会收益率，濠江区正大力推进整区屋顶分布式光伏开发试点；新投产一批生活垃圾焚烧发电厂，提高生活垃圾无害化处理率，截至2022年底，已完成规模8125吨/天的焚烧处理能力的建设，目前全市生活垃圾焚烧无害化处理率100%，提前实现生活垃圾"全焚烧、零填埋"处理，全市各生活垃圾焚烧发电厂产生的固化飞灰实现在各自服务区内自行消纳处置。2022年粤东LNG项目一期配套管线工程（汕头段）潮阳末站已建成。汕特燃机电厂供气支线项目于2022年完成机械施工。出台文件推广使用国ⅥB车用汽油，进一步降低挥发性有机物和车辆尾气排放，截至2022年底，全市加油站全部完成国ⅥB车用汽油置换工作。推进城镇环境基础设施建设升级，截至2022年底，全市已建成城镇生活污水处理厂（站）共38座，总设计处理能力约190.17万吨/日。全市共建成城镇生活污水管网共5152公里，其中2021年新建城镇污水管网490公里，2022年新建城镇污水管网271公里。持续推进雨污分流工作，截污减排效益得到有效提升。目前全市建成投运污泥无害化处置设施共4座，总设计处置规模890吨/日。完成15吨/日医疗废物焚烧生产线改造为可兼烧处置其他危险废物设施和50吨/日危险废物焚烧处置设施建设，并投入运营；全市危险废物焚烧处置能力（包括医疗废物）达到80吨/日，极大地提升危险废物焚烧处置能力。通过推进海绵城市建设，截至2022年底，全市积水点消除率达到43.4%。2021年全年雨水资源化利用量为329万吨，到2022年跃升至710.98万吨。提升交通基础设施绿色发展水平，印发《汕头市综合交通运输体系发展"十四五"规划》。2021—2022年间，交通基础设施完成投资278亿元。目前全市已在39处公交站场配套建设了411个充电桩。推进绿色建筑发展，2021年组织联合印发《汕头市大力发展装配式建筑实施方案》，2022年新开工绿色建筑面积为432.07万平方米，占新开工民用建筑面积100%；竣工绿色建筑面积为311.13万平方米，占竣工民用建筑面积68.71%，较2021年同期提升26.43个百分点。全市已有8家建材生产企业的13个产品通过绿色建材产品认证。改善城乡人居环境，2021年，全市5个地表水国考断面保持稳定达标，水质优良率达到80%，2022年达到85.7%（增加2个省考断面参与核算）。2022年国考断面水质污染指数为3.9684，较2021年同比下降了16.36%，国考断面水质改善情况排全国第4名、全省第1名。2022年空气质量综合指数2.55，同比改善4.9%，全省排名第三；2022年细颗粒物（PM2.5）平均浓度为17微克/立方米，同比改善15.0%。2022年新增完成116个自然村生活污水治理，累计共1045个自然村完成生活污水治理任务，农村生活污水治理率达到90.3%。2021年超额完成省下达的主要污染物重点工程减排任务。截至2022年底，全市共有96个社区达到绿色社区创建要求。截至2022年底，已建成14个"口袋公园"。

六是深入打好污染防治攻坚战。全面实施新一轮污染防治攻坚行动，坚持"三水统筹"，完善上下游水污染防治工作交流合作机制和水环境突发事件应急管理体系，推动练江流域整治提档升级。打好蓝天保卫战。坚持PM2.5和臭氧协同治理，持续推进挥发性有机物综合治理，强化锅炉污染综合治理。打好净土保卫战，持续强化土壤污染防控，加强土壤污染重点监管单位环境监管，强化建设用地环境准入管理，完善建设用地联动监管机制；危险废物管理工作扎实开展，经省级现场评估为A等级，排名全省前三。强化海水养殖业的规范管理，开展陆域海水养殖场所清理整治。2021年下达中央财政污染防治资金7000万元，2022年下达4371万元。2021年下达省级打好污染防治攻坚战专项资金17542万元，2022年下达13710万元。扎实推进应对气候变化工作，推进低碳学校试点示范工程项目、华能海门电厂火电厂尾气治理低碳试点示范项目和南澳碳达峰碳中和试点示范建设项目建设。大力推进生态环境保护督察整改和环境执法。高位推进环保督察整改。优化生态环境执法监管方式。开展多层次、多形式教育培训，强化生态环境技术支撑保障。

七是提升生态系统碳汇增量。推深做实林长制。完善健全市、县、镇、村四级林长组织体系建设，实行党政主要领导"双挂帅"。全面推进造林绿化工作。2022年超额完成三项造林任务：高质量水源林造林10681亩、新造林抚育25826亩、沿海防护林基干林带造林2338亩，完成封山育林8951亩和中央财政森林抚育11000亩的任务。做好湿地红树林保护工作。加强对红树林、湿地的巡查。组织相关单位开展红树林营造工作。全市已完成营造红树林63.32公顷，已修复现有红树林62.93公顷。严格管控耕地转用。严格永久基本农田占用补划，严格落实耕地占补平衡，做到耕地应划尽划，应保尽保。

八是加快构建绿色技术创新体系。做好政策保障，出台《汕头市人民政府关于深入实施创新驱动发展战略全面建设国家创新型城市的实施意见》和《汕头市关于加快建设国家创新型城市的若干政策措施》。设立科技项目，增强科研动力，在近几年的广东省科技专项资金（"大专项+任务清单"）项目中持续设立相关专题支持绿色循环发展技术的科研攻关与成果转化，支持领域涵盖工业、农业与社会发展领域等。在2021年广东省科技专项资金（"大专项+任务清单"）项目中，设立"重大科技专项""民生社会发展科技创新专项""现代农业重点项目"。立项支持了12个促进绿色发展技术研究的科技项目，总支持金额680万元。在2022年广东省科技创新战略专项（"大专项+任务清单"）项目中，设立"重点产业核心技术攻关专题"、"省实验室基础与应用基础研究专题"和"民生社会发展科技创新专题"专题，13个项目获得立项，支持经费360万元。在专业人才支撑生态环境科技创新方面，设立"2022年汕头市精细化工企业引进科技领军人才团队及进口替代技术攻关专项资金资助项目"，共立项3个项目，支持经费290万元。组织申报省级创新平台，2022年推荐绿色低碳有关企业申报省工程技术研究中心，新增汕头市华麟塑化有限公司获得"广东省功能性聚苯乙烯材料工程技术研究中心"认定，广东冠晟新材料科技有限公司获得"广东省高抗性环保型PET塑料薄膜工程技术研究中心"认定，目前拥有环保领域省级工程研究中心共23家。

九是加快构建法规政策支撑体系。推动环境保护、污染治理、循环经济、绿色发展等方面法规规章的制订修改工作。2022年强力推出"促进练江流域生态环境一体化保护""服务打造绿色宜居的智慧城市"等司法服务保障意见。法院、公安、检察、环境资源等部门合力构建生态环境协同保护机制，强化打击整治。健全相关工作机制，推动构建生态环境保护格局，2022年汕头市人民检察院牵头，与梅州、潮州和揭阳三市检察机关联合签署《关于建立生态环境和资源保护领域民事公益诉讼协作配合机制的意见（试行）》，进一步推进粤东四市检察机关之间在生态环境和资源保护领域民事公益诉讼的联动协作。健全绿色收费价格机制，深入开展农业水价综合改革工作。2021年度全市农业水价综合改革专项实施改革面积18.05万亩。逐步建立和完善非居民用水超定额累进加价制度。加大财税扶持力度，2021—2022年间多措并举落实利于绿色低碳等相关税收优惠政策。对符合条件的纳税人实施环境保护税减免等优惠措施，2021年合计125户纳税人享受环境保护税减免7912万元，2022年合计279户纳税人享受环境保护税减免7980万元；2021年合计58户纳税人享受资源综合利用增值税即征即退税收优惠13457.96万元，2022年合计28户纳税人享受资源综合利用增值税即征即退税收优惠7284.44万元；2021

年度合计42户纳税人享受"综合利用资源生产产品取得的收入在计算应纳税所得额时减计收入"企业所得税税收优惠减计收入17468.16万元，减免税额4367.04万元，2022年截至第四季度预缴申报合计46户享受"综合利用资源生产产品取得的收入在计算应纳税所得额时减计收入"企业所得税税收优惠减计收入19421万元，减免税额4855.25万元；2021年度合计20户纳税人享受"环境保护、节能节水项目的所得定期减免企业所得税"税收优惠减免所得额30522.09万元，减免税额7630.52万元。出台《汕头市进一步强化金融服务促进经济平稳健康发展的若干措施》等政策。支持金融机构绿色低碳转型，截至2022年底，累计发放绿色贷款16.32亿元。2022年全市绿色贷款余额225.72亿元，同比增长43.8％。2022年6月建设银行汕头市分行发放全省首笔林业碳汇预期收益权质押贷款；2022年9月工商银行汕头分行发放省内首笔、全国工行系统首笔海洋碳汇预期收益权质押贷款。2022年10月创兴银行汕头分行创建全省首个外资金融机构零碳网点。2022年5月广东华兴银行发布辖区首份金融机构环境信息披露报告。支持本地符合条件的绿色产业企业上市融资，截至2022年底，全市共有涉绿色行业A股上市公司6家，总市值约405亿元。同时，支持绿色行业上市公司通过资本市场再融资并将募集资金投入项目建设。

十是大力倡导绿色低碳生活方式。通过多形式、各平台做好生活垃圾分类的宣传、绿色低碳循环发展的宣传报道、绿色环保的社会宣传等工作。汕头融媒集团属下广播电视、报纸和新媒体等平台今年来共推出绿色低碳循环发展有关新闻报道200多篇。通过《中国环境报》、《南方日报》、汕头电视台、《汕头日报》等主流媒体报道生态环境保护信息稿件244篇次。开展"共建清洁美丽世界"主题宣传实践活动、"汕头金融大讲堂"绿色金融专题讲座、"爱在身边同创文明"主题活动等宣传活动。积极开展七大领域绿色生活创建行动并取得良好的成效，截至2022年底，全市共创建302家节约型机关，占全市党政机关数量的78％；全市757所大中小学获评广东省"绿色学校"，占比达到70％；形成生态文明理念深入人心的良好社会氛围。

2. 下一步重点工作

汕头市将以习近平新时代中国特色社会主义思想为指导，全面贯彻落实党的二十大精神，深入贯彻习近平总书记对广东系列重要讲话和重要指示批示精神，走好走实"工业立市、产业强市"之路，以汕头的实践探索展开对中国式现代化的精彩演绎。

一是持续推动工业绿色低碳循环发展。持续优化产业结构调整。推进产业园区规划建设，进一步完善规划修编，推动规划落地建设。推动企业开展技术升级改造，加强绿色体系建设，扩大绿色制造规模，推动清洁生产，推动制造业数字化转型，促进制造业高质量发展。

二是着力发展海上风电产业。加快推动海上风电资源开发，夯实产业发展支撑。着力完善产业要素配套。打造国际海上风电创新策源地。重点建设海上风电技术创新平台。同步推进"海上风电+"产业发展。

三是推动交通基础设施发展升级。规划建设现代化高质量综合立体交通网络。推动交通基础设施低碳建设改造。调整优化运输结构。加快完善区域铁路网络格局。努力提高货物水路运输和铁路运输占比。完善城市基本公共交通服务网络。加快推进港口船舶水污染物接收转运及处置设施建设等工作。

四是突出"绿美汕头"建设，推深做实"林长制"，打造礐石风景区亮点，推动南澳岛、濠江湾等海洋生态修复。继续推进口袋公园三年建设工作，加强对全市绿化建设和管养的指导。

五是加快构建绿色技术创新体系。促进绿色低碳技术、清洁技术的研发与工业化，引进和培育绿色低碳科技型企业。继续支持绿色低碳循环发展关键核心技术的研发与成果转化。推动搭建市级工程研究中心创新平台工作。

六是推进基础设施建设升级。进一步建立健全垃圾分类收运处理体系，强化垃圾分类宣传培训教育。查缺补漏推进污水处理设施建设。深入开展城市污水处理提质增效工作。

七是推进农业绿色发展。巩固提升水产养殖污染防治工作成效，推进畜禽养殖废弃物资源化利用，加强化肥农药减量。

八是持续推动绿色金融发展。持续督导银行保险机构加大绿色产品与服务创新。加强对绿色经济领域新模式、新业态以及金融服务需求的研究。加大对企业、高校、科研机构等资金支持。持续加大货币信贷政策支持力度，积极推动绿色金融创新发展。

九是进一步加强与梅州、潮州、揭阳辖区法院的沟通联系，共同形成粤东地区生态环境保护合力。

（五）佛山市

佛山市深入贯彻落实习近平生态文明思想以及党中央、国务院、省委、省政府和市委、市政府关于生态文明建设、绿色低碳循环发展的决策部署，认真落实环境保护"党政同责、一岗双责"责任制，协同推进降碳、减污、扩绿、增长，加快经济社会发展全面绿色转型，推动"双碳"工作实现良好开局。

1. 工作进展及成效

一是高规格布局"双碳"为绿色低碳循环发展提速。建立健全工作机制，2022年市委常委会会议4次研究"双碳"工作，对全市"双碳"工作进行了周密部署。2022年6月成立佛山市碳达峰碳中和工作领导小组，由市委主要负责同志任组长、市政府主要负责同志任常务副组长，统筹推进"双碳"工作，注重处理好发展和减排、整体和局部、长远目标和短期目标、政府和市场的关系，保障经济发展用能需求，把绿色低碳理念贯穿到经济社会发展的各领域各环节。高标准编制"1+N"行动方案，"1"指《佛山市碳达峰实施方案》，"N"指区级和重点园区、行业行动方案，包括佛北战新产业园建设低碳节能园区实施方案、低碳绿色交通、绿色建筑发展、加快构建新型电力系统、废旧物资循环利用体系建设等一揽子解决方案。

二是推动制造业绿色低碳发展再上新台阶。推动工业节能降碳，2021年以来完成国家工信部下达的国家工业专项节能监察任务74家；完成106家企业节能诊断服务工作；3家企业入选广东省重点行业能效"领跑者"名单。构建绿色制造体系，2021年以来新增了14家绿色工厂、1个绿色工业园区、8家绿色供应链管理示范企业和144种绿色设计产品。截至2022年底，全市共有2个绿色工业园区、44家绿色工厂、12家绿色供应链管理示范企业、5个绿色集成项目和210种绿色设计产品入选国家绿色制造体系建设示范名单，另外还有5家企业成功申报国家绿色制造系统集成项目、2家企业入选国家工业产品绿色设计示范企业，绿色制造体系建设工作成效位居全省前列。推进绿色清洁生产，2021年以来完成清洁生产审核企业453家，超额完成省下达任务，目前全市共有清洁生产证书有效期内企业1271家，数量排名全省前列。印发《佛山市绿色清洁生产示范产业园区实施方案》和《佛山市绿色清洁生产示范产业园区评价指标体系》，组织开展2023年度绿色清洁生产示范产业园区推荐工作。

三是大力发展循环经济。入选全国60个废旧物资循环利用体系建设重点城市之一，印发《佛山市废旧物资循环利用体系建设实施方案》，明确建设重点任务；2022年5个项目入选省级工业固废综合利用示范项目，2家企业入选省第一批新能源汽车蓄电池回收利用试点企业。引进一批新材料产业项目，大力发展锂电池材料和回收业务。出台《佛山市城市配送中心建设扶持资金管理办法》，鼓励企业建设绿色分拣中心，牵头研究制定《快递网点绿色运营指南》地方标准，进一步推动快递行业绿色发展规范化。印发《佛山市再生资源回收体系建设规划（2020—2025年）》，首批遴选6家再生资源分拣中心，作为再生资源回收网点与生活垃圾分类网点"两网融合"试点单位。

四是多措并举持续改善环境质量。碧水蓝天保卫战成效显著，2021年，获评第五批国家生态文明建设示范区。2022年全市空气质量综合指数同比改善5.6%，PM10、NO$_X$浓度创近年新低，PM2.5浓度为21微克/立方米，高水平达到省考核要求，全年空气优良天数比例达84.1%，全省排名第17，创近年来最好成绩。14个国、省考水质断面连续两年全部达标，其中12个达到优良，优良比例为85.7%，劣Ⅴ类比例为0，市考断面劣五类消除比例完成既定目标。重点建设用地安全利用率达到100%，受污染耕地安全利用率达到90%以上，地下水考核点位达到省考核要求。推进节水型社会建设，印发《佛山市"十四五"用水总量和强度管控方案》，不断深化最严格水资源管理制度，大力推进节水型社会建设，用水总量、万元GDP用水量和万元工业增加值用水量降幅均达到省考核要求。全面落实河湖长制，清理江河两岸问题1.7万宗，拆违后绿化58万平方米，新建碧道298公里，完成3110公里河道管理范围划定与17个湖泊管理范围划定，水土保持考核在2021年获得省考核优秀等次；成为全省第二个实现县域节水型社会达标创建全覆盖的地级市。扎实推进佛山市"无废城市"建设试点，印发《佛山市生活垃圾处理"十四五"规划》，实施《佛山市生活垃圾分类管理办法》，2022年全市1699个居民区已完成"楼层撤桶"，32个镇街共6863个生活垃圾产生源基本实现垃圾分类覆盖。佛山市生活垃圾资源化处理提质改造项目建设作为成功经验案例在全省推广。2022年城市生活垃圾回收利用率达35%以上，无害化处理率达100%。稳步推进固废基础设施建设全市危废废物处置能力增至约81.1万吨/年，其中铝灰渣处置能力18万吨/年。建成61个一般工业固废中转站和17家危险废物收集试点单位。推动3个生活垃圾焚烧设施协同处置一般工业固废。疫情期间加强医疗废物监管，及时启动应急处置，合计应急协同处置医疗废物2404吨。城镇环境基础设施供给能力和服务水平显著提升，印发《佛山市加快推进城镇环境基础设施建设实施方案》，重点推进57个项目，补齐硬件短板弱项，提升环境基础设施现代化水平。

五是清洁低碳安全高效的能源体系逐步完善。提升降碳管控能力，实行自愿性和强制性清洁生产审核统一管理，推动多个云计算项目提高电能应用效率，督促我碳排放总量控制企业100%按时履约，全市规模以上工业企业煤炭消费量同比减少14.5％。构建新型电力系统,推进源网荷储一体化发展,持续推动分布式光伏发电项目建设,建成首座集中式光伏电站,全年光伏累计发电量超过10亿千瓦时;推动南方电网区域首个百兆瓦级电池储能项目在南海区开工建设,三水北部新型电力系统绿色高效发电示范区、高明全域数字化智慧能源示范区建设纳入南方电网示范区建设清单。持续推动氢能发展,支持仙湖实验室申报全国能源重点实验室,成功引入总投资100亿元的国家电投华南氢能产业基地项目,大力发展氢能应用技术,氢氨融合零碳燃烧技术、天然气制氢加氢一体化减碳技术等关键技术取得重大成果,南海氢能产业集群入围2022年度中小企业特色产业集群。

六是推动形成绿色低碳生产生活方式。在绿色建筑方面,入选全国首批智能建造试点城市。2021、2022年新建装配式建筑面积分别为960.07、949.01万平方米。截至2022年底,累计完成绿色建筑面积12202.38万平方米。在交通运输方面,2022年全市新增营运船舶71艘,总运力达129万载重吨,同比增加30.3％;开展粤港澳大湾区"7+5"多层节点网络多式联运示范工程项目建设,入围国家第三批多式联运示范工程建设项目;入选第二批城市绿色货运配送示范工程创建城市,2021新增新能源货车1551辆,2022年为4838辆,同比增长211.9％;全市公交车全部实现新能源化,其中氢能源公交车超过1000辆;给予内河船舶LNG动力改造配套补贴7000万元。在农业农村方面,2022年测土配方施肥技术推广覆盖率达92.6％,主要农作物化肥利用率、农药利用率均达到40％以上,农作物秸秆综合利用率达98％,农膜回收率达97％,禽粪污综合利用率达89.9％,规模养殖场粪污处理设施配套装备率100％。在生态建设方面,落实绿美广东大行动,2022年完成造林任务总量3.4万亩,基本完成三水云东海国家湿地公园和南海金沙岛国家湿地公园试点建设。2021年,大力推进大型公园、社区(体育)公园、口袋公园建设,牵头推进18个千亩公园建设并逐步向市民开放。2022年全市新增绿化面积228.69公顷,改造绿化面积130.51公顷。截至2022年底,全市建成区绿化覆盖率46.42％,建成区绿地率43.96％,

人均公园绿地面积19.19平方米。在试点示范创建方面，积极开展节约型机关、绿色家庭、绿色学校、绿色社区、绿色商场等创建行动，举办一系列低碳节能主题活动，倡导绿色低碳生活新风尚。截至2022年底，已有555所学校获得"绿色学校"认定，创建绿色社区191个，提前完成2025年度任务指标，共6家商城入选省2022年度绿色商场创建单位名单。

七是引导资源要素向绿色低碳发展集聚。财税激励方面，2022年有53产企业享受资源综合利用增值税即征即退优惠，办理退税总额8362.73万元，新能源汽车免征车辆购置税共9.27万辆，减免金额15.26亿元。金融支持方面，引导辖区银行机构创新绿色金融产品服务，实现三个"首创"：落地全国首笔境外绿色债、省内家电业首笔"绿色碳链通"票据贴现业务、首款新能源汽车绿色金融消费信用卡。2022年发放符合碳减排支持工具政策要求的贷款15.07亿元，预计可减少二氧化碳排放24.14万吨；绿色融资余额1033.54亿元、同比增长103.88%。科技支持方面，设置"绿色低碳与污染治理"专题，立项支持"楼宇能源高效低碳智能化利用技术研究及产业化推广"、"高效大面积钙钛矿太阳能电池制备关键技术研究"等7个新能源领域重点项目、"工业废气碳捕集与利用关键技术研究"9个绿色环保领域地区培育项目、"稳定化飞灰填埋过程中的污染物释放规律及风险调控策略研究"青年项目等，资助金额共计1500万元。攻关研发的全球首块零碳氨燃料烧制的绿色瓷砖于2022年12月18日出炉，为陶瓷工业乃至整个建材行业实现"双碳"达标开辟新能源技术路径。

2. 下一步重点工作

佛山市将坚持以习近平新时代中国特色社会主义思想为指导，全面贯彻落实党的二十大精神，深入贯彻习近平总书记对广东系列重要讲话和重要指示批示精神，以奋发有为的精神状态和"时时放心不下"的责任意识做好各项工作，努力在高质量发展上干出业绩闯出新路，在推进中国式现代化建设伟大实践中跑出佛山加速度、谱写佛山新篇章。

一是扎实做好碳达峰碳中和工作。通过建设一批重点项目，打造更多绿色智造"灯塔"，推动制造业高端化、智能化、绿色化发展，构建现代化产业体系。与此同时，打造一批示范典型，推进佛北战新产业园等低碳建设试点，创建绿色清洁生产示范产业园区，争创可循环快递包装规模化应用试点，探索生态产品价值实现机制。

二是加快推动重点领域绿色低碳循环发展。加快构建绿色低碳技术体系和绿色制造支撑体系，推动产业结构高端化、能源消费低碳化、资源利用循环化、生产过程清洁化、产品供给绿色化、生产方式数字化等"六个转型"。持续推进建筑工业化和建筑业绿色发展，巩固政府采购支持绿色建材促进建筑品质提升试点城市工作成果，推进绿色建材应用向纵深发展，逐步提高政府投资工程装配式建筑占比。进一步加大绿色交通建设工作。通过开展绿色货运配送工作攻坚，力争成功创建国家级示范城市；大力推进运输结构优化调整，落实新能源城市配送货车运营补贴等专项资金，引导新能源城市配送货车推广应用；实施船舶LNG动力改造示范工程；优先发展公共交通，加快公交社区示范建设，推动公交慢行一体化发展，不断打造绿色出行友好环境。加快农业绿色发展。持续推进种植业面源污染源头防治，实施化肥农药减量增效试点项目；持续推动畜禽产业转型升级，推动建设特色畜禽现代养殖示范园区，继续开展标准化养殖场和美丽牧场示范创建活动。

三是打造优美生态环境。强化区域大气污染联防联控，推进以VOC减排为重点的多污染物协同控制；持续推进14个镇级工业园"污水零直排区"建设和铝型材行业表面处理废水治理；建立健全土壤污染防治体系，推进土壤污染防治先行区、地下水污染防治试验区建设；全面推进"无废城市"建设。

四是加强要素保障。推进绿色技术创新。深化科技体制机制改革、加快创新平台载体建设、强化关键核心技术攻关、推进科技成果转化应用、推动企业创新能力提升、加强高水平人才团队引育，提供有力的科技支撑。统筹推进绿色金融工作。建立健全绿色金融长效发展机制，创新绿色金融服务方式，开发更多基于环境、社会和治理投资理念的金融产品；积极用好用足碳减排支持工具及再贷款、再贴现等结构性货币政策工具，激励金融机构加大对绿色产业领域的融资支持力度。

（六）韶关市

2021年以来，韶关市坚定不移贯彻习近平生态文明思想，深入落实党中央、国务院关于加强生态文明建设的决策部署，坚持生态优先、绿色发展，加强全域生态保护修复，打好污染防治攻坚战，粤北生态屏障更加牢固，生态文明取得明显成效。

1. 工作进展及成效

一是经济发展情况。2022年全面落实国家和省稳经济一揽子政策，及时出台《韶关市促进工业经济平稳增长若干政策措施》等系列文件，精准实施103条稳经济配套措施，逐步扭转了经济持续下行趋势。全市地区生产总值达1564亿元、增长0.2%，一般公共预算收入94.5亿元。全力稳市场主体。深入开展暖企活动，竭尽所能帮助企业纾困解难，全年落实退税减税降费54亿元，累计纾困减负8.89亿元，惠及13.25万户次企业，新增登记市场主体1.2万家、增长5.7%。全市外贸进出口总值198亿元人民币，同比下降10.2%，与2019年同比增长8.7%，三年平均增速2.8%。

二是生态建设情况。坚持生态优先、绿色发展，加强全域生态保护修复，打好污染防治攻坚战，粤北生态屏障更加牢固。生态林业建设稳中有进。全面落实林长制，大力推进南岭国家公园、丹霞山国家公园创建，推动建立自然保护地管护机构61个。完成造林和生态修复21.9万亩、森林抚育46万亩、水源林建设12.6万亩，反映森林总体质量的森林覆盖率、森林蓄积量、林地面积三项指标稳居全省前列，荣获国家森林城市称号，入选国家林业碳汇试点市。扎实推进国家储备林项目建设，获批省级林业龙头企业4家，打造省级林业特色产业发展基地5个、数量居全省第一。生态修复成效明显。高质量完成粤北南岭山区山水林田湖草生态保护修复试点工程，19项绩效目标顺利完成，梅关古驿道重点线路生态修复项目上榜省生态修复十大范例。在全省率先超额完成矿山石场治理复绿任务，完成率达273％。中央生态环境保护督察整改成效明显，成为全省五个正面典型案例之一。污染防治攻坚战深入推进。市区AQI优良率92.1％，六项监测指标全部达到国家环境空气质量二级标准，全市13个地表水国考断面水质优良比例100％，超额完成省、市民生实事农村生活污水治理任务，因地制宜推进区域土壤、固体废物污染防治工作，完成全市受污染耕地安全利用率90％任务目标。成功入选全国第六批生态文明建设示范区。

三是构建清洁低碳安全高效能源体系初见成效。大力发展绿色低碳产业，2022年开工建设新能源产业项目三峡风机塔筒厂、光伏支架综合制造基地和明阳异质结光伏电池及组件制造中心，完成投资7.44亿元。大力发展非化石能源，构建以新能源为主体的新型电力系统，2022年新增备案8个光伏项目、核准3个风电项目，装机容量合计99.94万千瓦，年度完成投资46.5亿元，核准电网建设项目6个，推动抽水蓄能、新型储能项目开展前期工作，明确新丰抽水蓄能和乐昌抽水蓄能投资主体并编制预可研报告编制。深化能源体制机制改革，全面推进电力体制改革，全年共组织1356家企业参与市场化交易。全市市场交易电量85.33亿千瓦时，占工商业用电量的77.82％，市场交易平均电价0.529元/千瓦时。推广新能源汽车，加快新能源汽车充电基础设施建设，全市共有公交车总数769，其中纯电动公交632，全市公交电动化率达到82.2％，建成301支公共充电桩。

四是生态林业建设稳中有进。完成年度高质量水源林（碳汇林）造林任务，全面完成高质量水源林建设12.63万亩，完成森林抚育46万亩，全年共完成造林与生态修复20.46万亩。成功申报国家林业碳汇试点市。成功创建"国家森林城市"，全市森林覆盖率、林地面积、森林蓄积量均稳居全省前列。打造5个省级林业特色产业发展基地，数量居全省第一。生态修复成效明显。高质量完成粤北南岭山区山水林田湖草生态保护修复试点工程，梅关古驿道重点线路生态修复项目上榜省生态修复十大范例。在全省率先超额完成矿山石场治理复绿任务，完成率达273%。中央生态环境保护督察整改成效明显，成为全省五个正面典型案例之一。污染防治攻坚战深入推进。市区空气质量指数优良率连续5年达90%以上，全市地表水省考以上断面水质优良率连续5年达100%，重点建设用地安全利用率达100%，荣获国家生态文明建设示范区称号。成功开发了两个省级林业碳普惠方法学，全市10个县（市、区）93个村开展林业碳普惠申报，完成交易124.36万吨，实现交易额3075.3万元，约占全省同一商品交易量的三分之二。

五是工业转型升级不断加快。坚持制造业当家，举全市之力抓招商引资、产业项目和园区建设，新兴产业加速发展，新招引的炬光科技、朗圣药业、韶华科技等一批优质项目顺利动工、投产，产业转型升级示范区建设年度考核被国家发展改革委等5部委评为优秀等次。特别是成功争取国家数据中心集群布局韶关，是继"小三线"建设以来国家在韶关最大的产业布局。全市完成工业投资192亿元，其中制造业投资完成135亿元、占工业投资比重70.4%，高技术制造业投资增长52.8%。广东省韶钢产业园成功获批省级特色产业园。全市建成标准厂房面积82.9万平方米。新增国家重点"小巨人"企业1家。韶关高新区创建国家高新区深入推进，"一区多园"发展新格局不断完善，扎实推进县级产园区提质增效，推动乐昌、翁源产业园区申报省级高新区。2022年全市招商引资新签约项目276个，合同投资额1098亿元，其中超亿元项目130个。

六是科技创新策源功能增强。全市研发投入占地区生产总值比重连续6年居粤东西北首位，新增省级工程技术研究中心17家、新增数量居粤东西北首位，省级新型研发机构总量达8家、在全省排第7位。新入选国家专精特新"小巨人"企业5家、新增数量连续三年居粤东西北首位，新入选省专精特新企业103家；新增高新技术企业45家、全市总量达421家。启动鹏城实验室韶关网络节点建设，季华—欧莱科技成果孵化基地挂牌运行。引进南岭团队6个，高水平研究院总量达11家，院士及团队项目落地30个，广东省珠江人才实现零的突破。推动重点实验室建设1家，韶关市北纺智造科技有限公司组建的"省市共建高端牛仔产品低碳智造技术广东省重点实验室"通过2022年省市共建广东省重点实验室认定。

七是农业发展提质增效。农林牧渔业增加值增长4.9%，全市粮食播种面积183.4万亩、总产量75.9万吨，实现面积、产量"四连增"。全国名特优新农产品、省级现代农业产业园、省级"一村一品、一镇一业"专业镇村等总数均居全省第一位，国家级农业产业园实现零的突破，高标准农田建设考核连续两年获全省第一，乡村振兴战略实绩考核连续三年获全省优秀等次，南雄入选国家乡村振兴示范县创建名单。优化调整畜禽养殖结构，2022年共创建8个国家级生猪产能调控基地和15个省级生猪产能调控基地，成功创建国家级示范场1个，广东省美丽牧场2个，省级示范场24个。持续抓好农药化肥减量增效。推进化肥减量增效示范建设，在曲江区、乐昌市、南雄市和始兴县开展"三新"集成示范项目，计划推广示范面积11.5万亩。强化农业废弃物回收与利用，在武江、南雄、仁化、翁源开展农药包装废弃物回收处理试点，计划回收农药包装废弃物173吨，无害化处理192.7967吨，推广以"一主两辅"为主的秸秆利用方式，促进农作物秸秆综合利用，全市秸秆综合利用率稳定在90%左右。

八是绿色金融稳步发展。2022年全市绿色贷款余额180.57亿元，同比增长51.89%，占各项贷款余额10.93%；较年初增加61.69亿元，占各项贷款增量41.93%；同比增速较各项贷款余额同比增速（9.78%）高42.11个百分点，绿色贷款余额总量位居广东北部生态发展区第二。充分运用人民银行碳减排支持工具，2022年共有5家银行成功办理碳减排支持工具，发放符合碳减排支持工具要求的贷款47笔，总金额10.98亿元，涉及企业10家。绿色金融组织体系不断完善，印发《韶关市"绿色金融街"创建试点实施方案》，通过金融街创建，以点带面探索绿色金融发展有效路径，完成16家金融机构"绿色网点"验收及挂牌。

九是完成山水林田湖草沙一体治理目标。试点工程开展以来，紧紧围绕韶关市"北江和东江源头重要水源涵养区"和"生物多样性保护优先区域"的生态功能定位，针对北江流域、东江流域和拟建的南岭国家公园区域，构建"两江一公园"系统保护修复格局，集中解决一批对流域区域生态功能具有显著影响的突出生态问题，进一步提升粤北南岭山区生态系统质量和稳定性，筑牢粤北生态屏障，取得了较好的成效。国家三部委明确广东粤北南岭山区山水林田湖草生态保护修复试点总体绩效目标共19项，截至2022年底，19项试点绩效目标已全部达成。试点工作成效多次获得上级有关部门认可，韶关市南雄市梅关古驿道重点线路生态修复项目入选第二届广东省"生态修复十大范例"名单，韶关市南雄市稀土矿区矿山地质环境修复治理项目入选"十大范例提名"名单，韶关市山水林田湖草系统治理——石漠化区域综合治理项目入选单项奖。试点工程还获得了《中国环境报》、广东卫视、南方卫视等主流媒体宣传报道超100余次。

2. 下一步重点工作

韶关市将坚持以习近平新时代中国特色社会主义思想为指导，全面贯彻落实党的二十大精神，深入贯彻习近平生态文明思想和习近平总书记对广东系列重要讲话、重要指示精神，大力实施生态立市、工业强市、县域富市"三大战略"，开展绿美韶关、产业攻坚、科教人才、营商环境优化、要素保障、资源盘活"六大行动"，全力建设国家老工业城市和资源型城市产业转型升级示范区，奋力推动韶关高质量发展。

一是推进绿美韶关生态建设。实施绿美韶关生态建设"六大行动"，深入推进高质量水源涵养林建设，优化重要生态区域低效林林分结构，加强森林抚育和封山育林，促进中幼林生长，完成林分优化19万亩、森林抚育30万亩。持续提升"五边"绿化美化品质，深入开展"四旁"植绿活动，高标准建设县级国家森林城市、森林城镇、森林乡村，形成市、县、镇、村四级绿色发展格局。深入推进南岭国家公园、丹霞山国家公园建设，加强自然保护地整合优化，建设韶关植物园，完成"南岭植物"和"药用植物"两个专类园（一期）工程，提升华南虎繁育研究基地建设水平。全面落实林长制，积极开展全民义务植树活动，实施古树名木资源保护工程，加强松材线虫等有害生物防治，推进防火通道、防火林带、防火蓄水池等森林防火设施规划建设，提升森林资源管护水平。

二是深入打好污染防治攻坚战。持续巩固提升国家生态文明建设示范区成效，抓好大气污染防治，加强重点行业挥发性有机物和氮氧化物协同减排，推进钢铁企业超低排放改造，确保空气质量六项监测指标全面达标。抓好水污染防治，加快镇级以上饮用水水源地的规范化建设，实施污水管网建设和改造工程，开展入河排污口综合整治，确保全市13个国控断面水质优良比例100%、县级以上饮用水水源地水质达标率100%。抓好土壤、固体废物污染防治，完成历史遗留矿山生态修复治理3600亩，启动"无废城市"建设，推进固体废物源头减量和资源化利用，提升区域垃圾焚烧飞灰和建筑垃圾利用处置能力。

三是推动绿色低碳高质量发展。开展碳达峰碳中和试点城市建设，鼓励企业申报绿色制造体系建设示范名单，打造一批绿色制造先进典型。加快韶关碳中和装备产业园（乐昌）建设。加快推进市属国有林场林权出让和国家储备林项目建设，打造韶关国家储备林项目建设示范点。推动特色经济林和林下经济规模化、集约化、专业化经营，加强油茶种植基地建设和油茶低产低效林改造，做大做强竹木和林下产品精深加工产业。加强全市森林康养资源整合开发，推进南雄林业生物产业整合发展专项试点改革，建设国家森林康养基地和国家林业生物产业基地，争创全省森林康养示范市。加快培育新型林业经营主体，做大做强林业龙头企业，持续推进林产品品牌建设，打造"韶林+"特色品牌。深化全国林业碳汇试点和全省林业综合改革试点工作，推动林业生态产品价值实现。积极探索"光伏+石漠化治理"新发展模式，推进石漠化综合治理。

抓好公共机构节能降耗，绿色建筑占新增建筑面积达80％以上。加快新能源汽车推广应用和充电基础设施建设，促进交通领域节能降碳。

四是统筹抓好全市能耗"双控"工作。严格项目准入，严把"两高"项目落地，要以能耗"双控"指标倒逼产业结构转型升级。坚决走质量招商之路，着力引进符合生态发展区要求，能耗低、附加值高的优质项目，优化促进产业结构调整，降低单位增加值能耗，同时新上项目必须达到国内和行业先进水平。大力发展可再生能源项目，不断提高可再生能源占比，逐步降低煤炭使用。加快推进各领域节能技改，实施对全市"两高"项目和企业节能潜力进行排查梳理，建立节能项目库，并以更严格的行业标准倒逼"两高"项目和企业实施节能技术改造，腾出发展空间。把抓好能耗"双控"工作作为落实"双碳"工作的重要抓手，为全省实现"双碳"目标作出韶关贡献。

（七）河源市

河源市坚持以习近平新时代中国特色社会主义思想为指导，全面贯彻党的二十大精神，深入践行习近平生态文明思想，坚持生态优先、绿色发展，生态环境质量巩固提升，生态屏障持续巩固，绿色发展水平不断提升，不断开创幸福和谐美丽河源建设新局面。

1. 工作进展及成效

一是构建绿色低碳发展政策体系。建立完善绿色低碳循环发展经济体系，印发《河源市关于加快建立健全绿色低碳循环发展经济体系的实施方案》，全方位全过程推行绿色规划、绿色设计、绿色投资、绿色建设、绿色生产、绿色流通、绿色生活、绿色消费。构建现代环境治理体系，印发《河源市构建现代环境治理体系的若干措施》，加快构建党委领导、政府主导、企业主体、社会组织和公众共同参与的现代环境治理体系，推进环境治理体系和治理能力现代化。

　　二是加快推动经济社会绿色转型。加快培育五大产业，推进工业发展绿色转型升级。2022年全市新签约项目190个，投资总额710.7亿元。水饮料及食品产业实现总产值48.21亿元，电子信息产业实现总产值531.51亿元，先进材料产业实现总产值49亿元，270家规上工业企业实现数字化转型。加快推动绿色生产方式，大力推行清洁生产，加快发展循环经济，加强资源综合利用，深入推进绿色制造体系建设。2022年26家企业完成清洁生产审核验收工作，创建节水型企业6家、市高新区成功申报省级节水型标杆园区，东源、连平工业园完成园区循环化改造，推动申报国家级绿色数据中心2个，创建国家级废钢规范准入企业1家。打造绿色物流贸易，龙川县、紫金县、和平县已建成电商仓储配送中心和物流快递信息平台，和平县已建成冷链物流中心和智慧化冷链物流管理系统，推进智慧物流电子商务模型应用，实现仓储、运输、配送和管理协同运作，推动绿色物流贸易发展。大力推行绿色生活创建行动，利用节能宣传周、全国低碳日等积极开展绿色低碳宣传教育，举办了"2022年河源市倡导文明健康绿色环保生活方式""2022年河源市诚信示范店创建主题活动""倡导绿色生活，践行绿色消费""反对浪费引领节约'新食尚'文明行动""推广使用公筷公勺共建文明健康生活""践行光盘拒绝剩宴"等绿色低碳生活宣传活动，形成全社会参与的良好氛围。

　　三是持续提升农村人居环境。深入开展村庄清洁，持续开展"三清三拆三整治""三清一改"，清理卫生死角、乱搭乱建、乱堆乱放，确保村容村貌干净整洁有序，东源县被评为2022年度全国村庄清洁先进县。结合拆旧复垦，深入开展农村弃用废弃泥砖房清理攻坚行动，累计拆除29万间泥砖瓦房，获得交易资金约17.7亿元。深入开展农村"三线"整治，重点整治"空中蜘蛛网"问题，952个行政村完成整治任务。提升农村改厕质量，科学规划农村公厕布点，全市共编号登记农村户厕474418户，发现问题户厕8231户、已整改6222户，发现问题公厕110个、已整改96个，农村改厕质量进一步提升，加快推进厕所粪污无害化处理与资源化利用。农村生活垃圾及污水有效治理，"村收集、镇转运、县处理"农村生活垃圾收运处理体系稳定运行，农村生活垃圾处理率和保洁覆盖面达100%，全市配备6740名农村保洁员，把农村生活垃圾处理补助经费纳入河源市2023年十件民生实事范畴，市财政按7元/人/年标准下拨农村生活垃圾补助资金2210万元。以农村生活污水治理试点市为契机，因地制宜选择符合农村实际的生活污水治理技术，推动4663个自然村完成农村生活污水治理，有效治理率达54.3%。大力推进农村黑臭水体整治，完成2条纳入省级清单管理的农村黑臭水体整治。

四是坚持抓好重点领域节能降碳。稳步提高能源清洁化水平，积极发展光伏发电，2022年新增光伏装机量17.66万千瓦。推进工业领域节能降碳，组织40家服务机构为226家企业开展节能诊断工作，对100余家企业开展节能监察。推进建筑领域绿色低碳发展，落实《广东省绿色建筑条例》、绿色建筑评价标准等技术规范，2022年全市城镇新增绿色建筑竣工面积占新建民用建筑比例达11.17%。推动既有建筑节能绿色化改造，全市既有建筑改造规模达到7721万平方米。推进低碳交通运输体系建设，大力发展环保"零排放"纯电动车辆，2022年全市新增或更新的巡游出租车和接入平台的网约车544辆，全市共有新能源客运车辆71辆，共有新能源纯电动公交车489辆，公交电动化绿96.64%，市区公交电动化率达100%。推进城市快递行业绿色低碳发展，推动行业节能减排，全市共有清洁能源快递运输车辆97辆，末端配送快递电动三轮车2400余辆。加快打造低碳交通基础设施网络，累计建成电动汽车充电站340座、公共充电桩1238个。全市限额以上新能源汽车类零售额对比2021年增长112%。

五是着力推动减污降碳协同增效。加强生态环境保护与污染治理，印发《河源市生态文明建设"十四五"规划》《河源市生态环境保护"十四五"规划》《2021年度河源市环境保护责任暨深入打好污染防治攻坚战成效考核实施方案》，加大污染整治力度，2022年空气质量优良天数比例为96.2%，6项污染物指标均达国家二级标准，其中PM2.5浓度降至18微克/立方米；7个地表水国考断面水质优良比例为100%。加大环境执法力度，依托"双随机、一公开"，有效打击环境违法行为。2021—2022年，围绕污染防治攻坚目标，通过开展40多项专项执法行动，出动执法人员19707人次，检查企业6994家次，责令整改企业405家，下达处罚决定书106份，罚款656.39万元，办理五类案件14宗（查封扣押案件5宗、限产停产案件1宗、移送行政拘留案件5宗，涉嫌环境污染犯罪案件3宗）。加强控排企业、重点企业碳排放权交易监督管理，配合全国及广东省碳排放权市场建设，组织辖区内15家控排企业、15家重点排放企业开展碳排放信息、温室气体排放信息填报等相关工作，督促控排企业按期足额履约，履约率100%。落实碳普惠制试点，积极开发碳普惠核证减排量，2022年开发了2个分布式光伏发电碳普惠核证减排量项目，初步核证减排量为6300多吨二氧化碳当量。

六是全力打造生态文化旅游高地。全力创建全域旅游示范区，推动紫金县成功创建省级全域旅游示范区。目前，河源共有5个县区成功创建全域旅游示范区，已完成70%以上县区创建省级全域旅游示范区的目标。打造文旅特色新品牌，着力推动万绿湖风景区创建国家5A级旅游景区，督促加强旅游环境及软硬件设施整改，新开通高铁东站至万绿湖景区公交线路，推动万绿湖在全省A级景区满意度排名中以98.22%排名第一；新评省文化和旅游特色村3个、省乡村旅游精品线路3条、首批广东省驿道乡村酒店1家、省级休闲农业与乡村旅游重点县1个、示范镇2个、示范点6个，28个前八批省级休闲农业与乡村旅游示范点继续保留"广东省休闲农业与乡村旅游示范点"称号；"河源'相约源城'美丽乡村之旅"入选国家文旅部首批全国乡村旅游精品线路，连平县乡村振兴南部片区示范带入选广东省文化产业赋能乡村振兴典型案例；紫金县苏区革命旧遗址群景区成功创建3A级旅游景区。推动"旅游+工业"融合，推荐百家鲜客家女奇妙乐园申评国家工业旅游示范基地备选单位；"色彩之旅"（河源市云彩实业有限公司）成功申报省工业旅游培育资源库；"河源今麦郎与客家女食品工业之旅"被评为省工业旅游精品线路。推动"旅游+乡村"融合，对全市民宿资源进行调研，编制并印发了《河源市乡村民宿高质量发展战略与路径》，培育和平县热水镇南湖村、东源县仙塘镇观塘村作为特色民宿村创建单位；仙坑村、下屯村成功被评为省乡村研学旅行特色村。

七是实施生态系统保护和修复工程。构建国土空间开发保护新格局，加快构建全市三级三类（三级：市级、县级、乡镇级；三类：总体规划、详细规划、专项规划）国土空间规划体系，加强国土空间总体规划统筹协调引领作用。完善"三线一单"生态环境分区管控体系，初步划定永久基本农田、生态保护红线、城镇开发边界三条控制线，巩固土地资源集约节约利用成果。提升生态系统修复能力，筑牢绿色屏障。全面推行林长制，开展森林生态保护修复，积极推进绿美河源行动，实施高质量水源林建设等林业重点工程，加强湿地等重要生态系统建设保护和修复。全市2022年完成造林与生态修复23.11万亩，完成新造林抚育14.98万亩、中幼林抚育0.65万亩，森林覆盖率达73.18％。加强农业领域资源综合利用和污染防治，深入推进农药、化肥使用减量增效，加快推进秸秆综合利用、农膜回收和农药包装废弃物回收处理。2022年秸秆综合利用率稳定在90％以上，农膜回收率稳定在85％以上，回收农药包装废弃物76.96吨。深入推进耕地质量保护提升行动，出台农田整治提升行动方案，2021年13.73万亩高标准农田建设任务按时完成，2022年8.5万亩高标准农田建设顺利推进，进入全面施工阶段。

2. 下一步重点工作

河源市将坚持以习近平新时代中国特色社会主义思想为指导，全面贯彻落实党的二十大精神，深入贯彻习近平生态文明思想，不断开创幸福和谐美丽河源建设新局面，奋力谱写中国式现代化的河源篇章。

一是持续推动产业优化绿色转型。大力推进产业结构优化升级，加快推进传统产业绿色低碳改造，牢牢把握高铁时代带来的产业发展机遇，着力打造一批千亿级、百亿级产业集群，推动产业生态化、生态产业化，加快构建特色鲜明、优势突出的现代产业体系。构建全域生态旅游发展体系，完善全域生态旅游空间布局，积极培育绿色生态旅游模式。

二是开展农村生态环境综合整治。持续开展农村环境综合整治和农村黑臭水体整治，加快推动农村生活污水治理，推动全市农村生活污水治理率达到60％以上。积极探索符合本地农村实际、可复制可推广的生活污水资源化利用模式，在确保农村生活污水得到有效管控的同时不断降低治理成本，实现环境效益与经济效益的全面提升。

三是广泛开展绿色低碳全民行动。积极宣传简约适度绿色低碳的生产生活方式，引导公众绿色出行、绿色消费，汇聚起全社会践行绿色低碳理念的强大力量。

（八）梅州市

梅州市深入贯彻习近平生态文明思想，完整、准确、全面贯彻新发展理念，立足主体功能区定位，统筹推进高质量发展和高水平保护，积极构建绿色低碳循环发展经济体系，生态文明建设工作总体推进良好，经济社会发展绿色转型初见成效。

1. 工作进展及成效

一是积极推动工业领域绿色循环发展。大力引导企业节约用水，重点在钢铁、有色金属、纺织、造纸行业开展水效对标活动，推进节水型企业创建，目前全市已有19家企业被认定为梅州市节水型企业。蕉城污水处理厂尾水经过论证，作为河道生态景观补水和石窟河作三圳、新铺两级拦河电站水力发电用水。蕉岭县伟鑫塑料公司从蕉城污水处理厂入河排污口处取水，作为厂区生产用水，年取水量15万立方米，有效推进了污水资源化利用。积极推进企业开展清洁生产，2021—2022年全市已有35家企业完成清洁生产审核，梅州市塔牌集团蕉岭鑫达旋窑水泥有限公司、兴宁市拓展盈辉资源有限公司列入省级清洁生产企业名单。据不完全统计，通过实施清洁生产，相关企业可实现年节水约3.3万吨、节电约1403万度、减少废水排放约5000吨、削减COD产量约0.6吨、削减烟粉尘产生量约25吨，企业节能、降耗、减污和增效潜力得到进一步挖掘，促进了工业绿色发展水平提升。全力推进工业园区循环化改造，目前全市11个省级及以上工业园区（集聚地）除了梅县区产业集聚地、蕉岭县产业集聚地和梅州综合保税区外，其他8个园区（集聚地）均列入省级园区循环化改造试点，省级园区开展循环化改造比例达到80%，且已有7个试点园区顺利通过省验收。开展工业固废综合利用示范创建工作，选择废弃物利用量大、技术工艺水平高、产品竞争力强的项目，培育创建一批工业固废综合利用示范项目，提升工业固废综合利用水平。目前全市已有4家企业的项目分别列入第二、三批省工业固废综合利用示范项目创建名单；兴宁市拓展盈辉资源有限公司于2021年列入工信部废塑料综合利用行业规范条件企业，2021、2022年全市一般工业固废利用处置率均达到约99%。

二是积极推动农业农村领域绿色循环发展。推进农药化肥减量化行动，大力推广农作物病虫绿色防控技术和统防统治技术，2022年水稻病虫害统防统治示范区防控面积达20多万亩。推进测土配方施肥、转变施肥方式，引导新型经营主体和农民适期施肥，推广水肥一体化、机械施肥技术。2022年在五华县建设绿色种养循环农业试点，已完成绿色种养循环面积10万亩。积极推进秸秆综合利用，积极引导农业经营主体利用各类农作物秸秆，作为基料或原料，推进秸秆肥料化、饲料化、燃料化、基料化、原料化利用，2022年全市29个市场主体规模化秸秆利用量合计17628.8吨，其中肥料化4737.8吨、饲料化11514吨、燃料化1300吨、基料化15吨、原料化62吨；积极开展以机收、机播、机耕和机械化秸秆还田为主要内容的农机作业服务，2022年全市主要农作物耕种收综合机械化率达55.58%；水稻耕种收综合机械化率达75.87%。努力提升畜禽养殖粪污资源化利用水平，出台《畜禽养殖分类管理工作方案》，指导畜禽养殖污染防治，促进畜牧业可持续发展。加强技术指导和设施建设，推进畜禽养殖粪污资源化利用。截至2022年底，全市规模养殖场粪污处理设施装备配套率98.67%，畜禽粪污综合利用率85.4%。实施生态健康养殖模式推广行动，2022年完成稻渔综合种养面积6948.19亩，举办增殖放流活动4场次，增殖放流草鱼、鳙鱼、鲢鱼等淡水鱼类共约2100万尾；新增省级水产健康养殖和生态养殖示范区（县）1个、示范区（生产主体）8家；现有国家级水产绿色健康和生态养殖示范区（县）1家，国家级水产绿色健康和生态养殖示范区（生产主体）35家，省级水产健康养殖和生态养殖示范区（县）1家，省级水产健康养殖和生态养殖示范区（生产主体）29家。

三是持续推动交通运输领域绿色循环发展。大力推广新能源交通工具，加大宣传力度，积极落实省有关"以旧换新"等优惠政策，2022年全市新增各类型新能源汽车3447辆，同比增加约156.5%；纯电动公交车1944辆，占全市公交车比例达到99.28%；纯电动巡游出租汽车78辆，占巡游出租汽车60%；有751辆纯电动网约车取得网络预约出租汽车运输证，新能源交通工具拥有量快速增长。引导共享单车电动化发展，出台《梅州市引导和规范互联网租赁自行车发展的实施方案》，从行业经营、运输规范、投入数量、停放管理、综合治理等方面提出要求，促进共享单车行业健康有序发展。加快全市汽车充电桩的布局和建设，截至2022年底，全市共建成充电桩1976个，覆盖各主要乡镇，其中梅州城区建成集停车、充电、光伏发电于一体的现代化公交站场7座，采用自发自用、余量上网的并网方式，有效降低了企业运营成本和碳排放量。同时，积极推进高速公路服务区充电基础设施建设，目前市辖区内24个高速公路服务区，4个停车区，建成充电桩60个，充电枪数量为126个，已实现全部服务区和停车区充电设施全覆盖。注重废旧材料的再生利用和新材料新技术的推广应用，在道路工程建设中积极推广公路废旧材料循环利用设备与技术，提高沥青混凝土等废旧材料的利用率，实现废料回收利用、节约资源、保护环境的目的。截至2022年底，全市累积投入869万元，在300.75公里重点路段安装不同类型稀土蓄能自发光路标产品约8万个，有效减少了电能消耗，降低了人工维护成本。

四是大力推动住房城乡建设领域绿色循环发展。推进垃圾分类工作全面铺开，围绕垃圾处理"减量化、资源化、无害化"工作目标，加快建立生活垃圾分类投放、收集、运输和处理体系，截至2022年底，梅州城区约1600个场所实现生活垃圾分类全覆盖，梅江区江南街道、梅县区新城办事处基本建成示范街道，各县（市）按照年度目标任务完成了60%村（社区）约1500个场所全覆盖。推进绿色建筑发展，以大型公共建筑、政府投资公益性建筑、保障性住房以及嘉应新区等范围内新建建筑为重点，积极推动民用建筑项目按照绿色建筑国家标准进行设计和建设，强化建筑节能强制性标准和绿色建筑标准执行率，督促施工图审查机构严格按照建筑节能、绿色建筑规范进行设计审查。2022年全市按绿色建筑标准设计并通过施工图审查的建筑面积341.9万平方米，占新建建筑面积的74.8%，全市新建民用建筑在设计和施工阶段建筑节能强制性标准执行率均达100%。推进城区污水处理设施建设，积极推进东山教育基地截流疏污工程（EPC）等7个项目建设，2022年市中心城区污水处理总量8773万立方米，其中城市再生水利用总量1889万立方米（包含城市杂用用水、工业用水、环境用水等），再生水利用率为21.53%，已完成2022年梅州市中心城区非常规水源利用量0.13亿立方米的年度目标。推进镇级生活污水处理设施建设，截至2022年底，全市已建成107座镇级生活污水处理设施，实现全市104个建制镇全覆盖，合计日处理规模13.74吨，配套管网686.001公里，设施总体运行良好。2021—2022年全市新增污水管网86.415公里，已超额完成计划任务目标。集中规范处置医疗废弃物，全市医疗机构按照《医疗废物分类目录》《关于明确医疗废物分类有关问题的通知》及《医疗废物专用包装物、容器标准和警示标识规定》对医疗废物进行分类收集，由集中处置机构全流程收运、处置，无自行处置、外流、私自焚烧填埋或化学消毒填埋等情况发生。2022年累计处理医疗废物5295.83吨，医疗废物集中处置率100%。积极创建节水型市级机关，大力开展节水宣传进企业、进社区活动，对标对表节水行机关建设标准，推动节水型机关创建。2022年已确认64家市级机关单位为节水型单位，如期完成80%市级机关建成节水型单位的年度目标。

五是全方位保障助力经济社会绿色循环发展。积极落实各类绿色环保税收优惠政策，贯彻落实资源综合利用产品及劳务等增值税、节能环保消费税、环境保护、节能节水项目等企业所得税、环境保护税等税收优惠政策，2022年全市共有207户企业享受相关税收优惠政策，累计减免税额13900万元。积极发挥绿色金融资源配置作用，引导辖内金融机构发挥支撑功能和资源调配作用，不断探索绿色金融促进生态文明建设和经济转型升级协同发展的新有效途径。2022年辖内银行业绿色贷款余额113.32亿元，同比增长69.62%，高出全市各项贷款平均水平57.62个百分点，有力地通过绿色金融助力当地生态文明建设和产业升级良性循环。积极做好绿色低碳标准宣传、制订、认证工作。深入宣传《标准化法》《广东省标准化条例》和标准化知识，提升全市标准化意识；2021—2022年共举办标准化培训班4期共905人次；参与制定绿色低碳循环发展方面的国家标准1项、行业标准1项；全市累计取得环境管理体系认证证书378张、能源管理体系认证证书8张、低碳产品认证证书4张；绿色产品认证证书8张；环保产品认证证书2张。积极发展生态文明旅游事业，全市现有国家全域旅游示范区1个、省级全域旅游示范区7个；国家3A级以上旅游景区50家（其中5A级1家、4A级12家）；全国乡村旅游重点村、镇4个，省级旅游度假区2家，省旅游风情小镇4个、省文化和旅游特色村16个，省乡村旅游精品线路13条；禾肚里稻田民宿、笔竹村民宿集群等10家民宿获首批省乡村民宿示范点称号；志睦楼民宿评为首批全国乙级旅游民宿；全市在建及建成的民宿约230多家；获评全国休闲农业与乡村旅游示范县2个，省级休闲农业与乡村旅游示范镇（点）45个。大力宣传习近平生态文明思想，2022年6月梅州生态文明体验馆一期工程完成建设，正式向社会公众开放；结合全国"低碳日""节能宣传周""3·22世界水日""5·22生物多样性日""6·5环境日"、中国水周等主题，组织学校、电视台等主流媒体开展知识讲座、视频大赛等的主题宣传活动，在各类喜闻乐见的活动中广大市民进一步树牢了生态文明思想，绿色生活方式初步形成。

2. 下一步重点工作

梅州市坚持以习近平新时代中国特色社会主义思想为指导，全面贯彻落实党的二十大精神，深入贯彻习近平总书记对广东系列重要讲话和重要指示精神，巩固提升生态优势，持续改善民生福祉，推动梅州苏区加快振兴、共同富裕，为梅州全面建设社会主义现代化开好局起好步。

一是印发实施碳达峰实施方案。根据省的意见修改完善碳达峰实施方案，印发实施《梅州市碳达峰实施方案》，在各重点领域实施碳达峰行动。

二是积极构建绿色低碳循环经济体系。梳理循环经济发展基础，出台《梅州市建立健全绿色低碳循环发展经济体系实施方案》，引领循环经济健康有序发展。

三是继续做好清洁生产相关工作。落实《梅州市2023年计划实施清洁生产审核企业名单》，积极推动相关企业开展清洁生产改造，完成省下达的清洁生产审核年度目标任务。

四是推动工业园区开展循环化改造。组织开展2023年园区循环化改造试点申报工作，指导督促广东梅州经济开发区（东升工业园）按照本园区循环化改造实施方案，积极推进园区循环化项目实施，如期完成园区循环化改造目标任务。

五是推进工业绿色改造升级。结合本地区产业优势，重点推进建材、电子信息等行业企业开展工业绿色设计，落实生产者责任延伸，带动上下游企业构建绿色工厂和绿色供应链，推动制造业绿色高质量发展。

六是着力抓好工业节能节水。加强工业节能执法，继续开展工业节能监察，促进重点耗能企业依法用能；继续开展工业节能诊断、推广节能技术装备等工作，加强对工业企业节能服务；开展节水型企业创建，力争2023年实现三级重点监控用水单位名录中的钢铁、火电、纺织、造纸、石化和化工等高耗水行业节水型企业建成率达到100%；组织开展2023年省级节水标杆企业、节水标杆园区的申报工作。

七是持续开展交通运输结构优化。坚持公交引导发展，有效提升城市公交机动化出行比例，持续推动发展旅客联程联运和货物运输结构调整，促进集约高效低碳客货运输方式发展，有效降低物流成本。

八是加强新能源配套基础设施建设。加快汽车充电桩的布局和建设，鼓励商超、景点、社会停车场建设快充装置，充电设施覆盖具备条件的公交站场、三级以上客运站等；探索鼓励在普通公路沿线、服务区等适宜区域，设置分布式光伏电站设施等。

九是开展农业资源化综合利用示范。建设平远县秸秆综合利用重点县，推动实现秸秆综合利用率保持90%以上的目标。

十是继续做好"无废城市"建设工作。推动一批危废处理项目尽快开工建设，加快推进梅州城区建筑废弃物资源化综合利用项目建设。2023年计划升级改造镇级生活垃圾转运站10座，完善前端生活垃圾收运体系，加快转运站升级改造进程。

（九）惠州市

2021年以来，惠州市持续抓实生态文明建设，创新实施供排污一体化改革，实现原生生活垃圾"全焚烧、零填埋"100%无害化处理，11个国考断面水质优良率100%，空气质量和优良率均排名珠三角城市首位、全国168重点城市第10位。

1. 工作进展及成效

一是加强政策规划引领。研究制定《惠州市碳达峰实施方案》，以及能源、工业、交通、建筑、农业农村、科技等重点领域的碳达峰实施方案，完成《惠州市碳达峰分析报告》，初步预测出峰值及年份。印发实施成立惠州市碳排放统计核算工作组文件等系列保障文件。持续推动生态文明建设，印发实施《惠州市贯彻落实〈广东省生态文明建设"十四五"规划〉分工方案》《惠州市加快促进经济社会绿色低碳循环发展工作方案》，把减污降碳协同增效作为促进经济社会发展全面绿色转型总抓手，部署落实生态文明建设具体任务，进一步促进经济社会绿色低碳循环发展。实施生态空间分级分类管控，印发实施《惠州市"三线一单"生态环境分区管控方案》，将自然保护区、森林公园等重要生态空间纳入生态保护红线，全市共划定陆域生态保护红线面积2101.2平方公里，占全市陆域面积的18.5%；划定海洋生态保护红线面积1400.9平方公里，占全市管辖海域面积的31%。

二是推进工业绿色转型。2022年全市规模以上工业增加值2424.82亿元，增长6.3%。其中高技术制造业增加值增长4.6%，先进制造业增加值增长8.4%。全力推动绿色制造体系建设，组织开展绿色制造体系创建，围绕电子信息、石化化工等重点行业，推动产品全生命周期和生产制造全过程实现绿色化。2021年以来，惠州仲恺高新区成为当年广东省唯一获评的绿色工业园区，TCL实业控股入选工信部第四批工业产品绿色设计示范企业名单，惠州锂威新能源科技、惠州比亚迪电子等7家公司获评绿色工厂，TCL王牌电器（惠州）等20家企业的190种产品获评绿色设计产品。《省工业和信息化厅简报》第39期专题刊登了惠州市绿色制造体系创建经验做法。大力推动工业节能节水，建立年用水量12万立方米及以上工业企业管理台账，鼓励企业开展节水技术改造等，入选省级工业节水标杆企业1家（全省仅6家）。2022年组织实施高耗能企业节能诊断，对化工、电子、电力、水泥等八个行业共17家工业重点用能企业开展节能诊断，共提出技术节能措施78条，共节能约31万吨标准煤。组织开展节水型企业和园区建设，鼓励企业开展节水技术改造，1个园区（大亚湾石化区）、3家企业分别入选省级节水标杆园区和企业，组织认定5家市级节水型企业。积极推动企业开展清洁生产，推动"散乱污"工业企业入园发展及规范整治，推进重点行业和关键领域工业企业实施清洁生产技术改造。2022年共核查潜在"散乱污"工业企业128家，推动59家企业通过自愿清洁生产审核验收、118家重点企业通过强制性清洁生产审核验收，持续多年超额完成省下达任务目标。2022年新增"粤港清洁生产伙伴标志企业"12家，全市共有"粤港清洁生产伙伴标志企业"189家。

三是进一步优化能源结构。2022年全市规模以上工业综合能源消费量2135.6万吨标准煤，下降1.8个百分点，单位GDP能耗0.6018吨标准煤/万元，同比下降5%。积极稳妥推进能源绿色转型，印发实施《惠州市能源发展"十四五"规划》《惠州市"十四五"节能减排实施方案》，统筹谋划能源发展建设，系统推进节能降碳。积极稳妥推进核电发展，有序发展气电，因地制宜发展风电、光伏等新能源。2022年全市能源装机达到990万千瓦，清洁能源装机占比达73%。加快打造湾区一流、全国领先的新型电力系统示范区，共建成110千伏以上变电站212座，电网结构不断完善；惠州LNG接收站及外输管道和粤东天然气主干管网惠州—海丰干线项目加快建设，推动天然气管道互联互通。有效落实能耗双控目标任务，2022年全市取得节能审查批复意见项目共95个，批复能耗总量约208.2万吨标准煤，同比增长93.7%，中海壳牌二期100万吨乙烯扩建、正威新材料（二期）等重大项目顺利获批。深入开展整治虚拟货币"挖矿"活动工作，形成全市整治虚拟货币"挖矿"工作的高压态势。

四是推动农林业绿色发展。强化农林牧渔减排降碳，推广绿色节能高效农机装备，2022年共为1739台环保达标农机装备办理农机购置补贴资金524.1万元。强化农田固碳扩容。2021年以来，全市建设高标农田共9.7万亩，其中2022年选取了200亩农田推广绿色防控技术试验，打造绿色农田示范工程。出台《惠州市农业水价综合改革实施方案》《惠州市农业水价综合改革精准补贴及节水奖励的指导意见》，完善农业水价精准补贴及节水奖励机制。2022

年实施农业水价综合改革面积18.9万亩，完成年度计划任务的104.6%，基本完成2022年农业水价综合改革的各项工作任务。推进国土绿化试点示范项目建设，2022年3月粤港澳大湾区（惠州市）东北部国土绿化试点示范项目成功申报中央财政国土绿化试点示范项目，项目总投资4亿元，已完成退化林修复11.7万亩等。推进重点生态工程建设，完成高质量水源林建设3万亩等。

五是提升人居生活品质。着力增强污水污泥处理能力，2021—2022年全市共建成城镇生活污水处理厂8座，新增处理能力11.45万立方米/日、新建污水管网936.81公里、改造老旧污水管网524.4公里。着力打造"1+N"污泥干化焚烧模式。目前博罗光大生活污泥处理处置项目、惠阳绿色动力已建成投产，新增污泥处理能力500吨/日，总处理能力达1200吨/日。推进绿色建筑发展，不断完善绿色建筑在土地出让、可研、规划、设计、施工及竣工验收等建设全流程的工作要求。2021—2022年全市新增太阳能光热应用面积约129.5万平方米；全市城镇新增节能建筑面积4821.9万平方米，其中，绿色建筑面积4402.3万平方米。截至2022年底，城镇新增绿色建筑面积占新增民用建筑面积比例达92.5%，超额完成省下达80%的目标任务。全市新开工装配式建筑面积达1502.5万平方米，截至2022年底，新开工装配式建筑面积占新开工建筑面积比例提升至20.9%。成立惠州市"无废城市"试点建设领导小组，印发实施《惠州市"无废城市"建设试点实施方案》，持续开展危险废物专项整治三年行动，有序推进废塑料加工行业污染整治。2022年共收运处置医疗废物14118.4吨，实现了日产日清、100%安全处置；共出动执法人员189人次，检查塑料污染生产企业75家，发现问题并责令整改企业5家，对47款塑料制品开展产品质量监督抽查，其中立案9宗。持续提升垃圾分类水平，推动"四分类"收集点（站）设施配置和提标升级，推动终端处理设施建设。2022年新增焚烧处理能力2550吨/日、厨余垃圾处理能力400吨/日、大件和园林绿化垃圾处理能力450吨/日。目前，全市焚烧能力达到9900吨/日，厨余垃圾处理能力968吨/日，大件园林绿化垃圾处理能力630吨/日，基本满足当前垃圾分类处置需求。加强制度约束。

六是推动科技、金融赋能绿色低碳循环经济。专项支持碳达峰碳中和技术研发，将新能源与双碳技术相关领域研究、开发和应用列入惠州市2022年度重点领域科技攻关"揭榜挂帅"项目申报指南，组织有关单位开展新能源、节能环保等方面卡脖子技术科研攻关。2022年"揭榜挂帅"重大科技攻关支持绿色低碳领域项目3项，共支持经费800万元。推动产学研结合赋能绿色创新，在绿色低碳能源技术、工业低碳技术、生态碳汇和资源循环利用等领域，组织惠州学院、先进能源科学与技术广东实验室等4家科研院所和恒创睿能环保科技、古瑞瓦特新能源等5家科技企业，积极申报《广东省碳达峰碳中和关键技术研究与示范重点专项指南建议》。加大财政支持力度，利用市财政资金和预算内投资大力支持环境绿色发展。持续提高政府绿色采购比例。2021年，节能、节水产品及环保产品采购金额分别占同类产品比重99.2%、99.1%，2022年比重提升至99.8%、99.4%。加大生态文明建设项目支持力度。2021—2022年共安排预算资金支持绿色建筑、市直生活污水污泥服务费、垃圾分类等生态环保项目建设约550万元。支持绿色低碳项目。2021—2022年安排绿色低碳循环发展项目资金6576.4万元，用于废弃处理余热回收、粤港清洁生产伙伴计划等项目。全国首创"绿色碳链通"融资业务，推动制定电子行业绿色供应链金融标准，助力供应链上中小企业获得更多低成本绿色信贷支持。该业务模式报送至人民银行总行及省委省政府，获得高度认可，并被《人民日报》《金融时报》等多家媒体报道。发行全国首单挂钩碳市场履约债券。2021年，推动惠州平海发电厂成功发行全国首单挂钩碳市场履约债券3亿元，将债券条款与公司减排目标、效果进行锁定。积极推动银行推出绿色金融产品。推动建设银行惠州分行、农业银行惠州分行、兴业银行惠州分行等银行，推出"节能贷""碳金融""绿色+扶贫""绿创贷"等绿色金融产品及服务，为经济绿色低碳转型提供金融支撑。

2. 下一步重点工作

惠州市将全面贯彻落实党的二十大精神，深入贯彻习近平生态文明思想，认真贯彻落实党中央、国务院关于碳达峰碳中和重大战略决策及省委、省政府工作部署，协同推进降碳、减污、扩绿、增长，全面推进全社会绿色转型，奋力打造广东高质量发展新增长极、建设更加幸福国内一流城市。

一是持续推动绿色制造体系建设。加快推动制造业绿色化转型，培育创建一批绿色园区、绿色工厂、绿色设计产品、绿色供应链管理企业。实施能效水效"领跑者"计划，引导企业采用先进生产工艺技术，鼓励企业加大节能技术改造力度，采用先进的节能循环经济生产工艺，减少工业废弃物的产生。"十四五"期间，力争推动60家以上企业实施清洁生产。继续做好"粤港清洁生产伙伴计划"实施工作，争取更多港资企业获得省级资金补助。继续推进工业园区循环化改造，延伸产业链，提高产业关联度，实现工业园区企业资源、能源的高效利用和废弃物的资源化利用，减少工业园区内企业固体废物的产生。进一步改善人居生活环境。推进生活污水处理基础设施建设，完成新增污水处理厂建设及提标改造工作，基本消除城市黑臭水体。大力发展绿色建筑，推动社区基础设施绿色化及建筑节能改造，保障可再生能源建筑应用落地。

二是进一步加强管控和审查。强化生态红线管控。按照国家和省的统一部署，制定和落实常态化管控措施，确保生态红线成为不可逾越的"高压线"。逐步建立健全统筹陆海的生态环境保护机制，推进海洋生态整治修复工程，构筑海陆一体的生态环境保护格局。全面加强节能审查。加强固定资产投资项目节能审查管理，对符合国家战略规划布局、产业政策和高质量发展要求以及省委、省政府和市委、市政府确定的重大项目、优质项目，优先保障用能需求，同时对高于全市单位GDP能耗水平的项目进行限批，严控高耗能项目上马。

三是以科技创新带动绿色转型。加大力度开展绿色低碳技术研发，围绕节能环保、清洁生产、清洁能源等领域布局一批前瞻性、战略性科技攻关项目。推进绿色技术创新基地平台建设，依托骨干企业、高校和科研院所所在绿色技术领域培育建设技术创新中心、技术研究院。进一步完善科技成果转化激励政策，探索建立绿色技术库，支持一批重点绿色技术创新成果转化应用。

四是着力完善绿色金融体系。优化绿色信贷产品服务体系。以特色金融推动"2+1"现代产业集群绿色发展。加大绿色金融对重点领域和重点环节的支持力度，鼓励金融机构对绿色信贷审批开通绿色通道。推进绿色债券和绿色保险发展。鼓励辖内法人机构通过国内或者港澳资本市场发行"绿色金融债"。鼓励金融机构进一步完善绿色资产证券化、绿色基金等绿色金融产品体系。**四是**发挥产业基金的引导作用。鼓励各县（区）成立相关的产业引导基金，通过政策性基金引导更多的社会资金流入绿色发展领域。

（十）汕尾市

汕尾市认真落实《广东省人民政府关于加快建立健全绿色低碳循环发展经济体系的实施意见》（粤府〔2021〕81号），加快建立健全绿色低碳循环发展经济体系，促进经济社会发展全面绿色转型，各项工作取得积极成效。

1. 工作进展及成效

一是推进工业绿色升级。加快淘汰落后产能，出台《汕尾市2022年推动落后产能退出工作方案》，促使一批能耗、环保、安全、技术达不到标准和生产不合格产品或淘汰类产能，依法依规关停退出。积极推动企业绿色发展，推动陆丰宝丽华新能源电力有限公司开展1、2号炉制粉及燃烧深度调整优化试验和1号机汽侧真空泵密封水优化实验完成节能技术改造，通过改造分别减少4904、5852、980吨标准煤。广东红海湾发电有限公司分别对1、2号机组和3、4号机组进行节能降碳改造升级，改造完成后预计平均发电标煤耗下降约12.82克/千瓦时和10克/千瓦时。汕尾德昌电子有限公司开展塑封车间二极管、三极管完成生产线技术改造，项目技术改造后减少33吨标煤。加强大宗工业固废综合利用，大力宣传《中华人民共和国固体废物污染环境防治法》《广东省固体废物污染环境防治条例》，2022年全市大宗工业固体废物产生量147.67万吨，其中粉煤灰123.22万吨，炉渣24.45万吨，固体废物循环利用率100％。推动传统产业数字化、智能化、绿色化转型发展，出台《汕尾市推动"互联网+先进制造业"发展工业互联网实施方案》，2022年全市累计推动110家开展数字化转型，进一步促进工业企业绿色发展和降耗增效。红海湾电厂、信利光电、宝丽华新能源等重点企业开展5G+应用场景建设，推动汕尾联通打造工业互联网服务平台，引导工业企业实现能耗可视化、绿色化发展。

二是加快农业绿色发展。提高农业生产效率和低碳化水平，2022年全面实施化肥减量增效行动，开展试点示范，全面推进测土配方施肥化肥减量增效，示范区配方肥到位率80％以上，化肥用量减少3％以上。有效推进废弃农膜回收利用工作，2022年农膜覆盖面积10.01万亩，农膜回收企业14家，农膜回收网点共83个，农膜使用回收率约87.13％。探索生态循环高效畜牧产业模式，建设生猪规模养殖废弃物资源化利用示范项目2个，2020—2022年建设省级标准化畜禽养殖示范场16个，美丽牧场5个，实现粪污资源化利用，起到了示范带动作用。印发《汕尾市2022年度秸秆综合利用工作方案》，加强了对秸秆禁烧和综合利用的日常管理和督促检查，2022年全市秸秆产生量86.55万吨，可收集量73.89万吨。秸秆利用量69.12万吨，综合利用率达93.55％。加快农村用能方式转变，2022年完成村级光伏帮扶电站并网6个，通过世界银行贷款牲畜废弃物治理工程项目建立沼气池，并投入使用实现发电。加快推进农业机械更新换代，优化农业机械装备结构，降低作业能耗，减少环境污染。2022年已注销拖拉机2400多台，落实农业机械报废更新补贴5台2.83万元。大力推广使用绿色低碳的船用柴油机，2018年以来全市新建造渔船181艘。提升农业农村减排固碳能力，2022年全市各种主要作物完成测土配方施肥推广面积约282.91

万亩，测土配方施肥技术推广覆盖率达90.54%。实施高效节水现代农业机械化工程项目，2022年高标准农田建设面积5.23万亩。科学划定禁养区、限养区和养殖区，开展禁养区清退和养殖尾水整治，促进渔业节能减排。加快海洋牧场建设，提高海洋水体空间综合利用率，促进大量浮游生物和藻类集聚繁育，增强渔业固碳能力。

三是构建清洁低碳安全高效能源体系。大力发展清洁能源，促进能源供应多元化清洁化，大力发展海上风电，集约化利用海域资源，重点推进省管海域海上风电项目，有序推进陆上风电，截至2022年底，全市风电并网容量达167.02万千瓦。因地制宜有序发展光伏发电，推广太阳能多元利用，截至2022年底，全市光伏发电总装机规模达73.115万千瓦。有序发展抽水蓄能电站，与光伏、风电等新能源配合运行方式，2022年核准并开工建设了陆河抽水蓄能电站，装机容量140万千瓦。安全高效发展核电，按照国家和省核电发展战略和部署，在确保安全的前提下，积极有序发展核电。2022年核准并开工建设了陆丰核电5、6号机组，正在加快推进项目建设进展。同时，积极推动陆丰核电1、2号机组各项前期工作，并做好核电厂址保护工作。积极推进煤电清洁高效利用，加快燃煤发电升级与改造，积极推进红海湾电厂技术改造，2022年申请下达了红海湾电厂2号汽轮机进行通流改造省级节能降耗专项资金500万元。积极发展清洁高效煤电，2022年省发展改革委核准并开工建设了甲湖湾电厂3、4号机组，红海湾电厂5、6号机组，积极引进煤电热气综合利用工程。合理调控油气消费，有序发展石化、化工项目，加快交通领域油品替代，提高气电比重。同时，全面推进天然气在工业、交通、商业、居民生活等领域的高效利用，2022年规划新增汕尾海丰天然气热电联产保障电源项目，装机容量约58万千瓦。完善能源基础设施网络，构建适应新能源占比逐渐提高的新型电力系统，强化电力调峰和应急能力建设，提升电网安全保障水平。2022年与广东电网签订了《汕尾市新型电力系统示范区合作共建框架协议》，制定了《汕尾市新型电力系统示范区合作共建行动方案》。同时，加快油气管网建设，积极规划建设汕尾LNG接收站项目，加快粤东天然气主干管网规划建设，提高全市天然气供储销体系水平和供应保障能力。

四是构建绿色低碳高效综合交通运输体系。做好规划引领，推进绿色交通基础设施建设，坚持强化绿色低碳发展规划引领，持续推动绿色低碳理念在交通运输领域走向深入。印发《汕尾市"十四五"综合交通运输规划》《汕尾物流专项规划（2020－2035年）》等规划，加快《汕尾港总体规划（2021－2035）》等一批利民生、惠长远的规划编制工作。优化公共交通服务，服务市民绿色出行，着力提升绿色出行服务质量，加快公共交通基础设施建设和新能源公交车投放。科学合理调整优化城市公交线网和班次，提高公交线路、站点和服务时间覆盖率。截至2022年底，已建成新能源公交车停保场充电站18座，建成新能源电动汽车充电桩499个。推广岸电设施使用，强化水污染防治，严格港口经营管理，强化对船舶污染物接收转运的监管，督促港口企业做好船舶产生的固体废物及生活污水、洗舱水、油污水等污染物的接收转运工作。完成5万吨级以上干散货泊位岸电设施建设，同步推广使用岸电设施，有效减少船舶停泊靠岸柴油机发电产生的大气污染。抓好源头管控，打好"升级版"污染防治攻坚战，贯彻落实《汕尾市重污染天气交通建设工程施工扬尘控制应急工作方案》，督促各辖区内交通在建项目参建单位落实扬尘防控措施、严格日常监管。抓好源头管控，加强交通运输值守，加强对抛撒滴漏、遮盖不严等货运车辆检查，对重点地段、重点道路强化监管。强化营运准入关，实施柴油货车运营调控，督促港口企业重点加强码头堆场、港区作业、装卸落实喷淋、遮盖、密闭等扬尘污染防治设施设备建设。

五是建设美丽低碳宜居城乡。加强组织保障，出台相关政策措施，出台《汕尾市大力发展推进装配式建筑的实施意见》《汕尾市装配式建筑专项规划（2019－2025）》《汕尾市住房和城乡建设局关于进一步推动全市绿色建筑发展的通知》《关于进一步推动汕尾市建筑节能与绿色建筑协调发展的通知》等一系列政策措施，全面加强对城乡建设领域"双碳"工作的统筹谋划。加强工作谋划，着力推动绿色建筑发展，2022年新建建筑全面执行建筑节能与绿色建筑强制性标准。新建绿色建筑竣工面积335万平方米，新建绿色建筑竣工面积占新建建筑竣工面积的比例为74.67%，完成2022年省下达的粤东西北地区65%的目标任务。加强部署落实，加快装配式建筑发展，出台《汕尾市大力发展推进装配式建筑的实施意见》，加快装配式建筑发展，2022年全市新建装配式建筑面积34.33万平方米，新建装配式建筑占新建建筑面积比例为13.37%，城乡建设领域节能降碳工作取得了一定的成效。

六是大力发展绿色金融。结合行业特征推出特色信贷产品，邮储银行汕尾市分行推出"污水贷"在风险可控的前提下，大力支持环保企业用信需求，单笔贷款期限放宽至10年，有效缓解绿色企业前期投资大、资金回收慢带来的还款压力，截至年末共计发放贷款4400万元；陆河农商银行针对辖区清洁能源产业(如太阳能利用设施建设和运营)推出"光伏贷"，采用优惠年化利率6%，加强对光伏企业支持，截至2022年底，共计发放34笔贷款，金额507.54万元。创新贷款担保方式，如汕尾农商银行以本市新能源汽车运输业拥有的国家与地方财政补贴作为第二还款来源，推出"政府财政补贴质押贷款"，并成功向汕尾市粤运汽车运输有限公司发放贷款，有效解决该公司投入大量新能源汽车运转的资金难题，截至年末该公司贷款余额为3995万元。另外，该行以海丰县政府每年支付的污水处理服务费和管网维护费等作为应收账款质押，给予海丰县云水环保有限公司发放贷款5400万元。

七是积极推进生态产品价值实现机制试点建设。汕尾市坚决贯彻落实习近平生态文明思想，深入践行绿水青山就是金山银山理念，陆河县通过向浙江省丽水市、湖州市等已经开展过生态产品价值实现机制且取得重大成效的先进地区学习借鉴，抓住国家、省、市探索建立生态产品价值实现机制的重大机遇，先行先试做了一些探索，同时在GEP核算和生态产品价值实现路径等方面也取得了一定成效，2022年成功申报广东省生态产品价值实现机制第一批试点县，并制定了《陆河县县域生态产品价值实现机制试点建设方案》，正在积极推进探索生态产品的实现路径，增值变现。

2. 下一步重点工作

汕尾市将坚持以习近平新时代中国特色社会主义思想为指导，全面贯彻落实党的二十大和中央经济工作会议精神，深入贯彻习近平总书记对广东系列重要讲话和重要指示精神，全面推进"百县千镇万村高质量发展工程"和绿美汕尾生态建设，加快创建海陆丰革命老区高质量发展示范区。

一是加快实施产业绿色提质行动。立足汕尾产业基础和优势，强化产业规划布局与碳达峰、碳中和的政策衔接。坚决遏制高耗能高排放低水平项目盲目发展，落实绿色低碳产业引导目录及配套支持政策，重点发展节能环保、清洁生产、清洁能源、生态环境和基础设施绿色升级、绿色服务等产业，推动产业结构优化升级，加快退出落后产能。加快做大做强电子信息、新能源汽车、绿色石化、电力能源产业，发展壮大能源装备制造产业。

二是加快推进重点领域节能降碳行动。能源领域，大力发展清洁能源，加快能源先进技术研发、成果转化及产业化步伐。安全高效发展核电，积极推进煤电清洁高效利用，加快燃煤发电升级与改造，合理调控油气消费，完善能源基础设施网络，构建适应新能源占比逐渐提高的新型电力系统，强化电力调峰和应急能力建设，提升电网安全保障水平，全力打造汕尾（国际）绿电创新示范基地。工业领域，调整优化工业用能结构，促进工业能源消费低碳化，推动化石能源清洁高效利用，提高可再生能源应用比重，加强电力需求侧管理，提升工业电气化水平。实施工业节能改造工程，推进工业领域数字化智能化绿色化转型和低碳工艺革新，加强重点行业和领域技术改造。积极推行绿色制造，完善绿色制造体系，提升能源利用效率，深入推进清洁生产，推动技术创新，加强节能降碳技术推广应用和创新发展，构建完善绿色制造体系。城乡建设领域，推动城乡建设绿色转型，优化城乡空间布局，构建城区、县城多中心空间格局，持续开展县城建设提质升级行动，建设绿色节约型基础设施。推进绿色建筑高质量发展，加快推进建筑工业化，大力发展装配式建筑，强化建筑运营能效管理，优化建筑用能结构，进一步促进可再生能源在建筑中的应用。交通运输领域，加快运输结构调整，全力构建现代综合交通运输体系。推进燃料清洁化替代，持续加大新能源车投放力度，做好实施新能源车补贴政策，着力推动新能源公交车和出租车实现城乡全覆盖，逐步加快道路客货运的电动化进程。构建绿色交通基础设施网络，将绿色节能低碳贯穿交通基础设施规划、建设、运营和维护全过程，有效降低交通基础设施建设全生命周期能耗和碳排放。有序推进充电桩、配套电网、加注（气）站等基础设施建设，提升城镇公共交通基础设施水平。农业农村领域，提高农业生产效率和低碳化水平，加快推广种养、农牧、养殖场与农田建设等结合型生态养殖模式和清洁农业模式，提升"两型"农业生产技术应用水平。加快农业农村用能方式转变，优化农村用能结构，大力推进农村可再生能源替代和综合利用，提升利用水平和存储能力。推广节能家电，提升农村用能电气化水平，推广先进适用的低碳节能农机装备和渔船、渔机。提升农业农村减排固碳能力，大力发展绿色低碳循环农业，开展"海上风电＋海洋牧场"等低碳农业模式创新试点。

三是有序推进节能降碳增效行动。增强节能降碳管理综合能力，推动能耗"双控"向碳排放总量和强度"双控"转变。推动减污降碳协同增效，实施节能降碳重点工程，开展城市建筑、交通、照明、供热等基础设施节能升级改造，推动城市综合能效提升。推进重点用能设备和新型基础设施节能降碳，推广先进高效产品设备，加快淘汰落后低效设备。

四是积极推进循环经济助力降碳行动。深入推进园区循环化改造，搭建资源共享、废物处理、服务高效的公共平台，完善废旧物资回收网络，提升大宗固废综合利用水平，推动建筑垃圾资源化利用。推进废弃物减量化资源化，全面推行生活垃圾分类，加快建立分类投放、分类收集、分类运输、分类处理的生活垃圾管理系统，提升生活垃圾减量化、资源化、无害化处理水平。高标准建设生活垃圾无害化处理设施。实施塑料污染全链条治理，推进塑料废弃物资源化、能源化利用。积极推进非常规水和污水资源化利用，合理布局再生水利用基础设施。

五是全面推进生态碳汇能力提升行动。推进生态系统保护与修复，严守生态保护红线，建立严格的管控体系。巩固提升森林生态系统碳汇，推动乡村绿化建设。继续开展低效林改造、森林抚育工作，稳步提高森林覆盖率。大力开展以沿海基干林带建设为重点的沿海防护林体系建设。稳步提升湿地碳汇能力，推动水生态保护修复，保障河湖生态流量。大力发掘海洋生态系统碳汇潜力，养护海洋生物资源，维护海洋生物多样性。严格保护和修复红树林等蓝碳生态系统，积极推动海洋碳汇开发利用。

六是积极推进绿色低碳全民行动。加强生态文明宣传教育，强化企业生态文明建设社会责任，重视企业文化建设中的生态理念培育。开展公益生态环保实践活动，倡导绿色低碳的生活理念。推广绿色低碳生活方式，在全社会形成健康文明的绿色文化风尚。引导企业履行社会责任，主动适应绿色低碳发展要求，加强能源资源节约，提升绿色创新水平。

（十一）东莞市

"十四五"以来，东莞市深入贯彻落实习近平生态文明思想和习近平总书记对广东重要讲话和重要指示批示精神，坚持绿色发展理念，持续打好生态环境巩固提升持久战，有序推动落实碳达峰碳中和战略部署，大力调整优化能源结构，深入推进产业绿色转型发展，生态文明建设取得新成效。2021年，东莞市被国家生态环境部授予第五批国家生态文明建设示范区称号。

1. 工作进展及成效

一是持续加强生态文明建设组织领导。市委市政府高度重视生态文明建设工作，坚决贯彻落实习近平生态文明思想和党中央、国务院关于生态文明建设的重要决策部署，切实加强生态文明建设各专项工作的组织领导。成立市污染防治攻坚战指挥部，系统谋划，全面部署打赢污染防治攻坚战；成立全面推行河长制工作领导小组，构建市、镇、村三级河长体系，全面落实河长制湖长制，并增设市碧道建设工作组，高质量推进碧道工程建设；成立市碳达峰碳中和工作领导小组，进一步加强对碳达峰、碳中和工作的统筹协调和督促指导。深入学习贯彻习近平生态文明思想，先后多次召开市委常委会议、市政府常务会议、市政府专题会议等学习研究贯彻习近平生态文明思想有关内容，市委市政府先后召开打赢污染防治攻坚战工作会议、河长制工作会议、生活垃圾分类工作推进会等重要会议，全面部署和深入推动落实生态文明建设各项工作。全市以习近平生态文明思想为指引，全面落实"党政同责、一岗双责"，各级党委和政府主要负责同志切实肩负起第一责任，各级党组织认真履行职责。市级人大及其常委会紧扣生态文明建设和污染防治攻坚战，加强环境保护领域立法和执法检查。各部门和镇街严格落实生态环境保护责任，形成分工协作、齐抓共管的工作格局。

　　二是积极稳妥推进碳达峰碳中和。加快形成碳达峰碳中和工作顶层设计。组织开展全市碳排放分析研究，测算研究能源消费和碳排放状况，编制形成碳排放研究分析报告，为制定碳达峰实施方案工作目标夯实基础。出台碳达峰碳中和政策体系重点任务等分工方案，推进出台相关重点领域碳达峰专项工作方案及政策措施，着力构建"1+N"政策体系，推动形成碳达峰碳中和工作的时间表、路线图、任务书。构建双碳工作政策体系，制订全市碳达峰实施方案，聚焦能源、工业、城乡建设等领域提出多项节能降碳任务措施。启动重点领域碳达峰实施方案编制工作。结合市情实际开展情况摸底，多角度预判碳达峰形势，完成工业、建筑、交通等领域碳达峰实施方案初稿，引导不同领域节能降碳工程更加注重创新和效率，走高质量发展道路。先试先行，推动实施电网企业碳达峰行动。举办南网首个地市局双碳主题论坛，启动"服务东莞市碳达峰、碳中和十项行动"，提出打造服务双碳目标的三级减碳电网样本，探索开展松山湖双碳示范区试点，举办松山湖新型电力系统示范区建设启动会，初步形成优质电力白皮书、低碳园区示范方案、大力发展光储项目的倡议书等工作成果。以松山湖高新技术产业开发区为电网样本，编制松山湖新型电力系统示范区规划研究报告，搭建能源互联共享平台电碳耦合应用展示管理模块，开展电碳耦合仿真和用户度电碳含量研究，开展企业碳排放量化监测试点。组织开展碳交易工作。积极配合省生态环境主管部门落实本行政区域内组织开展碳排放交易试点工作，目前全市已有22家企业纳入广东省碳市场，25家纳入全国碳市场。

三是加快推进能源绿色低碳发展。持续压减煤炭消费总量，全面深化火电厂及工业锅炉整治。自备电厂煤改气一期工程全面建成，推动二期工程加快建设，煤炭减量替代取得实效，2022年煤炭消费同比下降9.0%。发展天然气热电联产和集中供热项目。建成投产樟洋电厂二期、中堂燃气电厂一、二期等天然气发电项目，推进整镇（县）光伏建设，扩大清洁能源消费比例。推动中堂二期四台燃气发电机组共180万千瓦按时投运，全市主力电源装机容量达740万千瓦，自给率达到40%。持续加强"煤改气"配套供气设施建设，新增敷设约122公里管线，推动玖龙纸业、中堂电厂等一批大用户实现天然气直供。加快提升光伏利用水平。印发实施东莞市加快分布式光伏规模化开发利用工作方案，2022年新增光伏装机超过264.28兆瓦，累计装机达到766.165兆瓦。

四是持续推进产业结构优化升级。全力推进战略性新兴产业基地建设。坚持把七大战略性新兴产业基地建设作为产业立新柱的"一号工程"，落实土地统筹整备、招商引资、重大产业项目落地、基础设施建设等四项重点工作，基地建设取得明显成效。推动战略基金规模发展壮大，激活基金服务产业培育和产业招商的功能，累计已过会7个子基金及项目，重点投向新一代电子信息产业、半导体及集成电路等领域，成功引进广东光大、天域、超然通用航空、博力威锂电池等一批单项投资超30亿元的重大新兴产业龙头项目。提升产业链整体创新能力，松山湖现代生物医药产业技术研究院、水乡SAP工业互联网创新中心等公共科研服务平台已挂牌运营。加强空间和招商协调，梳理10块总面积约6473亩的连片产业地块用于提前谋划产业招商，实现从"项目找地"到"地找项目"的转变。推动重点战略性新兴产业加快发展。积极谋划新能源产业集群培育，成立由市委、市政府主要领导任组长的新能源产业发展工作领导小组以及工作专班，出台《东莞市新能源产业发展行动计划（2022—2025年）》《东莞市加快新型储能产业高质量发展若干措施》及相关政策配套，支持新能源产业壮大发展。2022年，新能源产业集群实现营业收入667亿元，同比增长11.3%；加快半导体及集成电路产业集群培育，出台《东莞市半导体及集成电路战略性支柱产业发展行动计划（2022—2025年）》《东莞市促进半导体及集成电路产业集聚区发展若干政策》。2022年，半导体及集成电路产业集群实现营业收入为502.8亿元。同时，推动组建东莞市半导体及集成电路行业协会、储能产业联盟、氢能产业联盟，营造产业发展良好氛围，培育产业"新立柱"。

五是加快推进制造业绿色升级。组织开展绿色制造专题资金申报工作，2022年清洁生产项目共资助108个项目合计615万元，实现VOCs减排47.85吨、废水减排47311吨，综合节能9866吨标准煤、削减一般固废871吨；节能降耗项目共资助16个项目合计1384.93万元，企业实现综合节能5397吨标准煤。加快推动绿色体系创建。2021年至2022年，共累计推荐11个企业申报国家绿色工厂，12种产品申报国家绿色设计产品，3个企业申报国家绿色供应链企业，其中成功申报6家国家级绿色工厂、1件国家绿色设计产品。推荐明门（中国）幼童用品、广东海悟科技等企业申报工业和信息化部工业产品绿色设计示范企业；推动塘厦博森新能源有限公司、大岭山宇阳新能源有限公司两个企业申报成为省级资源综合利用行业示范项目。全面推动清洁生产审核。组织工业固废产生量1000吨以上企业开展自愿性清洁生产审核，2022年全市完成清洁生产审核468家（自愿性+强制性），远超省下达的150家任务，位居全省前列（2021年已完成175家清洁生产审核任务，完成省下达任务的116%），推动企业快速实现绿色发展。推进工业领域节约用水，提高工业用水效率，鼓励污水处理厂采用高效水力输送、混合搅拌和鼓风曝气装置等高效低能耗设备。开展节水型企业验收工作，已完成四批次共30家企业的验收工作。推荐玖龙纸业（东莞）有限公司申报并成功建成2022年度国家级重点用水企业水效领跑者，推动玖龙纸业（东莞）有限公司、东莞顺裕纸业有限公司成功创建2022年省级水效领跑者企业，东莞沙田丽海纺织印染有限公司成功创建2022年省级节水标杆企业，东莞市立沙岛精细化工园区成功创建节水标杆园区。

六是强化资源节约集约利用。全方位推进能耗"双控"工作。制定实施能源发展和节约能源"十四五"规划，进一步树立能耗"双控"红线，引导用能单位采取效果更佳、成本更低的方式逐步提升能效水平，坚决遏制"两高一低"项目盲目发展。全面排查在建"两高"项目能效水平，对标国内、国际先进，推动在建项目能效水平；对能效水平低于本行业能耗限额准入值的项目，严肃依法依规停工整改。深入挖掘存量"两高"项目节能减排潜力，推进节能减排改造升级，加快淘汰"两高"项目落后产能。高标准做好节能审查工作，项目单位工业增加值能耗优于省市平均水平。落实最严格水资源管理制度。夯实计划用水管理基础，2022年推进全市年用水量10万立方米以上的公共管网重点用水单位计划用水管理全覆盖，2022年超计划用水累进加价累计征收约1348万元。强化节水载体创建，多领域指导创建主体开展水平衡测试和节水改造，截至2022年底，累计成功创建省级节水型载体80家、市级节水载体525家。持续深化节水型城市建设，建成高耗水行业节水型企业29家、市级机关节水型单位54家，打造东实节水教育社会实践基地和燕岭湿地公园节水教育社会实践基地成为市级节水教育社会实践基地，推动松山湖、东城、南城、莞城、万江、寮步4批园区（镇街）积极申报我省县域节水型社会试点并成功通过验收。落实最严格的耕地保护制度。初步划定耕地保护集聚区25.8万亩，成功争取省自然资源厅同意开展耕地恢复和"进出平衡"示范点工作，组织实施土地整治恢复、补充耕地。储备集中连片优质耕地，抵扣耕地流出，实现耕地空间布局腾挪。节约集约管理土地。积极推进"标准地"供应，围绕市级重大平台、战略性新兴产业基地等范围统筹做好"标准地"供应，促进企业"拿地即开工"，2022年全市有36宗"标准地"挂牌成交，面积3523亩。推动市、镇收储土地13650亩，超额完成市下达任务（1万亩）。推进固体废弃物综合利用。推进工业固体废物网上交易平台建设。探索工业固废线上交易模式，畅通工业固废资源化利用途径，推动全市工业固废资源化利用市场建设体系，计划2023年建成东莞市工业固体废物网上交易平台并投入使用。积极推进园区循环化发展。结合各园区发展定位、资源禀赋，优化园区内企业、产业和基础设施的空间布局，体现产业集聚和循环链接效应，积极推广集中供气供热供水，实现土地节约集约高效利用。重点推动松山湖高新区、滨海湾新区、水乡功能区、粤海装备产业园、虎门港综合保税区五个省级园区循环化发展，组织编制上述园区循环化方案提请省发展改革部门审查。

七是大力发展绿色产业。依托科技项目支持绿色低碳技术研发工作，重点支持新能源汽车、高性能电池产业加快技术突破，组织推荐2022年度广东省重点领域研发计划"新能源汽车及无人驾驶"领域共6个项目向省科技厅申报。粤莞联合基金计划支持零碳、负碳等新能源技术相关领域研究项目7项，资助金额350万元，支持高校、科研院所对燃料电池关键组件、新能源车用器件、高性能电池等方面开展结构创新、关键问题探索。市社会发展科技项目共资助节能减排相关项目7项，资助金额70万元，支持高校和科研院所对垃圾焚烧、高性能电池、二氧化碳回收利用等研究。推动科研机构开展节能降碳技术研究应用推广，松山湖材料实验室多孔陶瓷团队开发最新一代低氮燃气燃烧系统，实现燃气高效清洁使用；开发了包括低氮燃气燃烧器、油田水套炉燃烧系统、精炼炉燃烧系统、模具预热系统、板材热处理炉、玻璃钢化炉、低氮燃气锅炉等10余款燃气热工装备，实现工业燃气燃烧节能减排。开发了往复式多孔介质燃烧VOCs处理设备，实现了VOCs的近零排放，为国家VOCs排放新标准制定提供技术支撑。锂离子电池材料团队已建成锂离子动力电池正负极材料中试平台，突破了高电压正极材料、高容量复合负极材料和配套电解液制备技术，形成了具有自主知识产权的新型锂离子电池正负极材料专有技术包。支持东莞新能源研究院开展松山湖国际创新创业社区多能互补分布式能源示范项目，争取打造成为大湾区多能互补分布式能源技术应用典范。

八是加强绿色金融发展。进一步从健全发展机制、完善产品体系、拓展融资渠道、强化发展保障等方面贯彻落实 19 项具体举措，有力推动金融机构强化绿色贷款增长目标管理和产品创新。引导辖内银行业机构加大金融资源向生态环境、节能环保、清洁能源、清洁生产、绿色交通等绿色经济领域倾斜力度。加强顶层设计，出台《关于大力发展绿色金融加快推动东莞实现碳达峰碳中和目标的实施意见》《关于优化运用货币政策工具促进绿色金融发展的通知》，规划五大专项行动，完善绿色金融体系建设，健全绿色金融发展机制。用好用足央行碳减排支持工具和支持煤炭清洁高效利用专项再贷款两项货币政策工具，促进绿色低碳领域融资服务对接，明确辖区再贷款、再贴现工具资金优先满足绿色贷款申请需求，有效促进了绿色贷款快速增长。2021 年末辖内银行业机构绿色贷款余额 685 亿元，居全省地级市首位，同比增长 47.5%，大幅高出各项贷款平均增速 30.6 个百分点；2022 年绿色信贷余额 1155.27 亿元，同比增长 68.7%，高出各项贷款平均增速 56.32 个百分点，较年初增加 470.27 亿元。

九是大力推行绿色低碳生活方式。稳步推进垃圾分类工作，2022 年完成了松山湖、滨海湾及南城、东城、莞城、万江 4 个街道的垃圾分类全覆盖，28 个镇 30% 的村（社区）垃圾分类有效覆盖的目标。印发《关于推进东莞市再生资源回收网与生活垃分类收运网"两网融合"发展的通知》，进一步推动生活垃圾分类收运网与再生资源回收网"两网融合"，促进全市生活垃圾实现减量化、资源化。培育全社会生态文明理念。开展绿色生活创建活动，市直单位已创建成功 60 家，镇级单位已创建成功 20 家，超额完成《广东省节约型机关创建行动方案》任务指标。加快新能源汽车推广应用，公交车已全面实现 100% 纯电动化，2021—2022 年累计更换纯电动公交车 6432 辆，新增纯电动网约车超过 21000 辆；全市累计建成充电站超 1600 座、充电桩超 15000 个。积极推广港口岸电电能替代。截至2022年底，全市码头共建有岸电设施90套，覆盖48家码头企业，95个泊位，普货码头岸电设施覆盖率已达100％，泊位岸电覆盖率约85％。大力发展绿色建筑。推进绿色建筑高质量发展，单体2万平方米以上公共建筑、计容5万平方米以上住宅项目按一星级以上标准建设。重点推广以装配式为主的新型工业化绿色建造方式，推动符合条件的用地项目在规划条件、土地出让合同明确实施装配式建筑要求。2022年新开工绿色建筑面积1457万平方米，新开工建筑中绿色建筑面积占比97.72％；共推动216个装配式建筑项目通过装配式设计预评价，全市新开工装配式建筑面积974.63万平方米，占新开工建筑总面积的比例为31.81％。

2. 下一步重点工作

东莞市将以习近平新时代中国特色社会主义思想为指导，全面贯彻落实党的二十大精神，奋力推动东莞在"双万"新起点上加快高质量发展，以新担当新作为奋力开创东莞高质量发展新局面。

一是加快推动战略性新兴产业建设。全面推进战略性新兴产业基地高质量建设。围绕深入推进空间整备、加大力度招引龙头、推动产业项目落地建设提速增效等重点工作，充分释放战新基地发展动能。充分发挥战略基金"以投带引"作用，加快市场化子基金遴选进度，撬动更多的市场化资金、机构与优秀人才。进一步加强对新兴产业、"风口"产业的研究，聚焦新能源、半导体及集成电路、新材料、生物医药等新兴产业，着力推动产业培育，在重点细分领域形成推动招商引资、推进项目落地、支持企业增资扩产、支持专业人才培育等具体支持举措，力争在"十四五"期间将新能源和集成电路产业打造成为千亿级规模的产业"新立柱"。

二是持续推进产业绿色转型。深入开展自愿性清洁生产审核。广泛推动工业固废产生量1000吨以上企业实施清洁生产，推动工业企业快速实现绿色发展。推动绿色体系建设。鼓励企业申报绿色工厂、绿色供应链、绿色设计产品等绿色制造名单。持续推进工业领域节约用水。加快省级节水标杆企业、园区和市级节水型企业创建工作，提高工业领域重点监控用水企业水资源利用效率。

三是稳定持续开展绿色生活行动。积极倡导绿色低碳的生活方式，进一步推动绿色生活创建行动的深入实施，紧紧围绕打造"湾区都市品质东莞"的战略任务和价值追求，统筹推进节约型机关、绿色家庭、绿色学校、绿色出行、绿色商场、绿色建筑六大重点领域相关政策、宣传行动，组织开展年度工作成效评估，推广先进经验和典型做法，推动工作取得实效。

（十二）中山市

中山市坚持以习近平新时代中国特色社会主义思想为指导，深入学习贯彻党的二十大精神，完整准确全面贯彻新发展理念，认真落实国家决策部署及省委省政府工作要求，积极稳妥推进碳达峰碳中和工作，深入打好污染防治攻坚战，积极推进绿色低碳循环发展，以生态环境高水平保护推进经济高质量发展。

1. 工作进展及成效

一是扎实推进全市碳达峰碳中和。市委、市政府高度重视碳达峰碳中和工作，市委常委会会议、市政府常务会议多次专题研究碳达峰碳中和工作。聚焦碳达峰碳中和目标实现时间表、路线图，强化顶层设计，抓好政策执行，稳妥有序推进碳达峰碳中和工作。成立由市委书记任组长、市长任常务副组长的市碳达峰碳中和工作领导小组，建立领导小组工作规程和议事规则，成立碳排放统计核算工作组，加快构建统一规范的碳排放统计核算体系。制定《中山市碳达峰实施方案》，提出目标任务以及各领域降碳行动，全面梳理相关重点项目，提出推动实现碳达峰的配套保障措施。谋划建设"双碳"产业园区，积极推动

"风、光、氢、核、储"一体化发展，打造科技含量高、门类齐全的新能源产业体系，全力打造成为"双碳"经济发展高地。

二是着力构建绿色低碳产业体系。 2022年安排3500万元产业扶持资金用于新能源产业发展，截至2022年底全市新增新能源发电装机规模70.98万千瓦。制定出台《中山市氢能产业发展规划（2022—2025）》，积极组建氢能产业联盟，支持建设加氢站推动氢能示范应用，目前在液氢制备、储存环节居于国内领先地位。加快布局光伏产业，建设智慧能源管理平台，累计建成投入运营光伏项目6MW、储能项目1.2MWh，已签约实施中的光伏项目26MW、储能项目4MWh，预计可减排标准煤25万吨，二氧化碳61万吨。开展全市光伏碳普惠核证减排量(PHCER)项目在线申报平台建设，组织全市首批86个分布式光伏项目申报碳普惠核证减排量及进行碳交易。在风电领域推动明阳智慧能源集团股份有限公司获批组建国家企业技术中心1家、国家地方联合工程实验室1家、省级工程实验室1家。

三是推进节能减污降碳协同增效。 用更高节能环保标准倒逼产业转型升级，2022年度开展"散乱污"工业企业（场所）整治，关停关闭251个"散乱污"工业企业（场所），16家企业安装23台相关锅炉设备，改造1台，全部符合相关规定。严格合理控制煤炭消费增长，全面落实市划定高污染燃料禁燃区政策，除粤海电厂外，已无燃煤锅炉。依法依规淘汰落后产能，全面开展虚拟货币"挖矿"清理工作，依法没收"矿机"52台，发送宣传短信900余万条，相关整治工作成效得到省有关部门肯定。突出抓好清洁生产审核，2022年全市通过清洁生产审核评估验收企业101家，2家企业获评绿色工厂、14个产品获评绿色设计产品，新增绿色产品认证证书95张。大力培育战略性新兴产业集群，推动优势传统产业提质增效，2022年推动生物医药和健康产业56个项目进入项目库；完成明阳智能等7家企业共2207万元省级首台（套）资金拨付，拨付资金总额位居全省第三位；下达中山市工业发展专项扶持资金（工业绿色发展专题）830万元，支持83家企业开展绿色发展项目。持续推进电网节能降损，2022年电网线损率继续呈下降趋势，全年相当于节约电量5920万千瓦时。

四是绿色金融赋能"双碳"经济发展。拓宽绿色企业和项目融资渠道，截至2022年底，绿色贷款余额超350亿元，推动明阳集团赴澳门发行2亿美元3年期绿色债券，成为澳门债券市场发行的首笔非金融企业绿色债券，也是境内非金融企业在澳门发行的首笔绿色债券。加强财政资金统筹安排，建立常态化、稳定的财政资金投入机制，2022年度绿色采购数量为15163项，绿色采购比例为89.71%。推进"碳惠贷"产品落地，推动全省首笔垃圾发电行业可再生能源补贴确权贷款落地中山，成功办理首批碳减排领域票据再贴现业务，投放碳减排领域票据再贴现资金2378.67万元，带动碳减排量8268.51吨。深化生态补偿，作为全省首个探索实施"统筹型"生态补偿政策的地市，采用纵横相结合的区域综合统筹生态补偿模式，拓宽了生态保护补偿资金渠道。

五是全面统筹推进"无废城市"建设。推动补齐危险废物利用处置短板，2022年新增危险废物利用处置能力9.56万吨/年。持续推进塑料污染治理，2022年度累计出动监管执法人员2815人次，检查生产企业79家，检查集贸市场、塑料购物袋批发商等2309家次，监督抽查相关塑料制品176批次，发现不合格塑料制品9款，责令整改9起。设立180个回收点，回收肥料包装袋约3.14万个，回收农药包装废弃物、废旧农膜共约21.07吨。系统实施水环境综合治理，2022年全市未达标水体综合整治工程累计支付22.3亿元，入选全国第二批系统化全域推进海绵城市建设示范市、中央农村黑臭水体治理试点城市，共获得中央专项补助资金达11亿元。2022年全市地表水国考、省考断面水质优良比例为100%，全省城市水质综合指数排名位列第4位。2021—2022年水源保护区问题整治完成率为90.56%，全市集中式饮用水水源地水质达标率为100%。深入实施土壤污染治理，2021—2022年共完成82个地块的土壤污染状况调查报告的评审及备案。完成7.15万亩安全利用类和142亩严格管控类用地分类管理工作，措施到位率100%。2022年度全市受污染耕地安全利用率为99.5%。积极推动绿色航运发展，截至2022年底，黄圃港LNG加注作业达到187艘次，完成辖区内29艘公务船艇改造。2022年共开展防治船舶大气污染监管2076艘次，船用燃油取样检测258艘次，船舶水污染防治登船检查2456艘次，共查处不合格燃油、违规排放等12宗，处罚金额达9.08万元。

六是科技赋能助力绿色低碳发展。大力支持碳达峰碳中和领域的科研攻关，在2022年社会公益与基础研究项目中，支持水、大气、土壤、塑料污染防治，重点行业气体排放物处理，固体废弃物污染防治及清洁利用等领域技术攻关和成果转化运用。推进绿色低碳重大科技创新平台建设，布局一批关键核心技术示范项目，中科富海综合气体岛成为国家战略稀缺资源氦气在华南地区的唯一供应基地。利用高空瞭望无组织焚烧AI识别点位，实施捕捉露天焚烧排烟等现象，构建"环保鹰眼"大气监管网络，开展科学精准治污。完成开发"中山市入河排污口管理系统"及APP，完成176个排污口整治，超额完成省下达任务目标。完成城市智慧大脑项目建设工作，实现对政府五大履职领域治理成效的可视化，形成一体化、数字化、全业务领导决策支撑和指挥系统。

七是完善相关制度强化执法监督。加强顶层设计，出台《中山市生活垃圾分类管理办法》等系列政府规章，加强生态文明建设制度保障，加大涉生态领域重大事项法律论证力度，规范生态领域行政执法行为，推动行政执法和刑事司法有机衔接，常态化监督涉生态违法行为行政执法案卷。2021—2022年全市办理涉及污染环境罪、非法占用农用地罪刑事犯罪案件，批准逮捕13件22人、起诉15件23人，监督生态修复面积36.67万平方米，监督清运垃圾8779.55吨。

八是形成简约适度绿色生活风尚。出台《中山市创建节约型机关实施方案》等系列政策文件，强化绿色生活创建顶层设计。目前已有93个单位完成节约型机关创建，占全市县级以上机关数量的95.88%，超额完成省下达70%的任务目标；截至2022年底，新建民用建筑绿色建筑应用比例已达80.19%，装配式建筑项目实施面积已达379.56万平方米，119个社区被评定为绿色社区；全市共249所中小学校完成"广东省绿色学校"创建，绿色学校占比达70%以上。提升公共交通绿色出行保障，加快构建绿色高效出行公共服务体系。狠抓新能源汽车推广应用，全市公交车实现100％纯电化，市镇充电设施实现全覆盖；持续推行公交优惠乘车，约惠及374万人；积极推进省内河航运绿色发展示范工程，推动内河营运船舶开展LNG动力改造；加快推进"三类车"淘汰工作，成为全省首个对"三类车"采取补助加快淘汰的地级市，154辆"三类车"已全部淘汰，工作进度居全省前列。制定《中山市加快推进城镇环境基础设施建设的实施方案》，切实推进城镇环境基础设施建设工作，推动生态文明建设和绿色低碳发展。

2. 下一步重点工作

中山市将深入贯彻落实习近平生态文明思想，完整、准确、全面贯彻新发展理念，把系统观念贯穿"双碳"工作全过程、各领域，突出科学降碳、精准降碳、依法降碳、安全降碳，加快实现生产方式和生活方式的绿色变革。

一是积极稳妥推进碳达峰碳中和。加快出台《中山市碳达峰实施方案》等政策文件并抓好工作落实。依托市碳达峰碳中和工作领导小组，构建覆盖市镇两级、运转顺畅高效的节能降碳工作机制，协同开展项目监管及节能降碳相关工作。加强节能形势分析预警，对高预警等级镇街加强工作指导，压实镇街责任。利用全国低碳日等主题活动广泛开展"双碳"宣传，营造节能降碳、绿色发展的良好社会氛围。

二是加快构建绿色低碳发展体系。积极发展绿色新兴产业，推动新能源装备制造、氢能汽车、动力电池等技术研发突破，带动氢能等新能源产业成为新的经济增长极，积极参与省氢燃料电池汽车示范城市群建设。坚决遏制"两高"项目盲目发展，用更高节能环保标准倒逼产业转型升级，加大落后产能淘汰力度。加快智能电网建设，提高电源灵活调节能力和输配电网智能化水平，精准匹配经济社会用电需求。加强新能源开发应用，不断增大可再生能源产量，提高可再生能源占比，优化能源生产消费结构。

三是推进"双碳"经济先行示范区建设。支持翠亨新区打造"双碳"经济先行示范区，以高端化、智能化、绿色化为方向，将战略性新兴产业、智能制造产业作为主导产业，集聚一批国内外行业领先企业，打造一批绿色园区示范项目。争取上级支持翠亨新区创建国家级高水平科研平台，聚焦海洋新能源发电等前沿共性关键技术开展科技研发攻关，为构建低碳产业体系提供有力支撑。

（十三）江门市

江门市坚持以习近平新时代中国特色社会主义思想为指导，全面贯彻党的二十大精神，认真落实省、市工作部署，稳中求进、踔厉奋发，从供给和需求两端同时发力，坚持降碳、减污、扩绿、增长协同推进，在能源结构、生态环境、产业结构、城市建设、农业发展、文体宣传等社会各领域全过程贯彻落实"双碳"工作要求，在绿色低碳循环发展方面取得了积极成效

1. 工作进展及成效

一是持续优化能源结构，加快能源结构绿色低碳转型。截至2022年江门市非化石能源发电装机582万千瓦（其中：核电350万千瓦、光伏182万千瓦、水电14.7万千瓦、风电25.1万千瓦，生物质发电等10.3万千瓦），占全市装机容量44%，比2015年提高36个百分点。初步形成以煤电、核电为基础，风电、光伏发电、水电等可再生能源全面发展的多元化清洁电力供应体系。其中，新会区作为国家整县屋顶分布式光伏开发试点，2022年全区光伏备案项目189个，同比增长256.6%，备案装机容量138.99兆瓦，同比增长159.1%；建成并网项目109个，同比增长541.2%，装机容量79.77兆瓦，同比增长825.4%。按日均日照时间4小时计，2022年建成并网的光伏项目年发电量为11646万千瓦时，节约折合标准煤1.43万吨。

二是生态环境稳定向好，生态文明体制改革不断深化。2022年环境空气质

量稳定向好，空气质量综合指数持续改善，主要考核指标PM2.5浓度创有监测记录以来的最好水平，连续三年优于世界卫生组织第二阶段目标，大气主要污染物排放量实现持续下降；水环境质量总体保持稳定，县级及以上城市集中式饮用水水源地水质优良率、主要入海河流水质达标率保持100%，36条重点一级支流51个考核断面水质Ⅲ类及以上比例达98.0%；固体废物污染防治能力显著提升，危险废物收集处理能力突破90万吨/年，成功入选"十四五"时期国家"无废城市"建设名单；恩平市成功创建第六批生态文明建设示范区，开平市荣获"2022年全国绿水青山就是金山银山实践优秀城市"，经验做法收录典范案例。

三是加快构建绿色制造业体系，持续推进清洁生产。以促进全产业链和产品全生命周期绿色发展为目的，推动工业产品绿色设计和制造，培育绿色设计示范企业，打造绿色工厂，创建绿色园区。强化政府引导，发挥政策推动和示范引领作用，提升绿色制造专业化、市场化公共服务能力，逐步构建高效、清洁、低碳、循环的绿色制造体系。2022年推荐海信宽带等6家企业申报国家级绿色工厂。此外，围绕重点行业开展清洁生产技术改造，推广绿色基础制造工艺，降低污染物排放强度，促进大气、水、土壤污染防治等行动计划落实，2022年完成40家清洁生产企业审核，目前共591家清洁生产企业审核验收。推动玻璃、造纸等重点行业实施能效对标和能效"领跑者"引领行动，2022年2家企业获得省水效"领跑者"称号、3家企业获得省能效"领跑者"称号。

四是大力推广绿色建筑，推进绿色创建活动。大力推动绿色建筑发展，城镇新建民用建筑全面执行建筑节能强制性标准和绿色建筑标准，并在工程建设各个阶段加强质量监管，督促各方责任主体严格落实，绿色建筑占新建建筑比例逐年攀升，绿色建筑已从"推广"迈入"全面实施"，从"浅绿"走向"深绿"，2022年城镇竣工绿色建筑面积1001.4万平方米，占竣工建筑总面积的98%。因地制宜地积极推进绿色社区创建工作，截至2022年底共完成142个绿色社区创建，完成率排全省第二，连续两年居省前列，从社区基层民众利益出发，促进了社区各项设施的补充建设，实质性地提升了人居环境品质。全市辖区61个圩镇达到"宜居圩镇标准"。

五是聚焦绿色农业发展，建设美丽低碳宜居城乡。2022年规模养殖场粪污处理设施装备配套率达95％以上。2022年全市共创建畜禽养殖标准化示范场国家级1家、省级26家，示范带动规模养殖场加大畜禽粪污资源化利用设施配套建设力度。养殖池塘升级改造绿色发展为2万亩，完成率101％，其中中央渔业绿色循环发展试点项目完成6500亩。建设农村"四小园"1.4万个，辖区内全部村庄达到干净整洁村标准，清理农村生活垃圾31804吨、清理村内水塘6087口、清除卫生黑点4720个，持续巩固农村人居环境整治成果，81％以上行政村达到美丽宜居标准。累计建成农村卫生户厕57.2万余户、卫生公厕9684座，基本普及卫生厕所。

六是开展绿色社区创建行动，大力发展绿色建筑。因地制宜地积极推进示范创建工作，截至2022年底，共完成142个绿色社区创建，完成率排全省第二，连续两年居省前列，从社区基层民众利益出发，促进了社区各项设施的补充建设，实质性地提升了人居环境品质。绿色建筑占新建建筑比例逐年攀升，绿色建筑已从"推广"迈入"全面实施"，从"浅绿"走向"深绿"，2022年城镇竣工绿色建筑面积1001.4万平方米，占竣工建筑总面积的98％。

七是强力推进江门双碳实验室建设，打造绿色低碳循环发展科技力量。高起点建设江门双碳实验室。抢抓"双碳"机遇，与香港科技大学合作共建江门双碳实验室，国家能源集团（氢能）低碳研究中心、航天科工深圳工业技术研究院、中创新航新能源电池产业双碳研究中心等近10家科研机构已进驻，获省科技厅批复支持创建"双碳"省实验室和1000万元中央引导资金支持。高标准引育创新人才团队。创新国际科技人才引进教育培养机制，建立起以长江学者齐晔教授、中科院百人计划专家徐明教授、碳捕集技术专家李佳副教授、柔性电力系统领域专家朱发国研究员、太阳能光伏领域专家颜河、颜畅教授等学术带头人领衔，100余名博士、博士后为骨干的核心科研人才队伍，打造国内外双碳合作交流平台和国家智库。加强科研攻关和成果转化。江门双碳实验室在国际知名学术期刊上发表高水平SCI论文7篇，"重点行业碳达峰、碳中和路径优化及应用研究"项目获得国家自然科学基金支持，二氧化碳农业大规模利用项目取得突破性进展。

八是夯实水利绿色发展基础，推动绿色生活方式。扎实推进中型灌区节水改造，配合农业部门做好中型灌区灌溉范围内高标准农田建设工作，按计划推进列入中央水利投资计划的4宗中型灌区节水改造工程建设，目前已完成2022年度建设任务。在全市范围江河湖内开展集中"清漂"专项行动，印发《江门市河湖清漂专项行动方案》，对河道日常保洁进行网格化精细管理，实现水面漂浮物动态清零。2022年以来共清理河道漂浮物6.1万吨，推动水环境持续向好。大力提倡节水环保的绿色生活理念，营造浓厚节水氛围，截至2022年底，共创建节水型居民小区69个，有力提升了居民的节约用水意识。

九是深入推进塑料污染治理，践行绿色新发展理念。开展生产、销售领域塑料制品质量专项检查，2021—2022年度共检查塑料制品生产、销售单位1214家，抽查塑料制品53批次，责令改正违法违规行为27起，立案查处产品质量违法案件9宗。组织辖区企业通过线上学习国家标准《限制商品过度包装要求食品和化妆品》，服务企业全面准确理解最新执行标准。从保健食品生产等重点源头，鼓励企业采购包装材料时选择符合环保低碳标准的材料，规范商品包装设计，保健品生产领域暂未发现过度包装的情况，在全市范围内开展月饼、茶叶、巧克力（巧克力制品）、酒、护肤品、唇膏等6种商品过度包装专项监督抽查和检查。2022年度共抽检35家销售主体，涉及65家生产企业的75批次商品，抽检结果合格率为100%。

十是加强公益宣传，倡导文明用餐，营造绿色环保氛围。积极运用广播电视和网络平台以新闻报道、政策宣讲、节目和新媒体宣传等形式开展绿色低碳循环发展宣传，如《江门新时空》《新闻共同睇》《侨都之声》等广播电视新闻节目累计播发选题绿色经济的稿件60多条次，江门邑网通APP和官方微信公众号共发布绿色低碳循环发展相关的稿件（短视频）共160多条次。2022年以来共开展文旅市场专项检查5次，出动检查人员806人次，检查文旅企业205家次，发现问题25处，并已在指定限期内全部完成整改。

十一是开展主题教育活动，努力提升工作实效。积极开展适合中小学生的绿色低碳循环发展教育活动，在"低碳环保、有你有我"2022年广东省青少年环保创意大赛获奖名单中，获奖成绩喜人。其中，获广东环保旅游地图设计大赛一等奖1个，二等奖6个，三等奖10个，最佳网络人气奖30个，优秀指导教师11个，优秀组织单位19个；获广东省青少年环保手抄报创意大赛二等奖4个，三等奖4个。全市中小学校开展"绿色学校"创建活动，2022年共创建了417所"广东省绿色学校"。大力倡导和开展校园节水行动，支持节水型高校创建活动，2022年五邑大学通过广东省节水型高校的复核验收。2022年全市已创建了447所"广东省绿色学校"，占全市学校81%，提前完成省下达70%以上中小学校创建成"广东省绿色学校"的工作任务。

2. 下一步重点工作

江门市深入贯彻习近平生态文明思想，加快创建国家生态文明建设示范市，扎扎实实搞生态、谋发展、添后劲，让江门侨乡成为展示绿美广东生态建设成就的重要窗口。

一是加快构建碳达峰碳中和"1+N"政策体系。印发《江门市碳达峰实施方案》，持续加强用能预算管理，坚决遏制"两高"项目盲目发展。严格节能审查，严格执行"两高"项目管理规定，加强对10亿以上重大项目窗口指导服务；加大推进存量项目的节能技术改造，推动企业淘汰落后产能，切实做好节能事中事后监管。

二是加快推进光伏项目建设。规范集中式光伏项目发展，加快编制《江门市可再生能源发展布局研究》《江门市2022—2025年光伏发展专项规划》。推进各县区的整县屋顶分布式光伏工作，联合相关部门加快推进产业园区分布式光伏项目建设。

三是加强绿色低碳领域科研攻关。在实施市级科技计划项目的基础上，积极推荐优秀项目申报省级、国家级科技计划项目，支持鼓励高校、科研机构、企业加大科技投入，围绕生态环境保护领域开展关键核心技术攻关，促进新技术、新装备在绿色低碳领域转化应用，加速科技成果转化为现实生产力。

四是加快农业绿色发展，重点抓好规模养殖场粪污处理设施装备提档升级、绿色食品、有机产品认证和管理、江门市名特优新农产品线上平台、农产品出村进城试点项目，耕地质量保护与提升，农机操作手技能培训、农机装备购置和农机作业地方补助机制，水稻机种水平提升，水产健康养殖和生态养殖示范区创建示范、养殖池塘升级改造年度任务面积，水域滩涂养殖证发证和统一规划、禁渔期执法行动，农村人居环境持续提升，农业与旅游、教育、文化、健康等产业深度融合、高标农田建设等工作。扎实推进农业农村生产资料、生产要素全链条、全要素减污降碳。助推全市绿色低碳循环发展的经济体系建立健全，确保实现碳达峰、碳中和目标，推动绿色发展迈上新台阶。

五是坚持高标准、严要求，高质量抓好中央生态环境保护督察整改。聚焦臭氧和细颗粒物协同控制，深入推进涉 VOCs 排放重点行业企业深度治理，强化工业锅炉和炉窑整治提升，严格管控移动源污染排放，精准应对污染天气。重点推进潭江分段治理，持续深化"四源共治"，突出强化控源截污，围绕"重点流域、重点时段、重点指标、重点工程"啃硬骨头，努力实现内涵式、可持续、高水平达标，深入推动水生态环境保护向水资源、水生态、水环境"三水统筹"转变。扎实开展近岸海域污染防治，强化陆海污染协同治理，打好珠江口邻近海域综合治理攻坚战。推进"无废城市"建设工作，提升城市固体废物全过程精细化管理水平。

六是持续深化生态环境领域体制机制改革，推动产业结构、能源结构、交通运输结构绿色低碳转型，积极探索具有地方特色的绿色发展模式。建立健全生态环境分区管控体系，加强"三线一单"成果应用。全方位多层次开展绿色低碳宣传教育，形成全社会共同推进绿色低碳生活生产方式的良好格局。

（十四）阳江市

阳江市深入贯彻落实习近平生态文明思想，完整、准确、全面贯彻新发展理念，以推进碳达峰碳中和为引领，坚持绿色生产、绿色技术、绿色生活、绿色制度一体推进，严格落实各项指标目标、扎实推进重点任务和重大项目，生态环境质量持续向好，绿色生产生活基本形成，推进全市经济绿色低碳健康高质量发展。

1. 工作进展及成效

一是生态环境质量迈上新台阶。2022年全市空气环境质量AQI达标率95.1%，完成省下达的年度目标任务；地表水国考断面水质及县级以上饮用水源100%达优良。2022年1—12月水环境质量指数变化（好）幅度，位列全国第8、全省第2。绿美阳江深入开展，获得"国家森林城市"称号，截至2022年底，全市森林蓄积量达3039.72万立方米，森林覆盖率57.62%，人均公园绿地面积超18平方米。

二是健全绿色低碳循环发展的生产体系。成立了以市委书记为组长的"双碳"工作领导小组及碳达峰碳中和工作专班及碳排放达峰核算工作组。编制《阳江市碳达峰实施方案》，目前正根据省发改委审核反馈意见修改完善，计划上半年报市碳达峰碳中和领导小组审定通过后印发实施。实施《广东（阳江）国际风电城规划》，加快广东（阳江）海上风电全产业链基地建设，高新区海上风电装备制造基地已有42个装备制造产业项目落户，其中14个项目已建成投产，海上风电运维母港和国家级海上风电质量监督检测检验中心、海上风电产业大数据中心等"一港四中心"陆续建成投入使用。推动传统产业数字化、智能化与绿色化融合发展，累计建成6个省级数字化标杆示范项目。完成全市16家企业自愿性清洁生产、24家企业强制性清洁生产任务。创建12家"阳江市节水型企业"，正在组织创建2家"省节水标杆企业"，创建企业数量排名全省第4位。

三是健全绿色低碳循环发展的流通体系。推进交通运输业绿色低碳发展，大宗货物"公转铁""公转水"及多式联运规模显著增长，高铁、航道、出运码头等绿色出行体系初步形成。加快推进"绿色港口"建设，2021年度阳江港岸电建设完成率100％，2022年完成建设阳江港5家港口岸电。绿色物流稳步发展，全市邮政、快递企业包装材料比例和按照规范封装操作比例均达95％，设置包装废弃物回收装置共327个，回收复用瓦楞纸箱数量129.02万个，可循环快递箱（盒）数量投入使用约2万，租赁新能源汽车97台。绿色贸易加快发展，2022年广东阳东经济开发区获批跨境电子商务综合试验区综试区，大力发展先进制造业、生产性服务业和科技服务业。积极应对国际绿色贸易壁垒，在培育江城银岭和奕垌产业转移园的基础上，谋划创建绿色出口加工产业区。

四是绿色低碳生活方式加快行形成。编制《阳江市餐饮行业文明诚信服务行动实施方案（2020—2022年）》，深入开展"光盘行动"。深入整治过度包装，检查企业425家次，对1家企业依法提出整改要求。持续推进市区生活垃圾分类，深入开展江河湖海塑料垃圾清漂行动。开展第34个全国爱卫月活动，综合整治170次，清理垃圾3341吨。开展绿色生活创建，截至2022年底，累计创建省"绿色学校"228所，创建绿色社区34个，创建节约型机关282家。加强成品油监管，全面推广使用国ⅥB汽油，2022年全市共查获非法经营成品油82.28吨，打掉"黑油点"68个，同时报废柴油货车3494辆。

五是加快基础设施绿色升级。编制《阳江市"十四五"能源发展规划》，大力打造国家清洁能源基地，核、火、水、风、光、汽等多能齐发，规划2030年建成电力能源装机容量3600万千瓦，积极谋划推进储能、制氢装备产业项目规划建设。2021年以来新增可再生能源装机容量460万千瓦,2022年可再生能源发电113.1亿度。加快海上风电和清洁煤电等电力送出线路建设,大力推动输电主网建设和升级。加快推进天然气综合利用,省天然气主干管道(阳江段)已全面建成投产,江城区天然气"县县通"接驳工程已建成投运,其他县(市、区)的"县县通"接驳工程加快推进中,计划2023年年底全面建成贯通;高新区LNG调峰储气库工程整体完成61.75%,高新区和阳西县天然气热电联产项目正在加快建设;城镇天然气管道建设已通达四个省级园区。编制十四五节能减排实施方案,明确各县(市、区)"十四五"能耗强度下降目标任务,确保完成省下达"十四五"能耗强度下降15.5%的目标,拟呈报市政府审定后实施。2022年完成了全市111家重点用能单位节能监察,对存在问题的企业提出整改意见。2022年能源消费总量902.34万吨标准煤,单位GDP能耗0.6122吨标准煤/万元,同比2021年上升2.8%,但两年累计下降10.26%。充电基础建设和新能源汽车推广加快推进,建成集中式充电站(点)222个,公共充电桩1310支。2022年登记注册新能源汽车6447辆,与2021年同比增长超过100%。

六是统筹推进低碳城乡宜居新格局建设。编制《阳江市关于推动城乡建设绿色发展的实施方案》《阳江市绿色建筑创建行动实施方案》,共完成绿色建筑设计审查项目86个,新开工绿色建筑面积300.61万平方米,同比增长16.5%。深入推进农村"厕所革命",截至2022年底,全市农村户厕摸排总数357613户,拥有卫生厕所的农户数量351644户,农村卫生厕所普及率98.33%。开展秸秆综合利用,2022年全市秸秆可收集量68.45万吨,其中直接还田量50.75万吨,离田利用总量12.55万吨,秸秆综合利用率92.47%。出台实施阳江市三线一单方案,正在编制阳江市无废城市实施方案和阳江市国土空间规划,规划构建"一屏一湾多廊道"的生态空间格局,协同保护区域国土空间生态安全。大力推进绿美阳江建设,2022年完成高质量水源林建设5.4万亩,沿海防护林基干带建设0.25万亩;2019年以来完成红树林修复3.74公顷,正在开展红树林81.7公顷修复整治；清理占用海陵湾海域的非法渔业设施及捕捞设施164.36公顷。近年相继完成矿山复绿面积65公顷，超额完成省下达矿山复绿指标31.06公顷。完成高标准农田建设任务7万亩共19个项目，占省下达任务进度95％。

七是努力推动绿色技术创新。2020以来投入资金500万元，共支持污染防治、节能环保、降低能耗项目等17项项目立项开展研发。出台了《阳江市关于进一步促进科技创新的实施意见》及一系列政策及配套细则，在污染防治、绿色环保等领域成立省级工程技术研究中心1家，市级工程技术研究中心6家，广东省实验室1家，市级重点实验室2家。启动高端合金材料中试线等29个项课题研究，其中"海上风电安全保障标准、体系及装备"项目已获立项并签订合同，为阳江市获批的最大省级科技项目。

八是完善相关法规保障政策。深化检察公益诉讼服务，积极推进古树名木保护管理法治化建设，开展省、市、县三级联合办案，加强对世界珍稀、濒危猪血木的保护力度，并制定了长效综合保护方案。充分发挥区域检察公益诉讼协作机制作用，协同推进漠阳江流域生态环境保护。加强环境保护立法，推动出台了《阳江市水产养殖尾水污染防治规定》《阳江市扬尘污染防治条例》、《阳江市农村生活垃圾管理条例》等生态保护法律法规。加快推动绿色金融发展，创新"银团贷款+融资租赁""金融资本+社会资本+产业投资"等金融模式，截至2022年底，阳江辖内绿色信贷余额合计424.58亿元。

2. 下一步重点工作

阳江市将深入学习贯彻党的二十大精神，践行习近平生态文明思想，坚持绿水青山就是金山银山的理念，加快绿美阳江生态建设，不断推动阳江市生态文明建设各项工作落到实处、取得实效，以新担当新作为开创阳江生态文明建设新局面。

一是稳步推进碳达峰。加快印发实施碳达峰方案，系统推进碳达峰"十大行动"。继续开展阳江市区县及温室气体排放清单编制，组织应对气候变化能力培训。研究制定阳江碳普惠制方案，出台相关制度标准和方法学体系，搭建碳普惠信息系统平台，推动社会广泛参与。

二是推进工业绿色低碳发展。有序淘汰落后和过剩产能，严格审核控制新上"两高"项目，实施清单管理、动态监控，坚决遏制"两高"项目盲目发展。深入开展节能监察、节能诊断。推动重点用能企业节能降碳改造，深入开展清洁生产、节水型企业建设，提升企业减污降碳协同增效水平。

三是加快构建清洁低碳安全高效能源体系。全力建设国际风电城，大力发展海上风电，多元发展其他清洁能源，开展电网升级改造和外输通道建设。加快天然气"县县通"、天然气热电联产及调峰储气库等天然气综合利用项目建设。继续推广新能源汽车，进一步推进建设电动汽车充电站（桩）及港口岸电、海上船舶天然气加注站以及加氢站建设。

四是统筹推进绿美阳江建设。巩固国家森林城市成果，优化重要生态区域低效林的林分结构，提升森林生态效益。推动农业绿色水平，推进畜禽粪污资源化利用，继续推动秸秆综合利用。高标准规划建设阳江碧道，做好河湖清漂、"清四乱"等常态化管理，推进水污染防治保护。

五是加快构建绿色生活体系。持续推进绿色建筑、绿色校园、绿色机关创建，推动生活垃圾分类，推动装配式建筑发展。加大塑料污染防治，加快快递包装绿色升级。做好废弃汽车整治，推进无废城市创建。

六是完善各项政策保障。健全绿色金融相关政策，持续开展生态环境保护相关地方法规立法工作，提升审理环境资源案件的司法能力。

（十五）湛江市

湛江市坚持以习近平新时代中国特色社会主义思想为指导，深入学习贯彻习近平总书记对广东系列重要讲话和重要指示批示精神，认真贯彻党的二十大精神，落实省委、省政府关于碳达峰、碳中和工作部署，稳步有序推进碳达峰、碳中和各项工作，绿色低碳发展取得积极进展。

1. 工作进展及成效

一是工作谋划部署不断加快。市委、市政府始终准确把握习近平生态文明思想的深刻内涵，认真学习习近平总书记关于生态文明建设和碳达峰、碳中和工作重要论述精神，研究部署碳达峰、碳中和有关工作。2022年2月8日，市委十二届第8次常委会（扩大）会议传达学习中央政治局第36次集体学习的重要讲话精神，研究部署碳达峰碳中和工作，要求坚持系统观念，通盘谋划、稳中求进，加快推进碳达峰、碳中和工作。市委、市政府领导同志多次批示指示做好碳达峰碳中和工作。

二是双碳工作机制逐步健全。成立了全市双碳工作领导小组，2022年3月，市委、市政府成立市碳达峰碳中和工作领导小组，由市委书记兼任组长，市委副书记、市长兼任常务副组长，双碳工作相关职能单位主要领导担任成员，统筹推进全市碳达峰碳中和工作。成立了市碳达峰碳中和工作专班，市发展改革局、科技局、工业和信息化局、自然资源局、生态环境局、住房城乡建设局、交通运输局、农业农村局和统计局等抽调人员组成专班工作人员。专班办公室设在市发展改革局，承担市专班的日常工作，定期召开工作专班会议，通报工作进展情况，集中研究工作中遇到的重大难点问题。印发出台了《湛江市碳达峰碳中和近期工作指导意见》（湛发改资〔2021〕542号）和《湛江市碳达峰碳中和重点任务分工方案》（湛发改资〔2021〕914号），明确了具体工作任务和责任单位。全面开展碳排放有关的数据指标统计汇总工作，梳理全市在建拟建的所有年能耗1万吨标煤以上的重大项目产能和能耗情况，组织全市系统学习省碳达峰排放核算指南（试行）和各重点领域碳达峰研究思路等，共同推进全市碳达峰碳中和工作。成立市碳排放统计核算工作组，由市发展改革局、市统计局分管领导担任组长，双碳工作相关职能部门和行业协会科室负责人担任组员，负责组织协调全市及各行业碳排放统计核算工作。组织开展培训教育，在暨南大学举办1期市领导干部碳达峰碳中和专题培训班，组织约50名各县（市、区）政府、市直有关单位和市属国有企业的副处级以上领导参加。组织各县（市、区）及市直有关单位140余人参加省碳达峰碳中和专题培训（第一期），丰富了领导干部碳达峰碳中和知识储备。

三是双碳政策体系初步形成。按照中央、省文件要求，自我加码，对标广州、深圳两大先进城市，建立完善"1＋1＋N"（实施意见＋实施方案＋分领域方案）政策体系，研究制订《中共湛江市委湛江市人民政府关于完整准确全面贯彻新发展理念推进碳达峰碳中和工作实施意见》和《湛江市碳达峰实施方案》，提出碳达峰碳中和的顶层设计，明确基本原则、工作方向和主要任务，依照国家、省要求和本地区实际，科学设定"2030年前碳达峰"目标。强化多领域协同作战，建立发展改革部门牵头、多部门共同参与的工作协调机制，研究制定能源、工业、建筑（城乡建设）、交通运输、农业农村等重点领域碳达峰实施方案，以及加快建立健全绿色低碳循环发展经济体系、碳达峰碳中和关键技术研究与示范重点专项等11项重点保障方案，落实投资、财税、价格、信用、贸易、土地、政府采购领域配套政策措施。目前，已印发出台《湛江市发展绿色金融支持碳达峰行动实施方案》（湛府办函〔2023〕9号），能源、建筑领域碳达峰实施方案、森林与海洋生态系统碳汇能力巩固提升实施方案、支持和推动重点国有企业碳达峰工作方案等文件已完成初稿，其他领域方案及配套政策措施正在制定中。

四是经济社会绿色转型加快推进。印发出台了《湛江市国民经济和社会发展第十四个五年规划和2035年远景目标纲要》（湛府〔2021〕36号），将碳达峰碳中和纳入经济社发展全局。强化国土空间规划支撑保障，基本完成湛江市及县（市、区）国土空间规划编制工作。加快形成绿色生产方式，大力推行清洁生产，加强资源综合利用，重点围绕钢铁、造纸、石化等重点行业，着力推动产品全生命周期和生产制造全过程的绿色化，积极构建绿色制造体系。2022年完成36家清洁生产审核验收，圆满完成省下达年度目标任务，完成率103%。全市累计推动9家园区开展循环化改造，其中，湛江经济技术开发区获认定为国家级循环化改造示范园区，另有8个园区获认定为省级循环化改造示范园区。创建国家级绿色工业园区1家、绿色工厂4家、绿色供应链管理企业1家。大力推行绿色生活创建，推动落实绿色建筑、绿色社区、绿色学校、绿色商场、绿色出行等生活方式，利用全国低碳日、节能宣传周等积极开展绿色低碳宣传教育，形成全社会参与的良好格局。全市70%以上县级及以上党政机关完成节约型机关创建，78.9%的城乡家庭初步达到绿色家庭创建要求，创建"广东省绿色学校"完成率达到90.7%，创建绿色社区完成率达到41.1%，50%的大型商场初步达到创建绿色商场要求，全市按照绿色建筑标准设计建设的新开工民用建筑占比约95.84%。

五是能源清洁低碳水平不断提升。大力发展新能源，印发《湛江市风电、光伏项目发展指导意见》（湛发改能〔2021〕903号），推动海上风电及陆上风电实现跨越式发展，助力打造粤西千万千瓦级海上风电基地。已建成四个海上风电项目，总装机容量约120万千瓦。已建成陆上风电项目共27个，规模达140万千瓦。积极发展光伏发电，已投产项目37个，装机规模132万千瓦，其中陆上风电、光伏发电并网规模在全省各地级市排名第一。积极安全有序发展核电，2022年9月，广东廉江核电一期工程项目已取得国家核准批复同意，2022年完成投资37.9亿元，完成年初计划投资的223%。严格合理控制煤炭消费增长，全面淘汰县级以上城市建成区的10t/h及以下燃煤锅炉，2022年共办理34台高污染锅炉停用、报废、注销手续。加大天然气项目建设力度，积极推动乌石油田群开发项目建设，推进琼粤天然气管道项目和粤西天然气主干管网湛江—乌石—徐闻项目前期工作。

六是重点领域碳达峰工作持续加强。组织钢铁、石化、水泥、造纸等工业领域重点碳排放企业制定企业的碳达峰行动方案，目前中海油湛江分公司、广东冠豪纸业公司等5家已初步制定企业碳达峰行动方案。推动钢铁、石化、造纸、水泥等重点行业开展节能降碳技术改造，以能效达到国内先进水平为目标，制定节能技术改造计划。推进低碳交通运输体系建设，加快推进大宗货物公转铁、公转水，多式联运、水水中转、集装箱铁水联运发展，累计开通海铁联运专列29条。积极推进公交车新能源应用，全市新能源公交车1026辆，占比88.52%，市区新能源电动车841辆，占比92.9%。积极推进港口船舶岸电设施的建设和使用，全市101个泊位，累计已建成岸电设施44套，覆盖41个泊位。稳步推广绿色建设，全面执行《广东省绿色建筑条例》，印发出台《湛江市绿色建筑创建行动实施方案》（湛建信〔2022〕9号）。2022年城镇新建民用建筑中的绿色建筑比重为92%，一星级以上的高星级绿色建筑稳步增加。推行绿色施工，实施施工工地扬尘常态化整治监督，持续督促建筑工地不得使用冒黑烟、未编码登记的非道路移动机械。大力发展装配式建筑，全市已完成装配式建筑项目总面积共计10.2万平方米。发展绿色低碳循环农业，实施化肥农药减量增效行动，2022年化肥使用量同比减少2.1%，农药使用量同比减少0.52%，实现化肥农药连续7年减量。加强农作物秸秆和畜禽粪污综合利用，2022年秸秆综合利用率91.6%，大型规模场粪污处理设施装备配套率达100%。

七是生态系统碳汇能力稳步提升。推进植树造林和生态修复，2022年度共完成造林20485亩，完成新造林抚育26157亩，实施红树林生态修复1118.8亩。开展碳汇资源调查和监测，初步完成全市碳汇资源调查工作，测算全市森林净碳汇量为25.74万吨/年，海洋净碳汇量约为65.70万吨/年，成为全国四个海洋碳汇监测试点城市之一。探索碳汇开发交易，印发出台《湛江市森林、海洋和渔业碳汇项目开发交易工作指导意见（试行）》（湛环〔2022〕136号），积极推动开发红树林、盐沼、渔业等海洋碳汇相关碳普惠项目，探寻海洋碳汇自愿减排项目进入碳市场交易的机会和方式。研究红树林碳汇碳普惠方法学，提前谋划海洋碳汇核算试点项目，以红树林为重点，编制《红树林碳汇碳普惠方法学》，填补我省在该领域的空白，贡献"湛江"力量。

八是政策措施保障逐步强化。落实有关税收优惠政策，累计对符合条件的利用风电生产电力产品、从事环境保护节能节水、购置新能源汽车等纳税人等共减免增值税、企业所得税、环境保护税、车辆购置税4.41亿元。推动绿色金融快速发展，完善绿色金融政策措施，印发出台全国首份金融支持红树林生态保护文件《关于金融支持湛江建设"红树林之城"的指导意见》（湛银发〔2022〕31号）。推动绿色信贷增长，截至2022年底，绿色信贷余额305.3亿元，同比增长71.21%。气象助力监测，积极推进温室气体监测评估系统建设，测算温室气体排放及吸收汇动态变化。争取利用省气象局建立的碳源碳汇评估系统，开展湛江区域以及相关海域评估。加大财政资金投入，省市财政在循环经济、打好污染防治攻坚战、固体废弃物与化学品处理、农村污水治理等方面累计安排了各级专项资金110280.59万元。

2. 下一步重点工作

湛江市将深入贯彻落实习近平生态文明思想，认真落实国家和省关于生态文明建设工作要求，牢固树立"绿水青山就是金山银山""良好生态环境是最普惠的民生福祉"理念，全面夯实生态文明建设政治责任，持续推进生态优先、节约集约、绿色低碳发展。

一是建立健全"1+1+N"政策体系。加快印发出台碳达峰碳中和实施意见和碳达峰实施方案，压实责任、狠抓落实。推动能源、工业、交通、城乡建设、农业农村等领域实施方案、保障方案和配套政策落地实施。

二是加快产业结构转型升级。坚持制造业当家，强化产业规划布局同碳达峰、碳中和战略的衔接，加快打造绿色钢铁、绿色石化、绿色能源三大战略性支柱产业，积极发展高端装备制造、新能源汽车、新材料、新型储能、海洋生物医药等产业，大力推进"粤西数谷"建设。推动农海产品加工、家电、造纸、羽绒纺织等传统产业高端化、智能化、绿色化发展。坚决遏制"两高"项目盲目发展，推动钢铁、石化、造纸、水泥等重点行业开展节能降碳技术改造。逐步实现能耗"双控"向碳排放总量和强度"双控"转变，做好全市碳排放总量核算工作。

三是构建清洁低碳安全高效能源体系。严格控制煤炭消费，合理抑制油品消费增长。大力发展非化石能源，加速海上风电规模化开发进程，助力打造粤西千万千瓦级海上风电基地，全面推进光伏发电、陆上风电项目开发和高质量发展，推动广东廉江核电一期项目主体工程加快建设。

四是推进重点领域节能减排。抓住工业重点行业和关键环节，加快绿色低碳转型和高质量发展，不断提升钢铁、造纸、石化等行业整体能效水平。将绿色低碳要求贯穿城乡规划建设管理各环节，加快推进城乡建设绿色低碳发展。加快推进低碳交通运输体系建设，优化交通运输结构，推广节能低碳交通工具，完善基础设施网络。加快提升农业生产效率和能效水平，提高农业减排固碳能力。

五是巩固提升多元碳汇能力。充分利用湛江作为海洋大市，碳汇资源丰富的优势，科学扩大红树林生态系统空间，严格保护红树林、海草床、盐沼、珊瑚礁等海洋碳汇生态系统。加快推进海洋碳汇核算方法学和碳预算试点研究，力争开发出省级官方认可的红树林碳汇碳普惠方法学，形成首个红树林碳汇核算省级"湛江标准"，推动红树林碳汇纳入省碳普惠交易市场。

六是加强宣传教育引导。全面提升城市绿色低碳品质，积极创建红树林之城，提高公共基础设施及环境建设品质。加强生态文明宣传教育，倡导简约适度、绿色低碳、文明健康的价值观和消费观，加强绿色生活方式宣传。营造节约低碳生活新风尚，开展绿色生产生活示范创建行动。

（十六）茂名市

茂名市认真贯彻落实党中央、国务院关于生态文明建设、碳达峰碳中和的决策部署以及省委、省政府有关部署要求，将碳达峰碳中和工作摆在重要位置，整体谋划部署，全面系统推进，促进经济社会发展全面绿色转型并取得良好成效。

1. 工作进展及成效

一是坚持重点整治，生态环境质量持续改善。2022年茂名市AQI达标率97.3%，超额完成省下达的目标，排名全省第二，全面完成省下达的约束性指标（AQI、PM2.5）考核任务。深化工业污染源治理。2022年完成喷涂等行业企业低VOCs原辅料替代及全市84家在产工业炉窑企业现场监测，深度治理省级重点监管涉VOCs企业48家。深化移动污染源治理。全面加大联合路查路检力度，设立路检路查点7个，2022年共检查机动车800余辆；已完成70家重点监管用车大户入户检查工作。深化大气面源污染治理。2022年累计抽查工地2875次、工程2428个，责改扬尘防控不彻底工地523个、未安装油烟净化器店铺22家；开展禁燃宣传196场次、发放资料1300份、网格化巡查1000多人次，全覆盖检查全市12家烟花爆竹批发企业、1537家零售经营单位，查处案件59宗、拘留34人、罚款26人。2022年茂名市16个地表水国、省考断面优良比例86.7%，水质改善幅度排名全国第9、全省第3，县级以上集中式饮用水水源水质达标率保持100%，近岸海域水质优良面积比例99.4%，完成省考核任务。江河治理向支流河涌延伸。2022年考核断面增至51个、小东江"河长制"监测断面增至58个。黑臭水体治理向县域拓展。完成县级市建成区黑臭水体排查及县级城市黑臭水体消除比例达到40%的目标任务，2022年各级河湖长巡查黑臭水体917次。污水处理基础设施向区域城乡均衡覆盖。截至2022年底，全市累计建成污水处理设施101座，处理能力达到66.28万立方米/日，建成城镇污水管网约为2204公里（县级以上1528公里、镇级676公里），其中2022年新增城镇污水管网约660公里，改造老旧管网77公里，实现建制镇生活污水处理设施全覆盖。2022年城市生活污水集中收集率平均值为48.17%，较中央环保督察通报值提高了约13.6个百分点。海域综合治理向陆海统筹攻坚迈进。截至2022

年底，完成博贺湾整治工程及水东湾水质达标攻坚科技支撑能力建设工程污染源摸底调查，水东湾近岸海域环境综合整治项目进度93％，清理退出养殖面积37808亩、完成尾水处理设施建设37084亩、自然净化13000多亩，整治入海排污口275个、入河排污口379个；开展近岸海域巡查执法70次，立案调查4宗、罚款4.3万元。2022年全市受污染耕地安全措施到位率100％，受污染耕地安全利用率100％、重点建设用地安全利用率100％，地下水环境区域点位V类比例不高于25％，地下水饮用水源地达到或高于Ⅲ类比例达到100％。推进受污染土地安全利用。开展涉镉等重金属重点行业企业排查整治及大坡镇上良坑村历史遗留地块土壤污染调查；启动地下水考核点位达标保持技术方案编制。2022年累计完成了72个地块土壤污染状况调查报告评审，完成了3个危险废物处置场、4个垃圾填埋场、2个化工园区的地下水污染调查评估，不定期开展地下水管控指标监督检查，严格取水许可管理。推进"无废城市"建设落实落地。印发信宜市"无废城市"建设试点工作方案；大力推进茂南区、化州市飞灰填埋场和高州市厨余垃圾处理设施项目建设；全力推进茂南石化工业区工业废弃物无害化处置建设项目、信宜市水口产业聚集区资源综合利用项目建设。提升全市绿能环保发电项目运营管理水平；依托广东省固体废物环境监管平台、"医废通"APP，实现对危险废物、医疗废物全过程监控。截至2022年底，全市生活垃圾处理能力5500吨/日、城市生活垃圾无害化处理率100％、市区生活垃圾资源化利用率80％以上。

二是发展绿色产业，打造绿色园区。积极推动石化产业绿色化转型，茂名市加快滨海新区绿色化工和氢能产业园建设，总投资1000亿元的茂名烷烃资源综合利用项目已于2020年3月正式开工建设，项目一期（Ⅰ）已建成试产，计划近期正式投产。项目的实施开启从传统石油化工向绿色化工和氢能产业转型发展新征程，茂名以此项目为引领，大力培育化工新材料、氢能源等新兴产业集群，为广东沿海经济带发展提供新动能。积极支持茂名石化公司加快炼油向化工转型、化工向高端发展，提升乙烯、聚烯烃、芳烃、环氧乙烷等生产能力。全力推动炼油转型升级及乙烯提质改造项目建设，该项目是茂名石化公司在高端化学品和新材料领域方面迈出的重要一步，将对茂名石化炼油产业结构调整和实现老工业基地转型升级起到重要带动作用。培育新能源战略性新兴产业，印发《茂名市培育新能源战略性新兴产业集群行动计划（2021—2025年）》，编制《茂名市清洁能源开发建议》，摸清茂名市清洁能源资源情况、做好清洁能源发展规划，积极谋划推进光伏、风电、核电、抽水蓄能等清洁能源开发建设；加大氢能源供应，高新区西南加氢站已建成并具备运营条件，推动氢能产业发展。深化重点行业绿色化改造，组织绿色工厂、绿色制造申报，高新区广东奥克化学有限公司已被纳入省工信厅公布的绿色工厂名单，大亚木业（茂名）有限公司、茂名华粤华源气体有限公司正在推荐申报中。为推动制造业转型升级，深入贯彻实施新一轮技术改造政策，对企业开展数字化、网络化、智能化和绿色化技术改造给予重点支持。2022年组织开展了1场政策宣贯，引导全市150家工业企业开展技术改造。开展园区循环化改造，积极推动产业园区绿色升级，在全市范围内持续开展工业园区循环化改造，促进园区产业链延伸，实现土地集约利用、资源能源高效利用及废弃物资源化利用，打造绿色园区。目前，5家省级以上园区已开展循环化改造（其中茂名园、电白园、高州园已通过省级验收，化州园、信宜园已列入省试点名单，正在积极准备验收有关工作），另外1家茂南产业转移工业园已提交园区循环化改造实施方案，正在开展相关改造工作。

三是实施能耗"双控"，全面促进资源节约循环利用。完成省下达能耗"双控"目标，2021年能源消费总量1748.81万吨标准煤，比2020年增加37.5万吨标准煤，增长2.2%，但相比年度新增用能控制在80万吨标准煤目标低42.5万吨标准煤。2022年能源消费总量1619.34万吨标准煤，比2021年下降129.47万吨标准煤，下降7.4%。2021年单位GDP能耗下降5.0%，2022年单位GDP能耗下降7.9%，超额完成省下达年均下降2.98%目标任务。扎实推进城市生活垃圾分类工作，贯彻落实《茂名市生活垃圾分类管理条例》，制定各年度城市生活垃圾分类工作要点，明确年度工作计划，推进各项工作任务落到实处。加大生活垃圾分类投放收集点升级改造力度，2022年新增完成217个投放收集点的升级改造，完成2022年垃圾分类阶段性目标任务；累计开展主题活动70多场次，组织开展志愿服务活动3000多场，累计发动志愿者80000多人次。支持大型再生资源回收企业发展，深入再生资源回收企业调研指导，要求再生资源回收企业树立绿色发展理念，鼓励有条件的企业积极探索推行再生资源"互联网+回收"信息平台，通过线上预约、上门回收等方式开展再生资源回收业务。以天保再生资源发展有限公司为例，其已发展成为粤西一家规模较大、具有完善的回收、拆解和处理技术规范的企业。具备报废机动车、废旧电视机、电脑和废旧洗衣机、空调机拆解线，2022年技改扩能后年处理拆解能力达到200万台。

四是构建市场导向的绿色技术创新体系。强化企业在绿色低碳技术创新的主体地位，在创新平台建设、科技项目研发、科技成果推广应用等以企业实施为主，在下达的广东省科技专项资金项目中，绿色低碳技术创新项目企业作为承担单位的项目占据大半。加强绿色低碳创新平台建设，以平台为载体开展科技创新和成果推广示范，推动绿色产业生产技术提升和发展。聚焦优势主导及战略性新兴产业，谋划建设茂名绿色化工研究院等一批战略性新兴产业科技创新平台。构建支撑绿色化工产业发展的实验室体系，依托岭南现代农业科学与技术广东省实验室茂名分中心，重点围绕现代农业与食品等领域开展基础研究与应用基础研究，加快打造原始创新的策源地。组织开展省级工程技术研究中心认定，2021年已认定5家省级工程技术研究中心，2022年认定2家。加强绿色技术创新成果转化，为推广水污染防治技术科技成果，印发《关于推广茂名市水污染防治及节水技术的通知》，为创建节水型城市，促进先进水污染防治、节水技术成果推广应用，编制《茂名市水污染防治、节水技术指导目录》，并发布推广。

五是加大自然生态系统保护修复力度。扎实开展植树造林，增强林业生态固碳能力，大力推进高质量水源林造林和抚育任务建设，积极推广良种壮苗和乡土树种使用，营造多树种复层混交林，促进林木生长，2021年以来，全市已完成造林与生态修复面积约20.05万亩，其中完成高质量水源林造林5.49万亩；完成森林抚育30.08万亩。开展沿海防护林体系建设，2021年以来，已完成沿海防护林体系建设工程4.32万亩。进一步加强红树林生态保护修复，2021年以来，已完成红树林营造18.037公顷、完成红树林修复任务4.19公顷。实施茂名水东湾新城海岸带综合示范区项目，开展海洋近岸生态修复和环境改善，修复沙滩，形成协调的滨海旅游休闲景观。实施博贺湾整治工程，提升博贺湾海堤生态防护能力和生态景观价值，美化海岸生态环境，恢复海洋生态系统功能。扎实推进自然保护地体系建设，2021年以来，自然保护地范围边界矢量化数据制作工作量完成61%，自然保护区科学考察工作量71%；深入整治自然保护地违法违规活动，2022年已对广东省智慧林长平台下发的49个问题点位完成整改，完成率100%；已设立自然保护地专职或综合管理机构14个，管理自然保护地86个，确保辖区内每个自然保护地都有明确的管理机构和工作人员进行管理。

六是深化生态文明体制改革，完善生态文明体制机制。强化政策规划引领，2022年出台《茂名市关于落实〈广东省生态文明建设"十四五"规划〉主要目标和工作任务分工方案》，以确保省生态文明建设"十四五"规划中规定的目标指标和各项任务全面完成。印发"十四五"生态环境保护规划和水、土壤、海洋生态环保专项规划，开展"三线一单"生态环境分区管控成果更新调整工作，完成国土空间规划主报告初稿编制，《茂名市国土空间总体规划（2020—2035年）》获省政府批复通过。制订了环境保护责任考核办法、污染防治攻坚"一图一表一方案"和《茂名市生态环境保护责任清单》，明确各地各部门生态环境保护和污染防治攻坚战职责，每年对各地开展考核。修订《茂名市城市市容和环境卫生管理条例》和《茂名市畜禽养殖污染防治条例》两项地方性法规；编制生态环境损害赔偿案件磋商工作程序；推进《茂名市生态保护区财政补偿转移支付办法》修订完善；印发《茂名市生态环境部门公安机关行政执法与刑事司法衔接工作机制》和《生态环境保护执法与监督协作机制》，健全部门间生态环境领域监督执法工作协调机制。截至2022年底，共提起启动生态环境损害赔偿案件10宗，已办结4宗，案件办理数量全省排名第10，以上案件赔偿义务人已赔付或者开展修复的总金额共计34.805万元。

七是加快培育绿色低碳生活方式。加强塑料污染治理，继续贯彻落实《广东省塑料污染治理行动方案（2022—2025年）》，部署禁止、限制部分塑料制品的生产、销售和使用，从源头促进资源减量，扎实推进塑料污染治理。加强塑料制品生产企业监管，推动商务领域塑料使用减量，加强对餐饮、宾馆酒店等场所的监督检查。按照《邮件快件包装基本要求》和《邮件快件绿色包装规范》，推行简约包装，避免过度包装和随意包装，强化快递包装绿色化。深入开展绿色生活创建行动，全力推进公共机构节约型机关创建行动。2021年全市共完成116家节约型机关创建，2022年全市共超过230家县级及以上党政机关达到节约型机关创建要求，占比超70%。有计划、有步骤加快创建一批"绿色学校"，截至2022年底，全市70%以上的大中小学达到广东省"绿色学校"创建规划要求。开展"绿色生活·最美家庭"主题实践活动，将绿色家庭创建与寻找"最美家庭"融入结合，注重选树一批践行简约适度、绿色低碳生活方式的绿色家庭典型，截至2022年底，全市227.8633万户家庭，有138.2311万户初步达到创建要求，绿色家庭创建达标率为60.66%。大力提升公共交通服务品质和培育绿色出行文化，开展"文明交通、绿色出行"主题宣传活动，倡导市民绿色出行，加快新能源汽车推广应用，强化充电基础设施建设，加大新能源公交车投入，截至2022年底，全市公交车共1196辆，新能源公交车共672辆，另全市新增或更新的公交车、巡游出租车已全部使用新能源车辆。深入开展"绿色建筑"创建行动，印发《茂名市绿色建筑创建行动实施方案（2021—2023）》，2022年全市新增绿色建筑面积约为701.25

万平方米，城镇新增民用建筑中绿色建筑占比达96.98%，超额完成省下达的65%的任务目标。深入开展爱国卫生运动，市卫生健康部门每年积极发动群众开展冬春季爱国卫生专项行动、薄弱环节环境卫生整治行动等专项行动，倡导人民群众绿色环保、文明健康的生活方式，推动爱国卫生运动从环境卫生治理向健康管理转变。2022年全市约开展环境卫生综合整治42408次，清理垃圾844096.8吨，清除卫生死角122796处，开展灭蚊消杀385300.41万平方米。

2. 下一步重点工作

茂名市江坚持以习近平新时代中国特色社会主义思想为指导，全面贯彻落实党的十九大、二十大精神，深入贯彻习近平总书记对广东重要讲话和重要指示批示精神，统筹推进"五位一体"总体布局，践行绿水青山就是金山银山理念，水净土的优美生态环境，培育绿色低碳、文明健康的生活方式，构筑"绿色茂名、低碳茂名、美丽茂名"新名片，为建设产业实力雄厚的现代化滨海城市、打造沿海经济带上的新增长极提供重要支撑。

一是进一步提升污染防治攻坚能力。持续深入打好蓝天、碧水、净土保卫战，坚持精准、科学、依法治污思路，制定实施年度水、大气、土壤污染防治攻坚方案，加快完成第二轮中央环保督察反馈问题整改。加强挥发性有机物、工业窑炉污染治理，严控工地扬尘和露天焚烧，守护好"茂名蓝"。聚焦重点流域，整治入河、入海排污口，确保国考、省考断面稳定达标。强化固废危废安全处置，加强农业面源污染治理和养殖污染废弃物综合利用。

二是积极争取上级财政资金支持。加强与省相关部门沟通联系，积极争取地方政府专项债券资金，申报污染治理和节能减碳专项中央预算内投资，争取上级生态环境领域专项资金，同时引导涉农统筹资金加大对农村生活污水治理投入力度。督促加快上级专项资金分配下达时效，指导项目单位资金使用，切实加快项目进度，保障环保项目投入力度，提高资金使用效率。

三是加强绿色低碳循环发展科技创新建设。继续支持开展绿色低碳项目技术创新，通过引进创新成果进行推广，为提高资源利用效率提供强大动力。支持大学科技园、茂名实验室和茂名绿色化工研究院等建设，支持省重点实验室创建，鼓励有条件的实验室申报国家级创新平台，不断完善创新平台体系。引导企业与高校、科研院所开展多形式产学研合作，围绕清洁能源、污染防治与修复、新能源汽车等重点领域关键技术开展合作攻关与成果转化，吸引人才和创新团队进驻。

（十七）肇庆市

肇庆市认真践行习近平生态文明思想，持续深入打好三大污染防治攻坚战，以碳达峰碳中和为契机推动绿色转型发展，建立健全绿色低碳循环发展经济体系，成功获得国家生态文明建设示范市荣誉称号并持续巩固提升创建成果，努力建设大湾区西部更牢固的生态屏障。

1. 工作进展及成效

1.1 经济结构绿色转型步伐加快

一是积极稳妥推进碳达峰碳中和。加强组织领导。成立由市委主要领导任组长的市碳达峰碳中和工作领导小组，制定《肇庆市碳达峰碳中和工作方案》和《碳达峰碳中和工作专班组成安排》。加快编制碳达峰实施方案。市碳达峰实施方案已完成三次征求意见工作，能源、工业、城乡建设、交通运输、农业农村等重点领域方案均已由相关部门组织编制。开展低碳试点建设。选定鼎湖区沙浦镇黄布沙村作为首个近零碳示范区试点单位，每年碳排放总量减少120吨、人均碳排放量减少0.4吨。完善碳排放权交易。确保已进入碳市场的电力、水泥、造纸行业12家企业100％履约，完成拟新纳入碳市场的陶瓷、纺织行业60多家企业的碳排放摸底调查。

二是推进产业结构绿色升级。"主导+特色"产业成为稳住经济大盘的中坚力量。2022年四大主导产业（新能源汽车及汽车零部件、电子信息、绿色建材、金属加工）和四大特色产业（家具制造、食品饮料、精细化工、生物医药）规模以上企业增加到1168家，共实现工业产值3619.30亿元，同比增长5.8%；其中，四大主导产业实现工业总产值2872.90亿元，同比增长9.1%。以新能源汽车、新型储能为代表的绿色低碳产业加速发展壮大。新能源汽车产业全年实现产值705.65亿元，同比增长50.64%，连续两年增速超50%；小鹏汽车产量达13万辆，产值突破300亿元；瑞庆时代首期一工厂竣工投产，实现产值约90亿元。引进储能产业项目14个，计划投资总额205亿元，储能产业链上中游初步成型。绿色生产方式加快推广。构建绿色制造体系，全市现有工信部认定的绿色工厂9家、绿色设计产品17项、绿色设计示范企业2家。2022年完成清洁生产审核企业38家；26个项目共获得6000万元省级技术改造资金扶持，节约用能1.7万吨标准煤。推进园区循环化改造，全市列入名单的省级以上园区10个，其中6个园区已通过省级以上试点验收。

三是加快能源结构调整优化。全力推动粤港澳大湾区绿色能源基地建设。印发了《建设粤港澳大湾区（肇庆）绿色能源基地三年行动方案（2022—2024年）》。广宁浪江抽水蓄能电站主体工程、国能肇庆电厂二期等重大工程开工，2022年完成能源基础设施投资约130亿元。以电化学储能和物理储能为重点，构建储能制造及应用场景开拓产业链。抽水蓄能项目已形成"建设一个、启动一批、储备一批"的开发格局，全市有8个项目达到确定选址程度以上，其中4个项目已纳入《抽水蓄能中长期发展规划（2021—2035年）》。扎实做好能耗双控工作。2022年全社会能源消费总量1074.12万吨标准煤，单位GDP能耗同比下降2.5%。2021—2022年能耗强度累计下降10.3%，超额完成省下达"十四五"进度目标。2022年完成323家用能单位及节能服务机构的节能监察工作，发出限期整改通知书20份。坚决遏制"两高"项目盲目发展，全市无新上和在建"两高"项目。

　　四是推动重点领域绿色低碳发展。 推进城乡建设领域绿色低碳发展。印发了《肇庆市绿色建筑创建行动实施方案（2021—2023年）》。设计阶段绿色建筑执行率达100％，城镇绿色建筑占新建建筑比例为63.08％。民用建筑施工阶段、竣工验收建筑节能标准执行率为100％，完成既有建筑节能改造项目1个。97个项目取得绿色建筑标识，总建筑面积961.89万平方米。推进低碳交通运输体系建设。累计建成公共充电桩（枪）2285个，公共充电桩与电动汽车桩车比达1∶5。410艘营运船舶已完成岸电受电设施改造，19家港口码头安装岸电设施52套，实现港口岸电设施全覆盖。纳入省LNG动力船舶改造任务20艘，已完成改造11艘。城市公交车、巡游出租车电动化率达100％。成立黄金水道港航和临岸产业工作专班，4个码头项目开工建设。发展绿色低碳农业。2022年完成养殖池塘标准化升级改造任务2万亩，2家经营主体获得"广东省生态农场"称号。开展农药化肥减量增效，推广测土配方施肥面积275万亩，完成水稻病虫害统防统治面积50万亩，农药使用量连续多年负增长。推进农业农村废弃物统筹处理利用，秸秆综合利用率达90.82％，农膜回收率达84.88％，畜禽粪污综合利用率达93.52％，粪污处理设施装备配套率达99.92％。

　　五是加强资源节约集约利用。 大力发展低碳环保产业。2022年环保产业实现产值131亿元，同比增长1％。全市有1家企业成为工信部废钢铁加工行业准入条件公告企业，2家企业成为工信部废塑料综合利用行业规范条件公告企业，6个项目被列入省工业固废综合利用示范项目。实行最严格的耕地保护制度和节约集约用地制度。根据2021年度国土变更调查数据（同口径数据），全市耕地面积160.37万亩，已达到"三区三线"划定的控制数任务，2022年度预计可实现进出平衡和总量平衡。2021年全市单位GDP增长消耗新增建设用地量为3.71（公顷/亿元），较2020年下降超过80％。2022年有效处置批而未供土地27368亩、存量闲置土地3031亩，争取到计划指标超过1.3万亩，居全省前列。全面推进节水型社会建设。2022年全市用水总量约16.86亿立方米，万元地区生产总值用水量比2020年下降19.8％，万元工业增加值用水量比2020年下降

19％，累计发展高效节水灌溉面积1.4万亩，农田灌溉水利用系数0.554，达到省下达的控制目标。端州区、鼎湖区成功创建县域型节水社会，高要区、四会市预计近期通过省验收。

六是强化金融和科技支持。发展绿色金融。截至2022年底，全市绿色贷款余额达199.5亿元，同比增长46.8％；累计向具有显著碳减排效应的企业授信105.8亿元、发放贷款17.7亿元；建成全省首个"数智化"企业碳账户体系，创新推出"云碳贷"系列产品，已有73家企业获得授信17亿元，提升授信额46.3％，降低融资成本1.3个百分点，年均节省利息约3500万元；建立省内首个农户"碳账户"体系，6个绿色信用村分别获授信1亿元，320名绿色信用户合计获授信1亿元。鼓励绿色科技创新。将生态环保科技进步纳入市科学技术发展计划，设立支持绿色低碳循环发展专项资金，共支持绿色低碳循环项目6项。开展低碳技术试点示范，推进华润水泥（封开）有限公司10万吨级碳利用研发平台建设项目实施，捕集二氧化碳用于加气混凝土生产线矿化养护并生产食品级干冰。

1.2 绿色发展空间格局持续优化

一是优化国土空间开发保护格局。加快编制《肇庆市国土空间总体规划（2020—2035年）》，落实广东省主体功能区格局，基于自然地理条件及经济社会发展情况，构建"东南城市发展板块+西北生态发展板块"的市域国土空间总体格局，引领两大板块特色化、差异化协同发展。

二是建立生态环境分区管控体系。强化空间引导和分区施策，依托"三线一单"应用平台开展相关产业布局、规划、选址等准入预判。强化重点项目和园区的环评服务保障，抓住关键要素，深化环评审批绿色通道机制，全力推动项目尽快落地见效。

三是提升生态系统质量和稳定性。统筹推进山水林田湖草沙保护修复。已形成《广东肇庆粤港澳大湾区西部山水林田湖草沙一体化保护和修复工程实施方案》成果，通过打造5个亮点工程，实现"山青、水净、林优、矿绿、田良、湖美”。大力开展生态修复造林。2022年完成生态修复造林9.8万亩，完成新造林抚育6.12万亩，在全省率先完成年度造林任务。国家储备林基地一期20万亩建设项目启动实施。全省首个"互联网＋全民义务植树"项目落地。强化森林资源保护。设立各级林长5493名，聘用护林员3010名，落实监管员1644名。在全省率先超额完成年度飞防作业19万亩。新建生物防火林带193.68公里。

1.3　环境质量和人居环境持续改善

一是推进环境质量全面改善。持续优化大气环境质量，2022年NO_2、$PM10$、$PM2.5$三项指标浓度达到历史最低水平，连续三年综合指数排名在全国168个重点城市保持前20位，环境空气质量六项指标连续两年达标，全面完成省下达的目标任务。系统实施水环境综合治理，15个省考以上断面水质、11个县级及以上饮用水源地水质全部达标，国考断面水质指数在全国337个城市中分别排名第16位（2021年）、第22位（2022年），排名全省第一，深入实施土壤污染防治，严格用地准入，拟变更为住宅、公共管理与公共服务用地土壤污染状况调查数量同比增加433％。推动受污染耕地安全利用，推进"无废城市"建设，继纳入广东省珠三角九市建设试点名单后，2022年4月成功入围全国"十四五"时期建设城市名单。

二是提升人居环境品质。持续开展村庄清洁行动，全市纳入农村人居环境整治的13759个自然村基本完成"三清三拆三整治"工作，因地制宜打造小菜园28138个、小果园3411个、小花园2827个、小公园1431个。推进乡村风貌提升，2021年共建设7条乡村振兴示范带，总里程154公里，覆盖17个镇（街）56个行政村（涉农社区），受益人口约14.5万人；2022年共建设8条乡村振兴示范带，总里程200.7公里，节点项目数量207个，计划总投资17.75亿元，覆盖18个镇（街）99个行政村（涉农社区）、受益人口约25.7万。扎实开展农村厕所革命，全市共803714个农村户厕、4557个农村公厕全部完成排查，并持续推动问题厕所整改。推进农村生活垃圾收运处理。建成镇级转运站79个，1347个行政村实现收运处置体系全覆盖，村庄保洁覆盖率和农村生活垃圾无害化处理率达到100%，生活垃圾实现日产日清。推进万里碧道建设，2021—2022年建成碧道118.1公里，超额完成省下达碧道建设任务。

三是补齐环保基础设施短板，推进生活污水处理提质增效，2022年城市污水处理率达98.93%，县城平均污水处理率达95.81%；城市生活污水集中收集率为52.62%，BOD进水浓度为53.79mg/L，达到阶段性任务目标要求。农村生活污水治理率达66.79%，提高生活垃圾处理能力，2022年全市共处理生活垃圾117.22万吨，焚烧处理量93.41万吨，无害化处理率达100%，焚烧处理率达79.69%，加强污泥治理，现有生活污水处理厂污泥处置企业8家，年处置规模135万吨，满足全市污泥处置需求，污泥处置率达100%，补齐固体废物处理设施弱项，形成铝灰利用处置能力17.12万吨/年，基本满足全市铝灰处置需求。

1.4 生态文明制度体系逐步健全

一是加快构建现代环境治理体系。2022年11月，市委办、市政府办印发《关于加快构建现代环境治理体系出的实施方案》，明确到2025年，建立健全环境治理领导责任、企业责任、协同、全民行动、监管、市场、信用、政策法规等体系，落实各类主体责任。

二是健全自然资源管控制度。完成全市全民所有土地资源资产变更清查工作和肇庆市国有自然资源资产报告，推动解决"底数不清"等自然资源资产管理突出问题。开展"三旧"改造政策对土地改变用地时须按规定落实土壤污染调查等环保审查相关工作。

三是完善生态保护补偿机制，落实省级生态补偿和均衡性转移支付机制，2021—2022年共争取到省级生态保护补偿资金141882万元，并按规定及时足额拨付到相关县（市、区），建立生态环境损害赔偿制度，2021—2022年预算共安排肇庆市生态环境损害赔偿资金180万元，确保追责到位、赔偿到位、修复到位。

四是探索生态产品价值实现机制，发展森林生态产业，2021—2022年获批国家级林业产业示范园区1个、广东省首批特色产业发展基地2个、南粤森林人家7家、广东十大样板镇村林场3个，获评"广东十大茶油"称号1个，新增省级林业专业合作社示范社2个、示范家庭林场1个、森林康养基地（试点）3个、省林下经济示范基地2个、省林业龙头企业3家，持续推进碳普惠工作，怀集县桥头镇红光村林业碳普惠项目入选2021年省发展改革委印发的《生态产品价值实现机制实践案例和典型做法》。推进广宁县全域林业碳汇碳普惠项目，一期纳入有效林地总面积136万亩，总碳普惠核证减排量33.6万吨二氧化碳当量，预计为109个村集体创造2000多万元经济收益。

1.5　全社会生态环保意识不断增强

一是加强生态文明宣传教育。把倡导文明健康绿色环保生活方式纳入文明城市、文明村镇等"五大创建"内容，在1664个新时代文明实践中心（所、站）积极开展宣讲宣传活动。深入推进节约型机关、绿色家庭、绿色学校、绿色社区、绿色商场等创建，已有186家单位完成节约型机关创建，已认定绿色社区124个，四会吾悦广场被认定为2022年度绿色商场创建单位。

二是全面推行垃圾分类。制定印发《2022年肇庆市城区生活垃圾分类工作方案》，垃圾分类处理体系逐步建立。中心城区485个居民小区、867个公共机构、95所学校实现垃圾分类全覆盖，端州、鼎湖、高要区对照示范创建标准基本建成分类示范片区。肇庆市厨余垃圾处理终端已于2021年9月建成，收运量达90吨/天，满足城区厨余垃圾分类处理需求。在城区8个街道设置有害垃圾暂存点，配备8台有害垃圾专用运输车辆。依托供销社再生资源回收网络系统，与377家公共机构签订可回收物回收协议，实现预约回收12600多人次。

2.　下一步重点工作

肇庆市将坚决扛起生态文明建设政治责任，全面对标对表二十大对生态文明建设提出的新目标新要求新任务，突出绿美肇庆引领，更好统筹推进生态环境保护和经济社会发展，坚定不移走生态优先、节约集约、绿色低碳发展道路。

一是加快经济发展方式绿色转型。充分发挥生态环境保护的引领、优化和倒逼作用，促进经济社会发展全面绿色转型。持续推动产业高质量发展，实施制造业当家"一把手"工程，加快构建绿色低碳现代产业体系。培育壮大绿色低碳产业集群，力争 2023 年新能源汽车产业产值突破 1000 亿元，大力招引一批动力及储能电池等新型储能产业链关键环节项目。加快陶瓷、水泥、金属加工等传统产业高端化智能化绿色化改造。调整优化能源结构，全力打造粤港澳大湾区（肇庆）绿色能源基地。2023 年全市重点能源项目共计 73 个，全年力争实现投资额 145 亿元。

二是深入打好污染防治攻坚战。坚持问题和目标导向，深入打好蓝天、碧水、净土保卫战。加强工业源、移动源、扬尘源、焚烧源管控，巩固提升大气污染治理成效。聚焦重点国考断面达标攻坚，重点解决城镇生活污水收集处理和水产养殖污染管控等短板问题。深入实施农村生活污水治理攻坚行动方案，健全长效监管机制。从污染源头防治、农业地分类管理、建设用地风险管控、土壤环境科技支撑等方面，继续加强土壤污染防治。持续加强生态保护监管，加强对西江、鼎湖山、星湖等重要生态系统的保护，完善生态保护红线、自然保护地监管体系，严肃查处破坏生态环境的违法违规行为。

三是实施绿美肇庆生态建设"六大行动"。成立绿美肇庆生态建设行动指挥部，统筹推进绿美肇庆生态建设工作。明确责任分工，研究制定《绿美肇庆生态建设六大行动实施方案》。大力弘扬"岳山造林"光荣传统，高质量推进植树造林工作，全域推进森林县城建设，大力开展林分改造林相提升工程，打造一批绿美乡村、森林公园示范样板。加强林业项目谋划建设，深入推进国家储备林和广东（肇庆）植物园建设，大力发展油茶、竹子等林业产业，助力富县强镇兴村。一体推进管林护林用林，全面落实林长制，多方联动做好森林防灭火工作，以更大力度推动林业制度机制创新改革。

（十八）清远市

清远市坚持以习近平新时代中国特色社会主义思想为指导，深入学习贯彻党的二十大精神，贯彻落实习近平生态文明思想和习近平总书记对广东重要讲话、重要指示批示精神，坚持创新、协调、绿色、开放、共享的发展新理念，科学谋划、稳妥推进绿色低碳循环体系建设。

1. 工作进展及成效

一是推进工业企业绿色转型。完成2022年清洁生产审核任务。2022年应开展清洁生产企业名单47家（2022年累计待验收清洁生产审核企业224家，含2021年已公布名单待验收企业177家）。截至2022年底，已完成验收并通过的企业191家。开展绿色制造体系建设，组织开展2022年绿色制造体系建设申报，2022年共新增2家绿色工厂、4家绿色供应链，16种绿色设计产品。落实节水行动，开展水效对标工作，推动钢铁、纺织、水泥、玻璃等重点行业开展能效（水效）对标工作。发动企业开展节水型创建、节水标杆企业、节水标杆园区创建工作。鼓励企业大力推广使用节水新工艺、新技术、新设备。2022年共公布三批节水型企业认定名单，新认定11家节水型企业，累计共认定节水型企业38家。

二是抓好能耗"双控"监管。加强源头管控，严格落实节能审查制度，印发《清远市发展和改革局关于印发2022年节能监察工作计划的通知》，明确2022年286家企业监察计划、监察内容和工作要求，有序开展节能监察。强化存量整改，加快推进存量项目整改，全面排查在建"两高"项目，建立"两高"项目管理台账，科学稳妥推进拟建"两高"项目。坚持科学分类监管，推动交通、建筑领域节能，开展全市1937家公共机构能源资源消费统计，季度对节约型机关创建及绿色办公情况开展检查通报。统筹推动公共机构生活垃圾分类，加快创建生活垃圾分类示范单位。季度审核能源利用状况报告。深挖节能潜力，开展"两高"项目节能减排诊断，加快淘汰"两高"项目落后产能，依法依规关停淘汰一批能耗、环保、安全、技术达不到标准和生产不合格产品的产能。持续抓好虚拟货币"挖矿"整治工作，对国家、省推送的各批次IP地址名单实施动态清零。

三是持续改善生态环境质量。 大气环境质量稳步改善，2022年空气质量综合指数为2.88，全省排名并列第12，同比前进5位；改善率为10.60%，全省排名第2；AQI优良率为89.9%，全省排名第15。水环境质量保持良好。2022年全市7个国考断面和22个省考断面全部达到考核要求，河流综合污染指数为3.1969，全省排名第5位，同比提升1位，水质在稳定保持的基础上持续改善。土壤环境质量安全可控。2022年全市受污染耕地安全利用及严格管控措施到位率达到100%，受污染耕地安全利用率达到95.27%。

四是推进建筑行业绿色发展。 严把政策执行关，将节能验收纳入质量监督重点内容，凡未进行节能工程验收的项目不予办理竣工验收。新建项目要严格执行建筑节能相关法律法规，2022年清远市通过建筑节能施工图审查的项目266宗，建筑面积358.33万平方米，设计阶段和施工阶段执行建筑节能标准执行率均达到100%。稳步提升绿色建筑比例，2021—2022年清远市新开工绿色建筑面积963.49万平方米，占新建民用建筑面积的71.95%，其中2021年新开工绿色建筑面积占比66.2%，2022年占比82.4%。积极推动可再生能源建筑应用和既有建筑节能改造，2021—2022年新增可再生能源利用项目22宗，建筑面积50.32万平方米。其中在建可再生能源利用项目18宗，建筑面积47.05万平方米；已竣工可再生能源利用项目4宗，建筑面积3.27万平方米。

五是推动交通领域低碳转型。 大力发展绿色公共交通，2022年全市新增新能源巡游出租车123辆，新增新能源网络预约出租车2749辆。截至2022年底，全市公交车总数为1035辆，其中纯电动车辆有996辆，纯电动车辆占比为96.23%；巡游出租车总数为539辆，其中新能源车辆为346辆，新能源车辆占比为64.19%；网络预约出租车总数为6083辆，其中新能源车辆有5944辆，新能源车辆占比为97.72%。持续推进道路运输行业国三及以下排放标准汽车的注销（淘汰）工作，2022年度注销国三及以下公交车56辆，注销普通货物运输车辆2900辆，注销危险货物运输车辆49辆。2020—2022年累计注销巡游出租车149辆，累计注销网络预约出租车29辆。落实大气污染防治，2022年共出动大气污染防治巡查小组人员749人次，共出动执法人员12万人次，检查车辆255万辆次，查处超限超载车辆3777辆，卸载重量2.7万吨，查处扬撒车辆235辆次。

六是加快生态农业发展。强化农业污染治理，截至2022年底，全市农膜回收率达到87.82%，秸秆综合利用率已达到91.88%。推进农药包装废弃物回收工作，2022年全市农药包装废弃物数量约为495.09吨，回收量244.27吨，回收率为49.34%。推动绿色食品和有机产品认证，发动农业生产主体申报三品一标，全市"三品一标"认证数量共163个，其中绿色食品46个、无公害农产品70个、有机食品21个、地理标志农产品26个。推广水产绿色养殖技术，开展2022年水产绿色健康养殖技术推广"五大行动"，2022年建立水产绿色健康养殖技术推广基地15个，示范生态健康养殖面积3万亩，养殖产量1186吨、产值约9000万元，推广稻渔综合种养面积1万亩，推广工厂化循环水养殖面积2000㎡。

七是推进生态保护发展。全面开展营造林工，2021—2022年完成造林与生态修复38.6万亩，其中人工造林完成3.37万亩，退化林修复14.19万亩，封山育林21.04万亩。完成高质量水源林工程18.79万亩，其中造林完成8.72万亩，封山育林完成10.07万亩，新造林抚育完成13.75万亩。大力实施生态修复工程，2018—2022年连续5年超额完成省下达的任务，矿山石场治理复绿面积累计完成345.76公顷，其中省下达2022年度矿山石场治理复绿任务30.5公顷，截至2022年底全市完成并通过验收项目49.4公顷，完成率162.05%。

八是聚焦资源节约利用。抓万里碧道建设，打造清远靓丽的水生态名片，累计建成163.29公里碧道。2020—2021年度连续两年共获得北江流域省级河长巡河资金500万元，2022年获得省级碧道建设激励资金1000万元。深入推行最严格水资源管理制度，实施水资源消耗总量和强度双控行动，以控制用水总量和用水效率为抓手，转变用水方式，促进水污染物减排。全市用水总量从2016年的18.42亿立方米降至2022年的17.06亿立方米，农田灌溉水有效利用系数提高到0.534，全市公共供水管网漏损率控制在10%以内。2022年全市万元地区生产总值用水量和万元工业增加值用水量，分别较2020年下降17.27%、46.69%。加强小水电监管，开展小水电清理整改核查评估，全面排查了全市所有小水电站的现状，照退出、整改、保留三类提出评估意见。全市基本完成了1513宗小水电站的核查评估，完成47宗小水电站的退出；完成1202座小水电的生态流量监测设施安装，完成1202座小水电的生态流量监测设施安装，安装率为95%；其中1189座已接入省小水电生态流量监管平台，接入率为94%。

九是提升绿色低碳科技水平。强化低碳绿色农业科技创新引领，组织申报实施省科技创新战略专项和市级科技计划项目，2021年以来共对等5个生态农业项目进行立项支持，支持金额530万元。推进工业绿色低碳循环发展，2021年以来共对"基于工业大数据陶瓷窑炉的节能降耗优化设计"等8个相关节能环保、生态保护与修复的工业项目进行立项支持，支持金额380万元；共对"新能源汽车用超高镍动力锂电池正极材料前驱体绿色制造关键技术及产业化"等8个生态环境保护项目进行入库，拟支持金额240万元。

十是推动绿色金融健康发展。印发《关于大力推动清远市绿色金融发展的实施方案（2022—2025年)》，明确绿色金融发展的四大任务和19项措施。印发《清远市乡村振兴金融服务指南》，推送614家乡村振兴主体名单，引导金融机构结合粤北生态发展区经济发展需要，优化资源配置，搭建多元化绿色金融产品体系。积极探索碳排污权、节能量（用能权）、水权、节能环保项目特许经营权、林地经营权、公益林和天然林收益权等权益质押创新产品。截至2022年底，清远市辖内25家银行机构的绿色信贷规模达到235亿元，为年初的2.51倍；绿色信贷余额占比8.58%，较年初提升4.83个百分点。近八成绿色信贷投向清洁能源产业、节能环保产业、生态环境产业等重点领域。同时，国开行发放储备林贷款4.39亿元。紧密结合乡村振兴战略和现代农业发展规划，引领金融支持农业产业化发展，持续推进农险高质量发展，目前险种已达22个，基本覆盖农业生产主要品种。截至2022年底，辖内农险保费收入为4.49亿元，同比增长42.35％；累计赔付支出3.03亿元，同比增长119.93％。

2. 下一步重点工作

清远市将以习近平新时代中国特色社会主义思想为指导，深入贯彻落实党的二十大精神，完整、准确、全面贯彻新发展理念，深入打好污染防治攻坚战，推动生态环境质量持续改善，奋力建设融湾崛起排头兵、城乡融合示范市、生态发展新标杆、"双区"魅力后花园。

一是推动工业企业绿色发展。聚焦"双碳"目标，继续推动传统行业绿色低碳发展。围绕重点行业和重要领域，持续推进绿色设计产品、绿色工厂、绿色工业园区和绿色供应链管理企业建设。推动重点行业实施清洁生产审核，推动企业开展提高能源利用效率，构建清洁高效低碳的绿色低碳化改造，持续提升能源消费低碳化水平。推进工业固废规模化综合利用，推进尾矿、粉煤灰、煤矸石、冶炼渣、工业副产石膏、赤泥、化工渣等大宗工业固废规模化综合利用。

二是抓好节能能耗监管。制定节能减排"十四五"实施方案，严格落实节能审查制度，坚决限批能效水平不达标项目。坚决遏制"两高"项目低水平盲目发展，严格"两高"项目准入管理，实行清单化管控。强化重点用能单位监管，常态化推动节能监察，加大项目节能审查意见落实情况监督检查力度。

三是加强环境质量监管。推进优良水体保护，加大重点流域整治力度，推动流域精准治污，实现水质稳步提升。继续加强饮用水水源地水质保护和水源保护区监管工作。将"散乱污"工业企业（场所）排查清理整治工作常态化，压实各部门监管责任，加强各部门联动，坚持源头严防，加强过程严管，形成排查一批清理整治一批的氛围。坚决防止"散乱污"工业企业（场所）死灰复燃，确保整改到位，巩固深化整治成效。

四是强化绿色低碳宣传引导。加大对绿色低碳循环发展的宣传力度，大力倡导绿色生活和消费方式。利用报纸、广播电视、新媒体等渠道宣传绿色低碳发展的工作成效和典型做法。鼓励行业协会、商业团体、公益组织有序开展专业研讨、政策宣传、志愿活动等，引导相关企业积极履行社会责任，广泛凝聚共识，营造全社会共同参与的良好氛围。

（十九）潮州市

潮州市牢固树立"绿水青山就是金山银山"的绿色发展理念，落实《关于加快建立健全绿色低碳循环发展经济体系的指导意见》《广东省生态文明建设"十四五"规划》《关于加快建立健全绿色低碳循环发展经济体系的实施意见》部署要求，多措并举推进绿色低碳发展，各项工作取得积极成效

1. 工作进展及成效

一是科学谋划战略性产业集群及规划。对标全省 20 个战略性产业集群布局，制订出台《关于培育发展战略性产业集群的实施意见》，重点培育发展前沿新材料、清洁能源、海上风电、绿色低碳、智能卫浴、生物医药与健康、现代食品、安全应急、现代物流九大战略性产业集群，明晰产业集群发展方向、目标和路径，推动产业绿色低碳高质量发展。同时，积极编制各相关专项规划。印发了《潮州市生态文明建设"十四五"规划》《潮州市"十四五"能源发展规划》《潮州市节能"十四五"规划》《潮州市"十四五"节能实施方案》，确定了"十四五"期间全市单位 GDP 能耗降低 14%，力争降低 14.5% 的考核任务，同时对各县区"十四五"期间单位 GDP 能耗控制指标进行任务分解，下达了工作任务。

二是坚决遏制"两高"盲目发展。印发了《关于进一步建立完善"两高"项目动态清单管理制度的通知》《潮州市深入整治"两高"项目盲目发展的工作方案》，要求各有关部门严把"两高"项目准入关口，严格落实能耗双控、污染物排放区域削减等要求。加快推进"三线一单"成果在"两高"行业产业布局和结构调整、重大项目选址中的应用，充分发挥指导"两高"行业环境准入的重要作用。

三是推进工业节能降碳技术改造。积极鼓励节能降耗技术改造，推进技术创新、管理创新和产业创新，调整产业结构，推动产业转型升级，引导本地企业不断创新窑炉烧成技术，广泛应用辊道窑、隧道窑、智能梭式窑等节能环保型的窑炉生产线，陶瓷产业节气达到30％以上。积极鼓励引导企业加快自动化、智能化应用，通过分解落实县区年度目标任务，推动三环、益海嘉里、宝佳利等一批亿元以上技改项目建设。全市新增工业技术改造备案项目69个。截至2022年底，全市在库技改项目共186个，计划总投资约为111.98亿元。2022年全市清洁生产审核任务安排20家，其中潮安区9家；饶平县4家；湘桥区4家；枫溪区2家；凤泉湖高新区1家。

四是推进全市光伏产业建设。印发了《关于大力推进分布式光伏发电的若干措施（试行）》，大力支持光伏发电项目的推广应用。潮安区成功纳入国家整县（市、区）屋顶分布式光伏开发试点名单，各县区积极探索多种开发模式，推动屋顶分布式光伏发电项目建设，截至2022年底，全市分布式并网光伏项目总装机容量49.86兆瓦。目前潮州在建的集中式光伏项目有华能潮州潮安归湖100兆瓦渔光互补光伏发电项目，项目总投资5亿元，首期完成投资3.9亿元，力争上半年完工并实现83兆瓦容量送出。目前正在编制《潮州市"十四五"光伏发展规划》，拟于近期印发。

五是积极推进海上风电项目前期工作。积极争取海上风电项目落地潮州，省能源局已完成《潮州南侧国管海域海上风电集中送出初步方案》编制，初步规划了新增潮州饶平登陆点及海缆集中送出管廊、陆上换流站初步选址方案。

2022年9月，省政府印发《支持粤东三市建设发展专题协调会议纪要》，明确表示："支持潮州市海上风电项目发展和登陆点设置，原则支持潮州设置一个海上风电登陆点。"为进一步推动海上风电项目发展和登陆点设置工作落实，根据省政府工作会议纪要精神，市政府制订并印发了《潮州市海上风电项目发展和登陆点设置工作落实方案》，并成立了海上风电项目推进工作专班。

六是大力发展数字经济。大力推进互联网、大数据、人工智能同实体经济深度融合，推动三环集团创建省5G+工业互联网示范项目、皓明陶瓷建成"5G+VR实景工厂""5G+AGV智能物流"，引导企业进驻京东"中国特产·潮州馆"。截至2022年底，上行"中国特产·潮州馆"的企业有101家，在线80家企业，共1382件商品上线，累计销售2336万元，京喜店累计销售335.1万元，拉动潮州企业上行京东，包括无穷、文化长城、济公等品牌的拉动销量额14483万元。2022年与广州智度宇宙技术有限公司携手打造"潮州工艺美术元宇宙精品馆"，并成功入选2022年广东省文化和旅游领域数字化应用十大典型案例。借助数字技术创新推广潮州工艺美术藏品，成为国内首个"元宇宙"地方工艺美术馆。

七是扎实推进绿色建筑工作。印发了《潮州市加快装配式建筑发展实施意见》《潮州市绿色建筑发展"十四五"规划》《潮州市绿色建筑创建行动实施方案（2021—2023）》《关于进一步加快推进绿色建筑、建筑节能和装配式建筑发展的通知》等文件，科学谋划和统筹推进全市绿色建筑发展工作。2021年以来经对全市新建民用建筑进行复盘审核，共检查民用建筑项目187个，设计阶段绿色建筑标准执行率达到100%。同时，全面推广绿色建材及认证工作，目前已通过搅拌站绿色生产评价、试验室综合评价8家，潮安区阳光商品混凝土有限公司在粤东地区率先获评绿色生产三星级，其余搅拌站均达到绿色生产二星级；已通过绿色建材认证5家，成为粤东地区首个拥有混凝土、砂浆绿色建材认证的城市。

八是加快绿色社区创建。印发了《潮州市绿色社区创建行动实施方案》，系统推进绿色社区创建工作。组织开展市、县（区）、街道、社区四级绿色社区创建工作专题培训会3场次，培训人员约150人次，做好创建工作业务辅导。把绿色社区创建工作与城镇老旧小区改造、居住社区建设补短板行动紧密结合起来，制定了《潮州市绿色社区考核认定标准》，推动绿色社区创建工作扎实有效开展，已有27个社区认定为绿色社区，提前完成省下达的工作任务。

九是推进垃圾处理无害化设施建设。 随着市区环保发电厂项目的全面投产，市城区生活垃圾100％无害化处理。逐步推进垃圾分类选址投放工作，已完成市城区952个垃圾分类点的设置，定点设立218个大件垃圾暂存收集点，建立健全上门收运机制，补齐垃圾分类终端处理短板。健全建筑垃圾处置机制，结合枫江流域综合整治项目建设需要、设置并审批通过大岭山周边古五、水美2个弃土点，顺利解决枫江项目污泥处置难题，填补本地区建筑垃圾处置监管空白。截至2022年底，建筑垃圾处置点合计接收枫江深坑国考断面达标攻坚工程（潮州段）检测清淤设计施工总承包淤泥渣土约97872吨。

十是推广新能源车辆应用。 全市网约车保有量1370辆，新能源网约车共1310辆，新能源网约车占比升至95.6％。推动交通运输行业新能源汽车充电设施建设，一是完善公交首末站布局设置，公交首末站均同时配置充电设施，提高公交线网运行效率。目前全市范围内已建设12个公交充电场、78个公交充电桩。二是推进高速公路服务区充电桩建设，全市境内共5处高速公路服务区，建设22条新能源汽车充电桩，其中直流充电桩15条总功率2000千瓦，交流充电桩7条总功率98千瓦，总功率2098千瓦。

十一是提升生态碳汇能力。 统筹推进重点林业生态工程建设，将高质量水源林、沿海基干林带和新造林抚育任务下达到各县区，在9月上旬全面完成了全市各项林业重点生态工程建设。全市共完成高质量水源林建设15336亩，沿海防护林体系建设1500亩，新造林抚育30393亩，加大固碳能力。同时，组织形式多样的全民义务植树活动，2022年以来，全市参加义务植树158万人次，共计植树474万株，创新全民义务植树形式，在红山林场森林生态示范园组织实施了"互联网+全民义务植树"项目，通过互联网和现场植树等线上线下发动社会力量参加义务植树活动。

2. 下一步重点工作

潮州市将结合国家和省在生态文明建设、绿色低碳循环发展方面的新部署新要求，围绕市委构建"一轴两带"发展格局，加大对绿色经济项目的招商力度，加快绿色低碳能源产业集聚发展，推进实现绿色低碳循环发展。

一是推动绿色低碳产业发展。继续推进《潮州市光伏发展"十四五"规划》《潮州市碳达峰实施方案》等相关专项规划与方案的编制工作。加快发展天然气等清洁能源和上下游产业，积极发展太阳能、风能、氢能等可再生能源产业，推动区域内等各能源类型之间安全互保、调峰互补和成本互济协同。打造粤东天然气等清洁能源产业基地、千万千瓦级海上风电等可再生能源和风机制造产业基地，建设成为广东绿色能源综合利用高地。

二是持续推进产业绿色提质。严把"两高"项目准入关口，继续动态跟踪监测全市"双控"形势，做好能耗"双控"工作。加强产业布局与能耗双控、碳达峰政策的衔接，强化与能耗双控目标任务的协调，严格控制高耗能产业项目数量。加强工业节能技术改造与清洁生产审核工作，引导并推进企业向产业结构高端化、能源消费低碳化、资源利用循环化、生产过程清洁化、产品供给绿色化、生产方式数字化等方向转型，构建节能低碳多方向发力的工业经济发展环境。

三是持续推进交通运输绿色低碳发展。继续推进绿色交通标准化建设，加强交通基础设施生态保护修复，创建绿色公路工程。持续推广新能源车辆在网约车行业的应用，提高网约车新能源化占比，加强机动车维修危险废物规范化管理，提升行业固废处置和环境保护能力。推广节能环保、清洁能源、低碳技术在交通运输行业的应用，开展基础设施生态化提升改造。

四是持续提升生态碳汇能力。持续推进生态修复工程建设。实施高质量水源林、饶平县沿海基干林带新造林抚育等重点生态修复工程，对突出生态问题进行集中治理。深入开展全民义务植树运动。要创新国土绿化机制和林业投融资体制机制，推动形成以政府投入为主、社会投入为辅的多元化投入机制。要加强新造林和中幼林管护，形成异龄复层森林，构建健康稳定的森林生态系统，不断提升森林的多种功能效益。

五是加大双碳宣传及培训力度。组织碳达峰碳中和工作的宣传引导及积极开展双碳培训工作，充分利用政策宣传进企业、节能宣传月等活动开展工业节能宣传工作，提高企业节能意识与创新意识。加强宣传引导企业开展资源化利用，指导提升基础设施，共同建立畜禽粪污资源化利用，推动畜牧业绿色循环发展，提升畜禽粪污资源化利用水平，提升标准化养殖水平，共同建立建好畜禽粪污资源化利用的工作。

（二十）揭阳市

揭阳市深入贯彻习近平新时代中国特色社会主义思想、习近平生态文明思想和习近平总书记系列重要讲话精神，牢固树立"绿水青山就是金山银山"的绿色发展理念，按照国家、省的统一部署，结合实际，深入推进生态文明建设工作，扎实推动绿色低碳循环发展，取得积极成效。

1. 工作进展及成效

一是加快健全绿色低碳循环发展的生产体系。大力支持引导企业实施技术改造，2021年以来共支持如广东秋盛资源股份有限公司环保RPET材料提质扩产节能技改项目等103个企业技术改造资金项目，安排省级支持资金共计超过1.6亿元。持续推进清洁生产工作，2021年以来共推动16家企业通过自愿性清洁生产审核验收，揭阳市丽仕食品有限公司获评2021年度粤港清洁生产伙伴（制造业）标志企业。坚决遏制"两高"项目盲目发展，截至2022年底，全市

"两高"项目共50个（其中：存量项目48个，在建项目2个，均不涉及2020年全省42个未经节能审查的在建或建成的相关项目），未出现"两高"项目盲目发展现象。推进畜禽养殖废弃物资源化利用，2022年全市畜禽粪污资源化综合利用率达81%（超额完成省要求达77%以上的目标任务）。推进化肥农药使用负增长行动，2022年全市化肥使用量8.45万吨，比减0.82%；农药使用量0.18957万吨，比减1.09%，实现负增长，利用率达40%以上；测土配方施肥技术覆盖率达93.04%，主要农作物绿色防控覆盖率为44.25%，水稻病虫害统防统治覆盖率达43.35%。开展秸秆综合利用和农膜等废弃物回收利用，2022年农膜回收率93.85%，秸秆综合利用率94.7%，完成省下达的目标任务。推进水产养殖绿色发展，水产生态健康养殖已占水产养殖总面积65%以上，已创建国家级、省级水产健康养殖和生态养殖示区（场）10个。

二是逐步完善绿色低碳循环发展的流通体系。积极推动低碳交通运输体系建设，2022年全市新增新能源公交车104辆，新增新能源网约车708辆。截至2022年底，全市共有716辆公交车，其中纯电动车686辆，占比96%；全市共有1372辆网约车，其中纯电动车656辆，混合动力车157辆；市区共有公交充电停车场站8座，配备充电桩数量59台。加强港口岸电设施建设和管理，截至2022年底，全市在营普货码头共有14座，已100%配备岸电设施。推动干散货船舶靠港使用岸电工作常态化，2021年以来全市港口码头岸电总使用次数2575次，总用电量9.25万KWh。稳步提升快递包装绿色化水平，2022年全市邮政快递业"瘦身胶带"封装比例达97.5%，循环中转袋使用率达97.6%，电商快件不再二次包装率达88.3%，电子运单使用率达99.8%，设置包装废弃物回收装置网点158个。

三是进一步健全绿色低碳循环发展的消费体系。加强"减塑"执法力度，2022年共出动市场监管执法人员647人次，检查塑料制品生产企业、销售门店283家次，责令整改3家；共立案查处违法乱倾倒、乱堆放建筑垃圾，擅自设立弃置场受纳建筑垃圾案件7宗，共对5家相关单位及个人作出行政处罚，罚没金额共33.015万元，其中罚款23.54万元，没收9.475万元；对寄递企业未按规定向协议用户书面告知封装用品、胶带环保要求的问题开展行政处罚1宗；共查处塑料购物袋、一次性塑料生活用品违法案件4宗，涉案货值1.6838万元，罚没1.4283万元。积极培育废塑料资源化利用骨干企业，截至2022年底，全市共有4家废塑料利用企业被评为省级资源综合利用企业，1家废塑料利用企业成功申报国家工信部废塑料综合利用行业规范条件企业和国家工信部绿色工厂。强化"减塑"宣传引导，各基层市场监管部门与商场、超市等场所经营者以及集贸市场开办者签订《塑料污染治理承诺书》，明确各经营单位塑料污染治理工作的管理责任。深入开展爱国卫生运动，2022年组织开展"元旦春节期间爱国卫生运动"，活动期间全市共发出文明健康绿色环保宣传内容288条，更新宣传阵地7547次，宣传品129552份，开展环境卫生综合整治行动1206次，清除卫生死角6122处，清理垃圾75845.47吨，农贸市场清洁消毒1281个次，出动专业防制人员7717人次，投放防蚊灭鼠设施1914个，出动病媒防制专业器械5904台次。

四是积极推动基础设施绿色升级。推进城镇污水管网全覆盖，提升污水处理能力，2021—2022年新增污水管网790.15公里、新增污水处理能力25.74万吨/日。完善垃圾分类投放体系，截至2022年底，全市共设置投放分类垃圾桶48630多个，设立垃圾分类投放点（亭）2450多个，市区公共机构、居民小区已实现垃圾分类全覆盖。完善垃圾分类收运体系，截至2022年底，全市配套餐厨垃圾分类运输车7辆，可回收物运输车26辆，有害垃圾运输车1辆，其他垃圾运输车157辆，设置有害垃圾暂存点2个，建成并运行的压缩站80座。健全垃圾分类处理体系，截至2022年底，正在运营的焚烧发电厂3座、填埋场3座，正在推进建设焚烧发电厂4座，预计到2024年底，全市建成的生活垃圾焚烧发电厂将达到7座，焚烧处理能力达到6450吨/日，全市生活垃圾焚烧占比达100%。大力发展绿色建筑，2022年全市城镇竣工民用建筑总面积为289.95万平方米，其中按绿色建筑相关标准设计、施工并通过竣工验收的民用建筑总面积为174.42万平方米，占比达到60.16%。加强新建建筑节能管理，施工阶段执行建筑节能标准100%，2021年以来，全市新增节能民用建筑面积759.99万平方米。大力促进新能源发展，截至2022年底，揭阳市电源总装机容量为5209.71MW，其中风电装机1076.25MW（其中海风817.5MW），光伏装机390.48MW（其中分布式光伏181.64MW），生物质装机87.29MW，占比达到29.8%。积极推进揭阳市政府控制的屋顶光伏资源特许经营项目，已完成招投标工作，2022年11月签订特许经营协议，12月同国开行签订24亿元融资协议。推进天然气管网建设，截至2022年底，全市已建成天然气主干管网220公里，共有天然气主干管道项目3个；全市管道天然气普及率达到24.2%，市区普及率已达到44.8%。

五是统筹推进能耗双控工作。建立《固定资产投资项目节能审查台账》，制订《揭阳市固定资产投资项目节能审批操作规程（试行）》，规范固定资产投资项目准入和节能审查工作，严把新上能耗项目准入关。开展"挖矿"整治工作，截至2022年底，共溯源用户511户，封停涉嫌虚拟货币"挖矿"IP共1382个；累计共查封"矿机"1870台（套）、笔记本电脑33台、配电箱14个、动力柜4个、U盘80只、闲置电源119台、交换机80台、路由器12只、主板159张、显卡2512套、网关19台。省发改委门户网站先后3次宣传报道整治虚拟货币"挖矿"活动经验，省纪委多次予以通报表扬。开展2021年以来84家存在违法违规用能行为企业（项目）整改工作，截至2022年底，完成整改项目39个，正在开展整改报告评审项目36个，未开展整改评审项目9个。压减高耗能高碳排放能源消费，2022年全市能源消费总量735.77万吨标准煤，同比减少8.98%，能源消费减少72.57万吨标准煤；单位GDP能耗同比下降7.8%，超过省下达年均下降基本目标4.83个百分点。

六是鼓励绿色低碳技术研发。大力培育高新技术企业，截至2022年底，全市高新技术企业累计达到327家。举办"才聚三江智汇揭阳"院士专家走进揭阳高新区暨2022年揭阳市绿色石化产业产学研合作对接会活动，会上达成绿色石化产业一跟一产学研合作协议并获得经费资助项目7个。印发《关于组织申报2022年揭阳市（扬帆计划）引进创新创业团队和领军人才项目的通知》，立项4个创新创业团队项目，3个领军人才项目。积极推广装配式建筑应用，2022年全市新开工装配式建筑面积26.76万平方米，新开工装配式面积在新开工工程总面积的占比为8.4%。

七是完善绿色收费价格机制。积极推进农业水价综合改革，制定年度实施计划，全面完成2022年省级下达的新增改革面积。建立农业用水精准补贴机制，积极推进制定揭阳市三洲水利管理处和揭阳市引榕工程管理处水利工程供水价格有关工作。市、县（区）两级已建立居民阶梯水价制度，并全面推行城镇非居民用水超定额累进加价制度。不断完善污水处理收费制度，2022年11月揭东区出台新的污水处理收费制度，至此全市污水处理收费标准达到国家和省要求的最低标准。

2. 下一步重点工作

揭阳市将深入贯彻党的二十大精神，紧紧围绕党中央、国务院的决策部署和省委省政府的工作要求，锚定高质量发展，聚焦制造业当家，全力推进"百县千镇万村高质量发展工程"和绿美揭阳行动，推动经济社会发展全面绿色转型。

一是强力推进产业结构调整。加快建设绿色石化、海上风电两大战略性支柱产业，大力开展招商引资，积极争取上级对资金、用地、用能、环保等要素的支持，集中资源将"一核双区"（包括大南海石化工业区、惠来县临港产业园、揭阳高新技术产业开发区）打造成为承接产业有序转移主平台。进一步梳理、更新全市"两高"项目清单，严格落实"两高"项目管理措施，坚决遏制"两高"项目盲目发展，推进落实第二轮中央生态环境保护督察反馈意见整改工作。

二是加快构建清洁低碳安全高效能源体系。加快推动靖海海上风电项目建设。积极争取省布局粤东深水海上风电登陆点，推动建设粤东千万千瓦级海上风电基地。组织实施培育新能源战略性新兴产业集群行动计划，做好揭西抽水蓄能项目的前期工作。积极推进电网建设，深化农电体制改革，督促有关县区完成独立供电区改造任务。推进新型电力负荷管理系统建设，增强需求侧保供能力。

三是实施重点领域节能降碳行动。积极推动工业园区提质增效。优化完善能耗管理制度，严格执行产能置换，大力推进园区循环化改造工作。科学把握"三贡献一高一强"标准，支持推动发展潜力大、带动能力强、成长性好的企业和项目落地。持续推进产业技术改造升级。支持企业开展节能技术改造，持续推动钢铁、印染等重点行业企业实施自愿性清洁生产审核。落实废钢铁、废塑料等再生资源回收利用行业规范管理，支持符合条件的企业申报再生资源综合利用行业规范企业和工业固废综合利用示范。积极推进工业节水及废水循环利用技术改造升级，引导企业开展节水型企业创建工作。大力推进农业农村减污降碳。因场施策，指导养殖场提高畜禽养殖废弃物资源化利用水平。持续实施化肥农药负增长行动，推进化肥农药减量增效。贯彻落实《揭阳市农村人居环境整治提升五年行动实施方案》，建立健全农村人居环境整治工作长效机制。

四是持续提升城乡建设绿色低碳发展质量。积极推广装配式建造方式，全面推进新建民用建筑按照绿色建筑标准进行建设，采取政府发动、社会参与等多种方式推进既有建筑节能改造工作，深入推进预拌混凝土企业绿色化改造，提升城乡居民管道天然气普及率。加快推动低碳交通运输体系建设。着力提升各种交通方式转运水平和快速运输通达能力，协调开通高铁快速通达珠三角快线，缩短揭阳市区与粤港澳大湾区通达时间，推动高铁货运试运，提高揭惠铁路货物组织能力，推进海铁、公水联运的无缝衔接。依托潮汕机场和高铁站，整合全市9家快递品牌分拨中心市场资源，打造"航空＋高铁"多式联运快速货运系统，推动设立粤东地区国际邮政快递出口清关中心，大幅降低物流成本，打造粤东区域航空快递中心。全力推进粤东城际铁路、揭惠铁路建设。

五是加强绿色低碳科技创新。持续开展省、市各类科技研发平台认定工作，鼓励、支持、引导节能环保、资源再利用、精细化工等绿色低碳领域企业建立多层次研发平台，切实提高自主创新能力。围绕绿色石化产业发展，开展产学研一跟一对接活动；着力培养引进一批能够引领和带动绿色石化产业发展的创新创业团队和产业领军人才。加快落实《揭阳市促进产业科技创新扶持办法》等一系列政策，出台科研诚信管理办法，健全科研经费稳定支持机制。加大"免申即享"项目后补助比例，探索实施重大科技项目立项"揭榜挂帅"制度，充分激发调动企业、高校、科研机构、行业社团组织等参与科研的积极性。

六是加强绿色交流合作。深度融入粤港澳大湾区，加强标准、技术、人才项目全面合作，加强资金连通、技术连通和市场连通。聚焦关键领域，推动绿色低碳技术攻关合作。鼓励和引导企业参与绿色"一带一路"建设，带动先进环保技术、装备"走出去"和"引进来"。

（二十一）云浮市

云浮市坚持以习近平新时代中国特色社会主义思想为指导，全面贯彻习近平生态文明思想，认真落实党中央、国务院决策部署，坚定不移贯彻新发展理念，坚持绿色发展、生态优先，以"双碳"目标为引领，乘势而上打造粤北生态发展新高地、建设高质量发展的美丽云浮，奋力在打造生态发展新标杆中突围争先。

1. 工作进展及成效

一是筑牢生态屏障，打造粤港澳大湾区美丽后花园。2021年全市空气质量优良率97%，较"十三五"平均优良率提升1.3个百分点；二氧化硫年均浓度下降31.3%，改善幅度全省最大；臭氧浓度排名全省第2好，全年无重度污染以上天数；2022年全市六项大气污染物浓度均达到二级标准。4个国考断面水质优良（达到或优于Ⅲ类水质）比例100%，水环境质量全省排名第7；5个县级及以上集中式饮用水水源水质优良比例100%。全面完成第一轮水生态环境调查评估工作，进度居全省前5，超额完成省下达入河排污口整治任务；印发了《云浮市2022年民生实事农村黑臭水体整治工作方案》，全市完成2条省级农村黑臭水体整治任务。森林资源总量持续增长，2022年森林覆盖率达68.25%，森林蓄积量3159万立方米。森林火灾受害率严格控制在0.9‰以内，林业有害生物成灾率控制在省下达8.65‰的目标任务值内。全市规划保留自然保护地47个（自然保护区7个、风景名胜区1个、湿地公园9个、森林公园30个）、总面积为90432.2公顷（其中自然保护区7个、面积31457.61公顷）。2021年罗定金银湖湿地和郁南大河湿地入选第二批省重要湿地名录。

二是加快绿色转型，利用绿色产业推动高质量发展。积极推进清洁生产审核，推动企业完成清洁生产审核验收，指导企业从源头节能、降耗、减污、增效，有效促进工业领域节能减排。2021年完成24家云浮市企业清洁生产评估验收，超额完成省下达的20家审核任务；2022年共完成29家企业清洁生产评估验收，超额完成省下达20家审核任务。推进创建绿色制造体系，广东惠云钛业股份有限公司金红石型（R型）钛白粉和锐钛型（A型）钛白粉2个产品申报绿色设计产品，其中惠云钛业金红石型（R型）和锐钛型（A型）两个绿色设计产品成功列入2021年绿色制造名单；组织广东粤之鑫再生资源有限公司成功申报列入国家工信部发布的符合《废钢铁加工行业准入条件》企业名单（第十批），成为云浮市首家列入公告的再生资源综合利用行业规范企业。深入实施工业重点行业减污降碳，燃煤电厂、钢铁企业（广东金晟兰冶金科技有限公司）已经全面执行行业超低排放标准。通过申请中央资金补贴的方式，推动部分水泥企业开展超低排放改造。中材亨达水泥有限公司5000 t/d熟料水泥生产线窑尾NOx超低排放改造项目获中央补贴1000万元，项目目前正在建设中，预计建成后可减排NOx 298.06吨/年。中材亨达水泥有限公司、中材天山（云浮）水泥有限公司和中材罗定水泥有限公司分别获得2022年中央资金补贴700万元，项目预计2023年开始动工建设。推进工业园区开展循环化改造，累计推动创建省级循环化改造试点园区7个，分别是：云浮循环经济工业园、云浮（罗定）工业园、广东云浮工业园区、佛山顺德（云浮新兴新成）产业转移工业园、广东郁南县产业转移工业园、云浮高新技术产业开发区和佛山云浮产业转移工业园。通过循环化改造，拓展延伸产业链，促进园区土地集约利用。开展工业固废综合利用项目工程建设，2021年以来，积极推动工业固废综合利用项目建设，推动建成5个工业固废综合利用项目，实现年各类固废综合处理能力385.1万吨。通过工业固废综合利用项目的建设，使得矿山尾矿（废石）、石材废渣等工业固废得到了有效的综合利用。推进广东燃料电池汽车示范应用城市群云浮示范点建设，2021—2022年共建成加氢站2座，并印发实施《云浮市加快建设燃料电池汽车示范城市群示范点行动计划（2022—2025年）》。

三是持续优化能源结构，推动全市能源绿色低碳转型。高标准印发能源领域十四五规划，双碳工作取得初步成效。《云浮市能源发展"十四五"规划》已经市人民政府审定印发。《云浮市成品油分销体系"十四五"发展规划（2021—2025年）》已经市人民政府审定上报并获省能源局批复。完成《云浮市碳达峰实施方案》初稿及《云浮市碳达峰研究分析》，初步摸清全市碳排放家底。助力市政府印发《云浮市"十四五"节能减排实施方案》，完成"十四五"各县（市、区）能耗强度降低目标和"十四五"主要行业节能指标任务分解。统筹好能耗双控和重大项目用能保障，持续提高能源利用效率，指导实施能源消费总量和强度双控行动。强化节能监察执法，2022年完成104家企业（单位）的节能监察任务。落实节能审查制度，积极做好金晟兰二期二区、观音山矿区、中顺洁柔三期等重大项目用能保障工作。成功开展2022年云浮市节能宣传周系列活动、圆满承办2022年广东省水泥和陶瓷行业节能技术推广及项目对接展会（云浮市专场）、顺利举办云浮市2022年固定资产投资项目节能审查工作培训班、云浮市2022年重点用能单位节能管理工作培训班。

四是挖掘绿色资源，着力发展绿色生态旅游。强化绿色生态旅游规划，挖掘大金山优质生态资源，2022年与省内规划编制团队合作启动大金山文旅休闲基地项目总体规划编制工作，培育打造大金山文旅休闲基地项目。谋划绿色生态旅游项目，以西江云浮段文旅资源为基础，谋划打造西江经济带文旅项目，着力推进云安区红色文化旅游产业园、湾边乡村振兴文旅民宿项目、云浮新区樱花主题农业公园项目（一期）建设，积极谋划金鱼沙旅游度假区、云浮市云浮新区西江绿色生态旅游产业走廊建设项目（一期）等9个项目。

五是坚持科技创新，推动绿色低碳循环发展。锚定绿色低碳主攻方向，大力培育绿色技术创新企业。完善"科技型中小企业—高企育苗—高企认定"梯次培育机制，建立高新技术企业培育库，加强对重点培育企业提供"一对一"申报辅导。2022年全市培育73家企业申报高新技术企业，其中71家通过专家评审，评审通过率达97%，排名全省第一；新增高新技术企业34家，有效期内高新技术企业达159家，同比增长27%，增速排名全省第七；入库科技型中小企业192家，同比新增67家，增长率达54%。科技型企业涵盖了生物与新医药、新材料、新能源与节能、资源与环境等高新技术领域。加强产学研合作，推动重点行业、重点领域绿色改造升级，通过成建制、成体系引进广州中国科学院先进技术研究所的高端创新资源，共同设立云浮中科石材创新科技有限公司，依托建设省市级新型研发机构、博士工作站等7个科创平台，先后攻克了微波高效节能烘干等一批关键、共性技术，产出标志性科研成果15项，申请国家发明专利38项（获授权17项），有力推动石材产业绿色转型升级。设立了"绿色发展技术创新与利用""生物医药创新发展"等专题，组织实施了"零氧平衡无烟化环保乳化炸药尾料零排放绿色化工关键技术攻关"等一批攻关项目，支持和推动企业加强技术研发、成果推广和应用示范，不断提高绿色发展能力。

六是加大绿色金融供给，推动绿色金融扩面增效。提升保险保障服务水平与能力，2022年4月推动全省首单"再贷款+银保贷"落地云浮市郁南县连滩镇，截至2022年底，辖内保险机构为全市绿色农业提供风险保障169亿元，同比增长25.05%；已经赔付1.81亿元，同比增长54.19%。推动绿色信贷扩面增效，支持节能环保、清洁生产等绿色产业基础项目建设发展，截至2022年底，辖内银行业绿色信贷余额162.72亿元，比年初新增64亿元，增速65.01%，其中节能环保产业贷款余额35亿元，比年初增长454.93%；清洁能源产业贷款余额7.91亿元，比年初增长155.71%，生态环境产业贷款余额106亿元，比年初增长33.19%；惠及企业667户，比年初增长77.39%。充分发挥再贷款作用，积极运用碳减排支持工具、煤炭清洁高效利用专项再贷款、科技创新再贷款、交通物流专项再贷款等精准滴灌绿色金融活水，助力绿色低碳循环发展。2022年已运用碳减排支持工具资金2.60亿元、支持煤炭清洁高效利用专项再贷款资金4.9亿元；运用科技创新再贷款发放贷款8.31亿元；运用交通物流专项再贷款发放贷款545万元；设备更新改造再贷款项目已落地3个，实际发放贷款2491.8万元；落地4.43亿元政策性开发性金融工具支持3个重点基础设施项目建设。

七是完善配套政策，不断健全碳达峰政策体系。健全生态产品价值实现机制，配合做好全省生态综合补偿试点工作，根据《广东省发展改革委关于我省第一批生态产品价值实现机制试点名单的公示》，成功申报成为广东省生态产品价值实现机制首批试点。积极做好罗定市国家循环经济示范县验收工作，组织罗定市针对国家循环经济示范县建设情况开展自评估工作，并编制自评估材料上报国家发展改革委。推行绿色生活行动，制定《云浮市绿色生活创建行动工作方案》，整体提升创建领域的绿色化水平，创建行动成为公众参与、社会自觉的活动。

2. 下一步重点工作

云浮市将以习近平新时代中国特色社会主义思想为指导，全面贯彻党的二十大精神，深入贯彻习近平生态文明思想，牢固树立和践行绿水青山就是金山银山的理念，推动云浮生态空间、生态经济、生态安全、生态文化、生态生活、生态制度全方位高质量发展，凝心聚力打造"粤北生态发展新高地"。

一是抓重点，做好能耗双控和"两高"项目管控工作。严格落实能耗双控工作要求，落实好用能预算和节能审查制度，深入挖掘节能潜力，严格节能监督执法，制定年度节能监察计划；坚决遏制"两高"项目盲目发展，严把"两高"项目准入关，坚决做好中央第四生态环境保护督察组督察通报"两高"项目问题整改工作。

二是抓产业，推动产业绿色低碳发展。依托"三大抓手"大力发展绿色低碳产业，积极创建绿色矿山、工厂、园区，完善绿色产业链、供应链，加快培育相关链主企业，打造形成发展程度高、竞争能力强的绿色低碳环保产业。

三是促改革，完善绿色低碳政策体系。加快构建与碳达峰、碳中和相适应的投融资政策体系，激发市场主体投资活力；统筹做好碳达峰、碳中和重大改革、重大示范、重大工程的资金保障。

四是优结构，推动全市能源绿色低碳转型。加快华润西江发电厂工程、云河发电公司天然气热电联产项目、云浮水源山抽水蓄能电站项目建设，力争2023年底前实现全市天然气主干管道"县县通"。有序建设一批集中式光伏电站，统筹光伏项目布局与国土空间、林业、电网等规划衔接，大力推广分布式光伏应用。加快电网基础设施建设，协同推进等重点电源项目配套送出工程前期及建设工作，确保电源和电网同步投产。

五是锚目标，深入推进绿美云浮生态建设。强化国土空间规划和用途管控，坚持山水林田湖草一体化保护和系统治理，深入实施绿美云浮生态建设"六大行动"。保护生物多样性，提高生态系统稳定性，构建绿美云浮生态建设新格局。

四

指标篇

（一）打好污染防治攻坚战成效考核

2020年和2021年环境保护责任暨污染防治攻坚战考核结果

序号	地市	考核等次	
		2020年	2021年
1	广州	优秀	优秀
2	深圳	优秀	优秀
3	珠海	优秀	优秀
4	汕头	优秀	优秀
5	佛山	优秀	优秀
6	韶关	优秀	优秀
7	河源	优秀	优秀
8	梅州	优秀	优秀
9	惠州	优秀	优秀
10	汕尾	优秀	良好
11	东莞	优秀	优秀
12	中山	良好	良好
13	江门	优秀	优秀
14	阳江	良好	良好
15	湛江	良好	良好
16	茂名	良好	良好
17	肇庆	优秀	优秀
18	清远	良好	良好
19	潮州	良好	良好
20	揭阳	良好	优秀
21	云浮	良好	良好

注：以上数据来源于省生态环境厅。

（二）全面推行河长制湖长制工作考核

2020—2022 年全面推行河长制考核结果

序号	地市	考核等次		
		2020 年	2021 年	2022 年
1	广州	优秀	优秀	优秀
2	深圳	优秀	优秀	优秀
3	珠海	优秀	优秀	优秀
4	汕头	良好	良好	优秀
5	佛山	优秀	良好	优秀
6	韶关	良好	良好	良好
7	河源	良好	良好	良好
8	梅州	良好	良好	良好
9	惠州	良好	良好	良好
10	汕尾	良好	优秀	优秀
11	东莞	优秀	优秀	良好
12	中山	良好	良好	优秀
13	江门	优秀	优秀	优秀
14	阳江	良好	良好	良好
15	湛江	良好	优秀	优秀
16	茂名	良好	良好	优秀
17	肇庆	良好	良好	良好
18	清远	良好	良好	优秀
19	潮州	良好	良好	良好
20	揭阳	良好	良好	良好
21	云浮	优秀	良好	优秀

注：以上数据来源于省水利厅。

（三）水土保持目标责任考核

2020—2022 年水土保持目标责任考核结果

序号	地市	考核等次		
		2020 年	2021 年	2022 年
1	广州	优秀	优秀	优秀
2	深圳	优秀	优秀	优秀
3	珠海	优秀	优秀	良好
4	汕头	优秀	优秀	良好
5	佛山	良好	优秀	优秀
6	韶关	优秀	优秀	优秀
7	河源	优秀	良好	良好
8	梅州	良好	良好	良好
9	惠州	优秀	优秀	优秀
10	汕尾	良好	优秀	优秀
11	东莞	优秀	优秀	优秀
12	中山	良好	优秀	优秀
13	江门	良好	良好	优秀
14	阳江	良好	合格	良好
15	湛江	良好	良好	良好
16	茂名	良好	优秀	优秀
17	肇庆	良好	良好	优秀
18	清远	良好	合格	优秀
19	潮州	良好	良好	良好
20	揭阳	良好	良好	优秀
21	云浮	优秀	优秀	良好

注：以上数据来源于省水利厅。

（四）林长制工作考核

2021 年和 2022 年林长制考核结果

序号	地市	考核等次	
		2021 年	2022 年
1	广州	良好	优秀
2	深圳	良好	良好
3	珠海	良好	良好
4	汕头	良好	良好
5	佛山	良好	良好
6	韶关	优秀	优秀
7	河源	良好	优秀
8	梅州	优秀	优秀
9	惠州	良好	优秀
10	汕尾	优秀	良好
11	东莞	良好	优秀
12	中山	良好	良好
13	江门	良好	良好
14	阳江	良好	良好
15	湛江	良好	合格
16	茂名	优秀	优秀
17	肇庆	优秀	优秀
18	清远	优秀	良好
19	潮州	良好	合格
20	揭阳	良好	良好
21	云浮	良好	良好

注：以上数据来源于省林业局（省全面推行林长制工作领导小组办公室）。

（五）推进乡村振兴战略实绩考核

2021 年推进乡村振兴战略实绩考核结果

所属片区	地市	排名	考核结果
珠三角核心区	广州市	1	90.82
	深圳市	2	89.08
	珠海市	3	89.05
	江门市	4	88.56
	佛山市	5	88.47
	肇庆市	6	88.11
	东莞市	7	87.66
	惠州市	8	86.61
	中山市	9	85.97
沿海经济带东西两翼	汕尾市	1	88.95
	茂名市	2	88.22
	汕头市	3	87.10
	阳江市	4	86.56
	揭阳市	5	86.19
	湛江市	6	85.63
	潮州市	7	85.04
北部生态发展区	清远市	1	89.97
	韶关市	2	89.37
	河源市	3	89.28
	梅州市	4	88.55
	云浮市	5	87.91

注：以上数据来源于省委农办。

（六）质量工作考核

2020—2022 年质量工作考核

序号	地市	考核等次		
		2020 年	2021 年	2022 年
1	广州	A 级	A 级	A 级
2	深圳	A 级	A 级	A 级
3	珠海	A 级	A 级	A 级
4	汕头	B 级	B 级	B 级
5	佛山	A 级	A 级	A 级
6	韶关	B 级	B 级	B 级
7	河源	B 级	B 级	B 级
8	梅州	B 级	B 级	B 级
9	惠州	B 级	A 级	A 级
10	汕尾	B 级	B 级	B 级
11	东莞	A 级	A 级	A 级
12	中山	A 级	A 级	A 级
13	江门	A 级	A 级	A 级
14	阳江	B 级	B 级	B 级
15	湛江	A 级	A 级	B 级
16	茂名	B 级	B 级	A 级
17	肇庆	B 级	A 级	A 级
18	清远	B 级	B 级	A 级
19	潮州	B 级	B 级	B 级
20	揭阳	B 级	B 级	B 级
21	云浮	A 级	B 级	B 级

注：以上数据来源于省政府网站。

（七）大气环境质量数据

2021年全省城市环境空气质量排名

序号	城市	AQI达标率	PM2.5浓度	PM10浓度	O₃评价浓度	PM2.5排名	AQI排名
1	梅州市	99.5%	20	33	122	4	1
2	汕头市	98.9%	20	35	138	4	2
3	茂名市	98.9%	21	41	125	8	3
4	湛江市	98.4%	23	37	131	13	4
5	韶关市	98.4%	24	39	140	18	5
6	汕尾市	97.3%	18	32	138	1	6
7	云浮市	97.0%	24	44	124	18	7
8	河源市	96.7%	21	39	133	8	8
9	潮州市	96.7%	23	41	144	13	9
10	深圳市	96.2%	18	37	130	1	10
11	揭阳市	96.2%	27	44	146	21	11
12	阳江市	95.3%	21	37	140	8	12
13	珠海市	95.1%	20	37	144	4	13
14	惠州市	94.5%	19	40	145	3	14
15	肇庆市	93.7%	22	38	145	11	15
16	清远市	90.4%	23	40	158	13	16
17	中山市	89.9%	20	39	154	4	17
18	广州市	88.5%	24	46	160	18	18
19	江门市	87.4%	23	45	163	13	19
20	东莞市	86.3%	22	42	165	11	20
21	佛山市	85.5%	23	46	169	13	21

注：1. 表中污染物浓度单位为微克/立方米。

2. 城市排名按照AQI达标率从高到低排序，并列的以PM2.5浓度从低到高排序。

2022年全省城市环境空气质量排名

序号	城市	AQI达标率	PM2.5浓度	PM10浓度	O₃评价浓度	PM2.5排名	AQI排名
1	梅州市	99.2%	18	28	135	6	1
2	茂名市	97.3%	19	35	138	8	2
3	汕尾市	97.0%	15	27	134	1	3
4	湛江市	96.4%	21	32	138	13	4
5	河源市	96.2%	18	31	142	6	5
6	潮州市	96.2%	20	33	143	10	6
7	揭阳市	96.2%	23	41	146	21	7
8	汕头市	95.9%	17	33	142	3	8
9	阳江市	95.1%	21	34	146	13	9
10	惠州市	93.7%	17	33	151	3	10
11	深圳市	92.1%	16	31	147	2	11
12	韶关市	92.1%	22	35	155	18	12
13	云浮市	91.7%	21	40	153	13	13
14	珠海市	89.9%	17	30	160	3	14
15	清远市	89.9%	21	33	161	13	15
16	肇庆市	86.0%	22	35	175	18	16
17	佛山市	84.1%	21	38	184	13	17
18	广州市	83.8%	22	39	179	18	18
19	中山市	83.6%	19	34	184	8	19
20	江门市	81.9%	20	40	194	10	20
21	东莞市	80.0%	20	36	189	10	21

注：1. 表中污染物浓度单位为微克/立方米。

2. 城市排名按照AQI达标率从高到低排序，并列的以PM2.5浓度从低到高排序。

（八）水环境环境质量数据

2021年和2022年城市水环境质量排名

序号	地市	排名顺序	
		2021年	2022年
1	广州	9	9
2	深圳	13	17
3	珠海	8	8
4	汕头	18	15
5	佛山	12	14
6	韶关	5	3
7	河源	2	2
8	梅州	10	10
9	惠州	11	12
10	汕尾	14	11
11	东莞	19	20
12	中山	3	4
13	江门	7	6
14	阳江	17	16
15	湛江	16	18
16	茂名	15	13
17	肇庆	1	1
18	清远	6	5
19	潮州	20	19
20	揭阳	21	21
21	云浮	4	7

注：以上数据来源于省生态环境厅。

（九）水资源利用指标数据

2021年各地市主要用水指标

行政分区	人均地区生产总值（万元）	人均水资源量（m³）		人均综合用水量（m³）	万元地区生产总值用水量（m³）	万元工业增加值用水量（m³）		耕地实际灌溉亩均用水量（m³）	人均生活用水量（L/d）	
		2021年	常年				不含直流火核电冷却用水			城乡居民
广州	15.1	270	405	331	22.0	36.6	7.4	832	357	231
深圳	17.4	89	121	125	7.2	4.7	4.6	413	229	130
珠海	15.8	671	728	237	15.0	11.3	11.3	561	361	176
汕头	5.3	175	335	185	34.9	9.4	9.3	696	207	156
佛山	12.7	263	311	324	25.5	21.5	8.3	458	311	188
韶关	5.4	5248	6407	641	117.9	42.2	42.2	748	225	164
河源	4.5	2019	5303	551	122.7	21.6	21.6	725	229	173
梅州	3.4	1636	3663	502	148.6	36.1	36.1	745	227	177
惠州	8.2	886	2044	338	41.1	14.8	14.8	722	226	156
汕尾	4.8	966	2352	353	73.5	16.2	16.2	812	235	187
东莞	10.3	138	221	201	19.4	13.0	12.0	561	277	179
中山	8.0	352	400	344	42.9	29.2	16.6	712	315	216
江门	7.5	1960	2497	538	71.9	21.5	17.2	712	281	181
阳江	5.8	2954	4104	509	87.6	8.9	8.5	712	237	165
湛江	5.1	1091	1309	336	66.1	13.5	13.5	556	180	139
茂名	6.0	1592	1816	415	69.5	11.5	11.5	845	185	150
肇庆	6.4	2537	3494	423	65.8	18.6	18.6	642	204	145
清远	5.0	4346	6014	454	89.9	14.6	14.6	705	220	149
潮州	4.8	551	1266	303	62.7	14.7	14.7	838	241	186
揭阳	4.0	482	1196	225	55.6	13.0	12.6	657	164	145
云浮	4.8	2430	2604	499	104.6	20.3	20.3	784	195	150
全省	9.8	966	1458	322	32.7	17.3	10.3	711	256	171
其中：大湾区	12.8	499	733	282	22.0	17.6	9.2	690	287	180

2022 年各地市主要用水指标

行政分区	人均地区生产总值（万元）	人均水资源量（m³）		人均综合用水量（m³）	万元地区生产总值用水量（m³）	万元工业增加值用水量（m³）		耕地实际灌溉亩均用水量（m³）	人均生活用水量（L/d）	
		2022年	常年				不含直流火核电冷却用水		城乡	居民
广州	15.4	421	404	332	21.6	34.5	7.3	779	350	220
深圳	18.3	165	121	125	6.8	4.0	4.0	642	226	131
珠海	16.4	728	722	225	13.7	10.6	10.6	548	332	185
汕头	5.5	426	334	176	32.2	9.7	9.7	715	211	165
佛山	13.3	419	310	298	22.5	18.0	7.3	394	308	186
韶关	5.5	8708	6400	633	115.8	36.3	36.3	728	239	175
河源	4.6	5645	5299	537	117.9	19.4	19.4	786	215	162
梅州	3.4	3715	3670	494	144.8	30.6	30.6	792	226	170
惠州	8.9	2098	2042	338	38.0	12.9	12.9	714	230	178
汕尾	4.9	2474	2348	380	77.1	13.6	13.6	814	241	190
东莞	10.7	226	221	201	18.8	11.8	11.1	580	276	180
中山	8.2	486	399	328	40.2	27.7	14.9	850	310	217
江门	7.8	3291	2491	543	69.4	20.7	15.8	693	268	173
阳江	5.9	5024	4089	505	86.2	9.6	9.2	715	237	161
湛江	5.3	1554	1303	346	65.5	12.5	12.5	573	172	135
茂名	6.3	2164	1806	403	64.2	8.2	8.2	805	163	141
肇庆	6.6	4074	3488	408	62.3	16.4	16.4	690	218	150
清远	5.1	8669	6002	428	84.0	11.4	11.4	650	248	173
潮州	5.1	1405	1264	317	62.2	10.0	10.0	923	242	189
揭阳	4.0	1382	1190	218	54.1	12.1	12.1	777	156	136
云浮	4.9	3319	2597	477	98.4	17.6	17.6	814	193	156
全省	10.2	1755	1455	317	31.1	15.4	9.2	719	252	171
其中：大湾区	13.3	849	731	278	20.8	15.7	8.3	687	283	179

注：以上数据来源于省水利厅。

五

政策篇

（一）中共广东省委广东省人民政府关于完整准确全面贯彻新发展理念推进碳达峰碳中和工作的实施意见

为深入贯彻习近平生态文明思想，落实《中共中央、国务院关于完整准确全面贯彻新发展理念做好碳达峰碳中和工作的意见》精神，扎实推进我省碳达峰、碳中和工作，现结合实际提出如下意见。

一、总体要求

（一）指导思想。坚持以习近平新时代中国特色社会主义思想为指导，全面贯彻党的十九大和十九届历次全会精神，深入贯彻习近平总书记对广东系列重要讲话和重要指示精神，立足新发展阶段、贯彻新发展理念、构建新发展格局，把碳达峰、碳中和纳入生态文明建设整体布局和经济社会发展全局，以经济社会发展全面绿色转型为引领，以能源绿色低碳发展为关键，以科技和制度创新为动力，坚持科学降碳、精准降碳、依法降碳、安全降碳，加快形成节约资源和保护环境的产业结构、生产方式、生活方式、空间格局，坚定不移走生态优先、绿色低碳的高质量发展道路，确保如期实现碳达峰、碳中和。

（二）主要目标

到2025年，绿色低碳循环发展的经济体系基本形成，单位地区生产总值能耗、二氧化碳排放完成国家下达的目标；非化石能源装机比重达到48%左右；森林覆盖率达到58.9%，森林蓄积量达到6.2亿立方米；具备条件的地区、行业和企业率先实现碳达峰，为全省实现碳达峰、碳中和奠定坚实基础。

到2030年，经济社会发展绿色转型取得显著成效，重点耗能行业能源利用效率达到国际先进水平；单位地区生产总值能耗、二氧化碳排放的控制水平继续走在全国前列；非化石能源消费比重达到35%左右，非化石能源装机比重达到54%左右；森林覆盖率达到59%左右，森林蓄积量达到6.6亿立方米；2030

年前实现碳达峰，达峰后碳排放稳中有降。

到2050年，新能源为主的新型电力系统全面建立，能源利用效率整体达到国际先进水平，生态系统碳汇能力持续提升，低碳零碳负碳技术得到广泛应用。到2060年，绿色低碳循环的经济体系和清洁低碳安全高效的能源体系全面建成，非化石能源消费比重达到80%以上，碳中和目标顺利实现，生态文明高度发达，开创人与自然和谐共生新境界。

二、推动经济社会发展全面绿色转型

（三）强化绿色低碳发展规划引领。将碳达峰、碳中和目标要求全面纳入全省国民经济和社会发展中长期规划、年度计划，强化省级国土空间规划、专项规划、区域规划和市县规划的支撑保障。加强规划间衔接协调，确保各地区各领域落实碳达峰、碳中和的主要目标、发展方向、重大政策、重大工程等协调一致。

（四）优化绿色低碳发展区域布局。持续优化重大基础设施、重大生产力和公共资源布局，构建有利于碳达峰、碳中和的国土空间开发保护新格局。抓住粤港澳大湾区、深圳中国特色社会主义先行示范区"双区"和横琴、前海两个合作区建设的重大机遇，携手港澳共建绿色低碳湾区。高质量构建"一核一带一区"区域发展格局，强化绿色低碳发展导向和任务要求，统筹有序推进各地区碳达峰、碳中和。

（五）加快形成绿色生产生活方式。大力推动节能减排，全面推行清洁生产，加快发展循环经济，加强资源综合利用，提升绿色低碳发展水平。扩大绿色低碳产品供给和消费，推广绿色积分、碳积分等激励机制。倡导绿色低碳生活方式，开展绿色生活创建活动。持续加强绿色低碳宣传教育和培训，推进绿色低碳全民行动，加快形成全民参与的良好格局。

三、强力推进产业结构调整

（六）推动产业结构优化升级。加快推进农业绿色发展，促进农业固碳增效。深入实施制造业高质量发展"六大工程"。加快淘汰落后产能，推动传统产业数字化、智能化、绿色化融合发展。大力发展战略性产业集群，谋划布局卫星互联网、人工智能、超材料、可控核聚变等未来产业。加快商贸流通、信息服务等绿色转型，提升服务业低碳发展水平。

（七）**坚决遏制高耗能高排放项目盲目发展。**严格执行产业政策和规划布局，严控高耗能高排放（以下简称"两高"）产业规模。新建、扩建钢铁、水泥、平板玻璃、电解铝等"两高"项目严格落实产能等量或减量替代。未纳入国家有关领域产业规划的，一律不得新建改扩建炼油和新建乙烯、对二甲苯、煤制烯烃项目。鼓励和支持"两高"项目通过"上大压小""减量替代""搬迁升级"等方式进行产能整合。新上"两高"项目能效水平要达到国内先进水平。

（八）**大力发展绿色低碳产业。**积极培育低碳零碳负碳新业态、新模式和新产业，加快发展节能环保产业、清洁生产产业、清洁能源产业，打造一批绿色低碳产业示范基地。加快建设绿色制造体系，打造绿色工厂、绿色园区，推行绿色供应链管理。推动互联网、大数据、人工智能、5G、物联网、区块链等新兴技术与绿色低碳产业深度融合。

四、加快构建清洁低碳安全高效能源体系

（九）**推动能耗"双控"向碳排放总量和强度"双控"转变。**完善能源消费强度和总量双控制度，严格控制能耗和二氧化碳排放强度，合理控制能源消费总量，统筹建立二氧化碳排放总量控制制度。做好产业布局、结构调整、节能审查与能耗双控的衔接，建立用能预算管理制度，对能耗强度下降目标完成形势严峻的地区实行项目缓批限批、能耗等量或减量替代。强化节能监察和执法，加强能耗及二氧化碳排放控制目标分析预警。加强甲烷等非二氧化碳温室气体管控。

（十）**大幅提升能源利用效率。**坚持节能优先，持续深化工业、建筑、交通运输、公共机构等重点领域节能，提升数据中心、新型通信等信息化基础设施能效水平。健全能源管理体系，强化重点用能单位节能管理和目标责任。瞄

准国际先进水平，加快实施节能降碳改造升级，打造能效"领跑者"。

（十一）**严格控制化石能源消费**。积极稳妥推进煤炭消费减量替代，"十四五"时期严格合理控制煤炭消费增长，"十五五"时期逐步减少。持续淘汰煤电落后产能，适度提高电煤占煤炭消费比重。大力遏制油品消费过快增长，油品消费"十五五"时期达峰并稳中有降。发挥天然气在能源低碳转型过程中的支撑作用，提升天然气供给能力和利用水平。强化风险管控，做好能源低碳转型过程中安全稳定供应和平稳过渡，在新能源安全可靠替代基础上推动传统能源逐步退出。

（十二）**大力发展非化石能源**。规模化开发海上风电，打造粤东粤西两个千万千瓦级海上风电基地，适度发展陆上风电。坚持集中式与分布式开发并举，积极发展光伏发电。在确保安全的前提下，积极有序发展核电。积极接收省外清洁电力。因地制宜发展生物质能。

（十三）**构建以新能源为主体的新型电力系统**。优化电网建设，提高电网对高比例可再生能源的消纳和调控能力。加快推进源网荷储一体化，提高源网荷储协调互济能力。因地制宜推动综合能源示范，探索建设区域综合能源系统。加快调峰气电、抽水蓄能、新型储能等调节性电源建设。推进氢能"制储输用"全链条发展。

（十四）**深化能源体制机制改革**。全面推进电力体制改革，构建公开透明、平等开放、充分竞争的电力市场体系。加快形成以储能和调峰能力为基础支撑的新增电力装机发展机制。深化油气体制改革，推动市场主体多元化。完善电力等能源品种价格市场化形成机制。深化电价改革，理顺输配电价结构，全面放开竞争性环节电价。加强能源应急保障体系建设，提升能源系统抵御极端天气和突发事件的韧性和能力。

五、实施重点领域节能降碳行动

（十五）**实施工业领域节能降碳行动**。推动钢铁、石化化工、水泥、陶瓷、造纸等高耗能行业二氧化碳排放尽早达峰，助推工业整体有序达峰。开展钢铁去产能"回头看"。推进工业领域数字化智能化绿色化转型和低碳工艺革新，加强重点行业和领域技术改造。促进工业能源消费低碳化，提升工业电气化水平。开展碳达峰试点园区建设。支持大型工业企业设立碳达峰、碳中和目标，深度参与全球工业绿色发展。

（十六）提升城乡建设绿色低碳发展质量。推动城市组团式发展，推进城乡建设和管理模式低碳转型。健全建筑拆除管理制度，杜绝大拆大建。大力发展绿色、超低能耗和近零能耗建筑，推广绿色建材和绿色建造，大力发展装配式建筑。优化建筑用能结构，加快电气化进程，深入推进可再生能源规模化应用，在有条件的地区发展光伏建筑一体化。建设高品质绿色建筑，推动既有建筑节能绿色化改造。

（十七）加快推进低碳交通运输体系建设。大力发展多式联运，推动铁路、公路、水路、民航和城市交通顺畅衔接。加快交通运输工具低碳转型，大力推广新能源汽车，持续提升运输工具能源利用效率。促进交通用能低碳多元化，积极扩大电力、氢能、天然气、先进生物液体燃料等在交通运输领域的应用。推进内河船舶液化天然气（LNG）动力改造和港口岸电建设。构建绿色交通基础设施网络，加快推进新能源汽车充换电站（桩）、加氢站等建设。

（十八）推动农业农村减污降碳。大力发展绿色低碳循环农业，推广"农光互补""光伏＋设施农业""海上风电＋海洋牧场"等低碳农业模式，提高秸秆、畜禽养殖等农业废弃物综合利用水平。加快生物质能、太阳能等可再生能源在农业生产和农村生活中的应用。推进化肥、农药减量增效，降低甲烷、氧化亚氮等温室气体排放强度。

六、加强绿色低碳科技创新

（十九）加强核心技术攻关和前沿技术布局。采用"赛马制""揭榜挂帅"等机制，研发低碳零碳负碳新材料、新技术、新装备，加强新能源、工业节能降碳、绿色建筑、新能源汽车、生态系统碳汇、资源循环利用等领域关键核心技术攻关。加强气候变化成因及影响、非二氧化碳温室气体减排替代、可控核聚变、碳捕集利用与封存等低碳前沿技术布局。

（二十）推进重大科技创新平台和人才队伍建设。推动创建一批工程研究中心、技术创新中心、企业技术中心、重点实验室等绿色低碳科技创新平台。鼓励高等学校、科研院所建立多学科交叉的绿色低碳人才培养体系，加强科教、产教融合，培育一批具有国际水平的绿色低碳科技人才和创新团队。

（二十一）加快科技成果转化和推广应用。发布绿色低碳技术引导目录，鼓励和支持行业、企业应用先进适用的绿色低碳技术装备。推进规模化减碳技术示范和产业化，在新能源及智能电网、储能等领域实施一批先进科技成果应用示范项目。加快推进粤港澳大湾区绿色技术银行等服务平台建设。

七、持续巩固提升生态系统碳汇能力

（二十二）巩固生态系统碳汇能力。强化国土空间规划和用途管控，严格保护重要生态系统，稳定现有生态系统的固碳作用。划定城镇开发边界，严控新增建设用地规模，推动城乡存量建设用地盘活利用。严格执行土地使用标准，加强节约集约用地评价，推广节地技术和节地模式。

（二十三）提升生态系统碳汇增量。强化山水林田湖草沙整体保护、系统修复，实施生态保护修复重大工程。高质量推进万里碧道和美丽海湾建设。实施森林质量精准提升行动，持续增加森林面积和蓄积量。强化湿地保护。严格保护和修复红树林、海草床、珊瑚礁、盐沼等蓝碳生态系统。开展耕地保护与质量提升行动，提升生态农业碳汇。积极推动海洋、岩溶碳汇开发利用。

八、加强绿色交流合作

（二十四）加快建立绿色贸易体系。积极应对绿色贸易国际规则，持续优化贸易结构，大力发展高质量、高附加值绿色产品贸易。落实国家"两高"产品出口负面清单，严格管理"两高"产品出口。积极扩大绿色低碳产品、节能环保技术装备和服务等进口。

（二十五）**深化绿色"一带一路"建设。**加强与"一带一路"沿线国家和地区在绿色技术、绿色装备、绿色服务、绿色基础设施建设等方面的交流合作，帮助支持发展中国家能源绿色低碳发展。拓展风电、光伏、新能源汽车、环保装备等绿色低碳先进技术装备的国际市场，推动绿色低碳技术、产品和服务走出去。

（二十六）**强化绿色低碳交流与合作。**建立健全粤港澳三地应对气候变化联络协调机制。推动粤港澳大湾区在绿色技术创新、绿色金融标准互认和应用、碳交易、碳标签等方面的深度合作。推动构建粤港澳大湾区绿色金融共同市场。在绿色低碳技术、清洁能源等方面深化省际交流协作。

九、完善政策法规和市场体系

（二十七）**完善法规规章和标准计量体系。**全面清理现行法规规章中与碳达峰、碳中和工作不相适应的内容。研究制定碳中和专项法规，推动应对气候变化、节约能源、碳排放管理、可再生能源、循环经济促进等法规规章的制定修订。加快构建碳达峰、碳中和先进标准计量体系，研究制定重点行业和产品温室气体排放、生态系统碳汇、碳捕集利用与封存等地方标准。鼓励有关机构和企业参与国内国际相关标准制定。

（二十八）**建立统计监测体系。**加强二氧化碳排放统计核算能力建设，构建上下衔接的碳核算体系。建设全省二氧化碳排放监测智慧云平台，提升数字化信息化实测和管理水平。建立覆盖陆地和海洋生态系统的碳汇监测核算体系，开展森林、湿地、土壤、海洋、岩溶等生态系统碳汇本底调查和碳储量评估。

（二十九）**完善经济政策。**完善投资政策，构建与碳达峰、碳中和相适应的投融资体系，激发市场主体投资活力。建立健全绿色金融体系，引导金融机构为绿色低碳项目提供长期限、低成本资金。各级财政要加大对绿色低碳产业发展、技术研发等的支持力度。深入推进能源价格改革，完善与可再生能源规模化发展相适应的价格机制。完善绿色电价政策体系，健全天然气输配价格形成机制。建立碳达峰、碳中和信用管理机制，加强守信激励和失信惩戒。

（三十）推进市场化机制建设。深化碳排放权交易试点，积极争取碳排放交易外汇试点。探索开发碳排放等绿色低碳期货交易产品。推广碳普惠制。加快建设用能权交易市场，探索电力交易市场、绿电交易市场、碳交易市场、用能权交易市场等协同运行机制。健全碳汇补偿和交易机制。发展市场化节能减碳方式，推广节能减碳综合服务。

十、加强组织实施

（三十一）加强组织领导。坚持把党的领导贯穿碳达峰、碳中和工作全过程。省碳达峰碳中和工作领导小组指导和统筹做好碳达峰、碳中和工作，组织开展碳达峰、碳中和先行示范、改革创新，探索有效模式和有益经验，支持有条件的地方和重点行业、重点企业率先实现碳达峰。省发展改革委要加强统筹，组织落实碳达峰实施方案，研究谋划碳中和行动纲要，建立工作台账，加强跟踪评估和督促检查。各有关部门要加强协调配合，形成工作合力，确保政策取向一致、步骤力度衔接。

（三十二）压实地方责任。落实领导干部生态文明建设责任制，各级党委和政府要坚决扛起碳达峰、碳中和责任，建立强有力推进机制，明确目标任务，制定落实举措，全力做好碳达峰、碳中和各项工作。

（三十三）严格监督考核。各地区要将碳达峰、碳中和相关指标纳入经济社会发展综合评价体系，增加考核权重，加强指标约束。强化碳达峰、碳中和目标任务落实情况考核，对作出突出贡献的集体和个人按规定给予表彰奖励，对未完成目标任务的地区、部门依规依法实行通报批评和约谈问责，有关落实情况纳入省生态环境保护督察。各地区各有关部门贯彻落实情况每年向省委、省政府报告。

（二）中共广东省委关于深入推进绿美广东生态建设的决定（2022年12月8日中国共产党广东省第十三届委员会第二次全体会议通过）

为深入贯彻习近平生态文明思想，牢固树立和践行绿水青山就是金山银山的理念，深入推进绿美广东生态建设，推动我省高质量发展，现作出如下决定。

一、总体要求

（一）**指导思想**。坚持以习近平新时代中国特色社会主义思想为指导，全面贯彻党的二十大精神，深入贯彻习近平总书记对广东系列重要讲话和重要指示精神，坚定不移践行新发展理念，坚持山水林田湖草沙一体化保护和系统治理，全方位、全地域、全过程加强林业生态建设，深入实施绿美广东生态建设"六大行动"，精准提升森林质量，增强固碳中和功能，保护生物多样性，构建绿美广东生态建设新格局，建设高水平城乡一体化绿美环境，推动生态优势转化为发展优势，打造人与自然和谐共生的绿美广东样板，走出新时代绿水青山就是金山银山的广东路径，为我省在全面建设社会主义现代化国家新征程中走在全国前列、创造新的辉煌提供良好生态支撑。

（二）**基本原则**

——生态优先、绿色发展。坚持尊重自然、顺应自然、保护自然，坚决守住自然生态安全边界，坚定不移走绿色高质量发展之路，推动构建人与自然生命共同体。

——人民至上、增进福祉。坚持以人民为中心的发展思想，增加高质量林业生态产品的有效供给，推动绿美生态服务均等化、普惠化，促进乡村振兴，不断满足人民日益增长的优美生态环境需要。

——求真务实、科学绿化。尊重当地气候条件，科学选择绿化树种，审慎使用外来树种，坚决防止乱砍滥伐，坚决反对"天然大树进城"、"一夜成景"、只搞"奇花异草"等急功近利行为。

——系统谋划、分类推进。坚持系统观念，统筹规划、建设、管理等环节，严守耕地红线，高标准、全方位谋划推进绿美广东生态建设，注重整体与局部相协调，不搞"一刀切"。

——群策群力、久久为功。坚持群众路线，坚持共建共治共享，弘扬塞罕坝精神，创新社会参与绿美广东生态建设制度机制，推动形成全社会人人爱绿、积极植绿、自觉护绿的生动局面，持续提升绿美广东生态质量水平。

（三）目标任务

到2027年年底，全省完成林分优化提升1000万亩、森林抚育提升1000万亩，森林结构明显改善，森林质量持续提高，生物多样性得到有效保护，城乡绿美环境显著优化，绿色惠民利民成效更加突显，全域建成国家森林城市，率先建成国家公园、国家植物园"双园"之省，绿美广东生态建设取得积极进展。

到2035年，全省完成林分优化提升1500万亩、森林抚育提升3000万亩，混交林比例达到60%以上，森林结构更加优化，森林单位面积蓄积量大幅度提高，森林生态系统多样性、稳定性、持续性显著增强，多树种、多层次、多色彩的森林植被成为南粤秀美山川的鲜明底色，天蓝、地绿、水清、景美的生态画卷成为广东亮丽名片，绿美生态成为普惠的民生福祉，建成人与自然和谐共生的绿美广东样板。

二、构建绿美广东生态建设新格局

（四）优化绿美广东的空间布局。强化规划引领和空间管控，编制实施国土空间规划，发挥"多规合一"优势，合理安排绿化用地，统筹点、线、面全域推进绿化美化提质增效，筑牢生态安全屏障。全面打造自然保护地和城市绿地体系，推进森林公园、湿地公园、山地公园、风景名胜区、植物园等建设，持续提升点状生态空间质量。全面打造生态廊道，推进优化绿道、碧道、古驿道等建设，持续提升带状生态空间绿化美化水平。

（五）**建设陆海统筹的秀美山川。**结合全省自然地理空间分布，加强重点区域生态治理。优化提升南岭、莲花山、云开山等主要山脉的森林景观和生态质量。强化东江、西江、北江、韩江、鉴江等主要江河流域，以及重要水源地和大中型水库集雨区水源涵养林、水土保持林建设。推进海岸带保护和沿海防护林体系建设，打造山海相连、蓝绿交织的生态景观，拓展亲山傍海、和谐共生的自然格局，建设通山达海、色彩多样的魅力绿美空间。

（六）**打造城乡协同的美丽家园。**以森林城市创建和森林城镇、森林乡村建设为载体，因地制宜推进林网、水网、路网"三网"融合，协同构建"林和城相依、林和人相融"的高品质城乡绿美生态环境。坚持以本土物种为主，宜树则树、宜果则果、宜花则花、宜草则草，按照"一条绿化景观路、一处乡村休闲绿地、一个庭院绿化示范点、一片生态景观林"标准，打造推窗见绿、出门见景、记得住乡愁的美丽家园。

三、推进绿美广东生态建设重点任务

（七）**实施森林质量精准提升行动。**按照适地适树原则，优化重要生态区域低效林的林分结构，持续改善林相，提升林分质量。科学开展森林经营，以自然地理单元和县级行政区域为单位，调整和优化树种林种结构，营造高质高效乡土阔叶混交林，提升森林生态效益。加强森林抚育和封山育林，促进中幼林生长，提高林地生产力和森林蓄积量。实施区域一体化保护和综合治理，集中连片打造功能多样的高质量林分和优美林相，推动森林资源增量、生态增效、景观增色，增强森林生态系统稳定性和碳汇能力。

（八）**实施城乡一体绿美提升行动。**全域创建国家森林城市，提升珠三角森林城市群建设水平，加快创建汕潮揭、湛茂阳森林城市群。持续提升山边、水边、路边、镇村边、景区边"五边"绿化美化品质，深入开展"四旁"植绿活动，推进留白增绿、拆违建绿、见缝插绿，加强立体绿化美化，建设公共绿地和美丽庭院。开展历史遗留矿山生态修复，让山体重披绿装、重展绿颜。依托城乡特色景观禀赋，挖掘历史文化资源，建设森林城镇、森林乡村和绿美古树乡村、绿美红色乡村等，营造"城在林中、路在绿中、房在园中、人在景中"的绿美城乡人居环境。

（九）实施绿美保护地提升行动。持续强化就地与迁地保护，全力创建南岭国家公园、丹霞山国家公园，推动南岭自然生态系统保护与修复，加强森林生态景观营造，打造多彩岭南山地，建设一批示范性自然保护区、森林公园和山地公园、郊野公园。高标准建设华南国家植物园，打造彰显中国特色、世界一流、万物和谐的国家绿色名片，支持有条件的市县建设植物园、树木园。高水平建设深圳"国际红树林中心"，加快红树林营造修复，建设万亩级红树林示范区，全面提升红树林等湿地生态系统质量和服务功能。

（十）实施绿色通道品质提升行动。在高速公路、高速铁路、国省道等主要通道两侧山体，营建森林景观带，增强森林生态功能。提升绿道、碧道、古驿道森林景观，建设森林步道，推动邻近的古村落、历史遗迹、自然公园等串珠成链，让森林融入城乡，让人们贴近自然。以生态化海堤、滨海湿地、魅力沙滩、美丽海湾、活力人居海岸线建设为重点，打造滨海绿美景观带，畅通山海相连的林廊绿道。

（十一）实施古树名木保护提升行动。推进重要古树名木视频监控和保护工程建设，开展古树名木资源监测调查，加强实时动态管理。强化古树群保护，推进古树公园建设，严格保护古树名木及其自然生境，对濒危古树名木及时抢救复壮。建立健全古树名木分级管护制度，严格查处违法违规迁移、破坏古树名木行为。在城乡建设和城市更新中，最大限度避让古树名木，促进古树名木与城乡基础设施和谐共存，留住绿美广东乡愁记忆。

（十二）实施全民爱绿植绿护绿行动。坚持依靠群众、发动群众、组织群众，全面深入开展全民义务植树活动，充分发挥各级党政机关、群团组织、企事业单位等的表率作用，积极调动社会组织和志愿者力量，营造"青年林""巾帼林"等主题林。创新全民义务植树尽责形式，完善义务植树网络平台，拓宽"认种、认养、认捐"渠道，建立一批"互联网＋义务植树"基地，打通义务植树"最后一公里"。广泛开展关注森林活动，营造全社会参与绿美广东生态建设的良好氛围。

四、发挥绿美广东生态建设综合效益

（十三）**提高绿美广东的经济效益。**促进林业一二三产业融合发展，重点推动油茶、竹子、中药材、花卉苗木、经济林果等优势特色产业发展，大力发展林下经济，提高林地产出率，向森林要食物、要蛋白，促进乡村产业振兴、农民增收致富。加快培育新型林业经营主体，做大做强林业龙头企业，打造林业产业集群，建设现代化林业产业体系。持续推进林产品品牌建设，打造"粤林＋"特色品牌。搭建林产品交易平台，提升优质林产品经济价值。建立林业生态产品价值核算体系，推动林业生态产品价值实现。

（十四）**增强绿美广东的社会效益。**充分发挥森林固碳储碳作用，增强"双碳"服务功能。完善林业碳汇交易机制，加大林业碳汇项目开发和储备力度，探索提高林业碳汇在广东碳交易抵消总量中的比例。科学利用林地资源和森林景观，大力发展森林旅游、森林康养等新业态，增加优质森林生态产品供给，增进生态民生福祉。加大生态保护补偿力度，适时调整公益林补偿标准，健全自然保护地生态补偿制度，探索建立天然林生态补偿制度。

（十五）**挖掘绿美广东的文化价值。**深入挖掘绿色生态产品文化内涵，繁荣发展生态文化，推进文旅融合发展，开发一批具有广东特色的生态文化产品，孵化发展生态文化产业。活化利用丰富的森林、湿地等自然资源和历史人文资源，建设高品质的自然教育基地、自然博物馆等，打造粤港澳自然教育特色品牌。加快构建广东特色生态文化传播体系，讲好人与自然和谐共生的中国故事、大湾区故事、广东故事。

五、提升绿美广东生态建设治理水平

（十六）**全面落实林长制**。压实各级党委和政府保护发展森林资源的主体责任，强化各级林长森林资源保护发展目标责任制考核，落实党政领导干部生态环境损害责任终身追究制度，构建党政同责、属地负责、部门协同、源头治理、全域覆盖的长效机制。充分发挥省市县镇村五级林长体系作用，全面加强各级林业主管部门队伍建设，充实基层执法和护林力量，增强全省森林资源网格化管理能力。

（十七）**深化集体林权制度改革**。深入推进集体林地所有权、承包权、经营权"三权分置"改革，推进林业产权确权、登记、监管、流转、定价、抵（质）押等工作。探索建立林权收储机构，大力发展国家储备林。健全林权登记与林业管理信息互通共享机制，完善林权交易服务体系，提高林业综合管理效率。

（十八）**创新造林绿化机制**。完善造林激励政策，创新林木采伐管理机制，建立健全造抚一体、造采挂钩的森林资源培育和管理制度。鼓励社会资本参与绿美广东生态建设。持续推进以奖代补、先造后补、以工代赈，完善造林项目管护机制。

（十九）**强化资源保护监管**。严格落实生态保护红线管控制度，加强森林督查、巡护，强化林地使用和林木采伐监管。推动天然林保护与公益林管理并轨。加强林业领域生物安全风险防控，健全有害生物监测预防体系，加大松材线虫病及外来入侵物种防治力度。推进森林防火基础设施建设，健全森林防灭火责任、组织、管理、保障体系。持续完善林业保护法规制度体系，强化林业行政执法和司法协同联动，严厉打击破坏森林和野生动植物资源的违法犯罪行为。

六、组织保障

（二十）**加强党的领导**。坚持把党的领导贯穿绿美广东生态建设全过程各方面。各级党委和政府要加强统筹协调，定期听取工作汇报，及时研究解决重大问题，明确任务分工，强化督促落实。各级绿化委员会要充分发挥协调指导作用，各级林业主管部门要牵头推动绿美广东生态建设各项任务落地见效，各有关部门要各司其职、互相配合，细化落实举措，形成全省上下联动、协同推进绿美广东生态建设的工作格局。

（二十一）**强化政策支持**。加大各级财政资金统筹力度，加强绿美广东生态建设资金保障。创新林业投融资机制，鼓励开发符合林业生产特点的金融产品，积极推动政策性银行贷款支持林业生态建设。大力推广林业特色险种。完善产权激励、资源利用、金融等政策，落实国家有关税收政策，建立健全社会资本参与绿美广东生态建设机制。

（二十二）**强化科技支撑**。加强生态保护、绿色产业领域科技创新，重点突破林木良种选育、乡土珍贵树种扩繁、森林质量提升、生态修复、有害生物防控、林草智能装备研发等关键技术。强化科技成果转化、科技示范推广和标准实施应用，积极推广实用、高效、便捷的绿化机械。依托数字政府一体化平台，加快"感知林业"建设，提升森林资源保护发展信息化、数字化、智能化水平。

（二十三）**注重宣传引导**。深入宣传习近平生态文明思想，弘扬生态文明理念，普及绿色发展科学知识，倡导爱护生态、崇尚自然、绿色消费的生产生活方式。广泛开展绿美广东专题宣传活动，培养一批宣讲志愿者，推动大地植绿、心中播绿、全民享绿成为时代新风尚。

（三）中共广东省委关于实施"百县千镇万村高质量发展工程"促进城乡区域协调发展的决定（2022年12月8日中国共产党广东省第十三届委员会第二次全体会议通过）

党的二十大把高质量发展作为全面建设社会主义现代化国家的首要任务，对推进城乡融合和区域协调发展作出战略部署。为深入学习贯彻党的二十大精神，推动全省县镇村高质量发展，在新起点上更好解决城乡区域发展不平衡不充分问题，现就实施"百县千镇万村高质量发展工程"促进城乡区域协调发展作出如下决定。

一、总体要求

（一）重要意义。近年来，我省深入实施乡村振兴战略，着力构建"一核一带一区"区域发展格局，推动城乡区域协调发展取得重要成果。同时也要看到，广东实现高质量发展的突出短板在县、薄弱环节在镇、最艰巨最繁重的任务在农村，特别是县域经济总量较小、增长较慢、总体发展水平较低，县镇村内生动力不足，一体化发展政策体系不健全，资源要素从乡村向城市净流出的局面尚未扭转。必须坚持问题导向，在遵循经济社会发展规律的同时，把握城乡融合发展的正确方向，把县域作为城乡融合发展的重要切入点，从空间尺度上对"核""带""区"进行深化细化，从互促共进的角度对先发地区与后发地区的发展进行通盘考虑，对县镇村各自的功能定位科学把握，把县的优势、镇的特点、村的资源更好地统筹起来。部署实施"百县千镇万村高质量发展工程"，是进一步拓展发展空间、畅通经济循环的战略举措，是惠民富民、满足人民对美好生活新期待的内在要求，是整体提升新型工业化、信息化、城镇化、农业现代化水平的迫切需要，对推动广东在全面建设社会主义现代化国家新征程中走在全国前列、创造新的辉煌具有重要意义。

（二）指导思想。坚持以习近平新时代中国特色社会主义思想为指导，全面贯彻党的二十大精神，深入贯彻习近平总书记对广东系列重要讲话和重要指示精神，完整、准确、全面贯彻新发展理念，以推动高质量发展为主题，以乡村振兴战略、区域协调发展战略、主体功能区战略、新型城镇化战略为牵引，以城乡融合发展为主要途径，以构建城乡区域协调发展新格局为目标，壮大县域综合实力，全面推进乡村振兴，持续用力、久久为功，把县镇村发展的短板转化为广东高质量发展的潜力板，把深刻领悟"两个确立"的决定性意义，增强"四个意识"、坚定"四个自信"、做到"两个维护"落实到具体行动上。

（三）**基本原则**

——坚持分类施策。立足各地发展基础和资源禀赋，明确发展定位，针对不同地区、不同类型县镇村制定实施差别化政策，引导走特色发展、错位发展之路，推动各尽所能、各展所长。

——坚持集约高效。发挥县城、圩镇的集聚作用，推动人口、产业、资源要素适度集中，推广节地型、紧凑式开发模式，科学把握开发时序，梯次推进、有序展开，实现高水平保护、高效能利用、高质量发展。

——坚持协同联动。以工补农、以城带乡、工农互促、城乡互补，推进城乡融合发展；加强省市纵向支持，推动资源要素精准对接、优化配置；加强区域横向协作，先发地区拓展纵深，后发地区融湾向海，优势互补、合作共赢。

——坚持改革创新。遵循中央顶层设计，尊重基层首创精神，鼓励探索有利于破除城乡二元结构的创新实践，谋划实施一批创造型引领型改革举措，构建强有力的城乡区域协调发展体制机制和政策体系。

——坚持群众路线。贯彻落实以人民为中心的发展思想，相信群众、发动群众、依靠群众，把工作着力点放在发展城乡经济、改善环境、保障民生、富民增收上，让城乡全体居民共享改革发展成果。

——坚持实事求是。从实际出发，尊重规律、稳扎稳打，树立正确政绩观，力戒形式主义、官僚主义，确保工作成效经得起历史和人民检验。

（四）**目标任务**。以全省122个县（市、区）、1609个乡镇（街道）、2.65万个行政村（社区）为主体，全面实施"百县千镇万村高质量发展工程"。到2025年，城乡融合发展体制机制基本建立，县域经济发展加快，新型城镇化、乡村振兴取得新成效，突出短板弱项基本补齐，城乡居民人均可支配收入差距进一步缩小。到2027年，城乡区域协调发展取得明显成效，县域综合实力明显增强，一批经济强县、经济强镇、和美乡村脱颖而出，城乡区域基础设施通达程度更加均衡，基本公共服务均等化水平显著提升，中国式现代化的广东实践在县域取得突破性进展。展望2035年，县域在全省经济社会发展中的地位和作用更加凸显，新型城镇化基本实现，乡村振兴取得决定性进展，城乡区域发展更加协调更加平衡，共同富裕取得更为明显的实质性进展，全省城乡基本实现社会主义现代化。

二、推动县域高质量发展

统筹抓好产业兴县、强县富民、县城带动，让县域进一步强起来、富起来、旺起来，在不同赛道上争先进位。

（五）分类引导差异化发展。立足资源禀赋、比较优势等因素，科学把握各县域的发展定位、方向、路径、重点，宜粮则粮、宜农则农，宜工则工、宜商则商，以差异化发展助推高质量发展。珠三角地区及周边的县域，融入大城市发展建设，主动承接人口、产业、服务功能特别是生产制造环节、区域性物流基地、专业市场等的疏解转移，加快工业化城镇化进程。产业实力较强的县域，进一步做强主导产业，强化产业平台支撑，发展成为先进制造、商贸流通、文化旅游等专业功能显著的区域。生态功能重要的县域，加强点上开发、面上保护，推进生态产业化、产业生态化，筑牢全省生态屏障。农产品主产区的县域，推动增强农业综合生产能力，大力发展农产品种养殖、深加工、大流通，提高粮食安全保障水平。对老区苏区、民族地区和省际边界地区中综合实力较弱的县域，加快补齐在产业发展、城镇建设、公共服务等方面的短板，推动振兴发展。

（六）发展壮大县域经济。重点发展比较优势明显、带动农业农村能力强、就业容量大的产业，统筹培育本地产业和承接外部产业转移，促进产业转型升级。壮大工业经济，推进工业入园，支持与当地主体功能定位相匹配的产业园区提质增效，重点扶持一批10亿元级企业、建设一批亿元级项目，促进现代产业集群发展。支持沿海经济带有条件的县域建设一批海洋产业园区，打造一批渔港经济区。有序承接产业转移，深化"研发＋制造"、"总部＋基地"等合作模式，开展联合招商引资，建设一批加工贸易产业转移园。发展特色优势产业，以"粮头食尾""农头工尾"为抓手，培育农产品加工业集群，积极发展农业生产性服务业。依托文化旅游资源，培育文化体验、休闲度假、养生养老等产业。开展争创全国经济强县行动，重点支持若干基础条件好的县（市）做大做强做优，示范带动全省县域高质量发展。

（七）推进以县城为重要载体的城镇化建设。推动县城公共服务设施提标扩面、市政公用设施提档升级、环境基础设施提级扩能、产业配套设施提质增效、城产城融合发展，不断提升县城综合承载能力。推进就地就近城镇化，提高县城就业容量和就业质量，引导镇村人口向县城转移，承接返乡农民就业创业、生产生活。支持县城高水平扩容提质，推动一批有条件的县城按照中等城市的标准规划建设，增强辐射带动能力。加快发展大城市周边县城，强化与邻近地区通勤便捷、功能互补、产业配套，发展成为大城市的卫星城。

三、强化乡镇联城带村的节点功能

充分发挥乡镇连接城市与农村的节点和纽带作用，建设成为服务农民的区域中心，促进乡村振兴、推动城乡融合。

（八）增强综合服务功能。打造完善的服务圈，加强政务服务中心建设，建好用好党群服务中心，优化教育、医疗、文化等公共资源配置，加快补齐偏远乡镇服务"三农"的短板弱项，在家门口满足农民生产生活基本之需。打造兴旺的商业圈，开展农贸市场提升行动，开展家电下乡、汽车下乡等展销活动，挖掘农村消费潜力、助推消费升级。推进电商物流服务联通，加强乡镇农产品冷链物流配送、加工物流中心建设，促进农货出乡出山出海。打造便捷的生活圈，积极发展养老托育等生活性服务业，建设小公园、小广场、小球场等公共活动空间，推动镇村生活一体融合、各有精彩。

（九）建设美丽圩镇。开展人居环境品质提升行动，对路网边、水岸边、街巷边等区域进行洁化、绿化、美化、文化，加强圩镇建筑风貌管控，深化乱搭乱建问题治理，统筹镇村连线成片建设，推动圩镇从干净整洁向美丽宜居蝶变。改造提升旧民居、旧街巷，突出岭南特色、历史文化、民族风情，因地制宜建设美丽街区，打造一批辨识度高、别具特色的网红地、打卡点，统筹绿道、碧道等建设，提升美丽圩镇的特色化品质化水平。

（十）建强中心镇专业镇特色镇。突出发展一批区位优势较好、经济实力较强、未来潜力较大的中心镇，有条件的打造成为县域副中心、发展成为小城市，增强对周边的辐射带动力和县域发展的支撑力。加快专业镇转型升级，改造提升传统优势产业，培育战略性新兴产业，形成一批在全国有较强影响力和竞争力的名镇名品。鼓励珠三角与粤东粤西粤北地区专业镇联动发展，促进特色优势产业跨区域合作。集中资源力量，培育更多全国经济强镇。分类发展特色产业、科技创新、休闲旅游、历史文化、绿色低碳等特色镇，打造一批休闲农业与乡村旅游示范镇，推动一批古镇古埠古港焕发新的光彩。

四、建设宜居宜业和美乡村

坚持农业农村优先发展，巩固拓展脱贫攻坚成果，全面推动乡村产业、人才、文化、生态、组织振兴，实现农业高质高效、乡村宜居宜业、农民富裕富足。

（十一）构建现代乡村产业体系。全面落实耕地保护和粮食安全党政同责，牢固树立和践行大农业观、大食物观，强化耕地保护和用途管制，加强粮食生产功能区建设，健全种粮农民收益保障机制，全方位夯实粮食安全根基。完善现代农业产业体系，推进现代农业产业园、农业现代化示范区建设，发展壮大丝苗米、岭南蔬果、畜禽、水产、南药、茶叶、花卉、油茶、竹等特色产业集群。做大做强"粤字号"农业知名品牌，发展预制菜等农产品精深加工，培育壮大乡村旅游、数字农业等新业态，促进农村一二三产业融合发展。完善利益联结机制，让农民更多分享产业增值收益。加快推进村集体经济增收，建成更多集体经济强村。

（十二）稳步实施乡村建设行动。以乡村振兴示范带为主抓手，推进农村道路、供水保障、清洁能源、农产品仓储保鲜和冷链物流、防汛抗旱等设施建设，打造一门式办理、一站式服务、线上线下结合的村级综合服务平台，推动农村逐步基本具备现代生活条件。深入实施农村人居环境整治提升五年行动，巩固垃圾污水治理和厕所革命成果，持续推进村庄绿化美化亮化。充分尊重农民意愿，分类整治空心村。强化农房规划建设管控，坚决遏制新增农村违法违规建房行为。塑造广府、客家、潮汕及少数民族等别具风格的特色乡村风貌，加强古树名木、特色民居和传统村落保护利用，守住乡村文化根脉。持续开展珠三角地区"五美"专项行动，建设与粤港澳大湾区相匹配的精美乡村。

（十三）加强和完善乡村治理。健全党组织领导的自治、法治、德治相结合的乡村治理体系，构建共建共治共享的乡村治理共同体。深入推进抓党建促乡村振兴，全面提升"头雁"工程质量，选优派强驻村第一书记，持续整顿软弱涣散村党组织。创新乡村治理方式方法，推广应用积分制、清单制、数字化、网格化等治理方式，开展乡村治理示范创建。全面加强农村精神文明建设，大力弘扬和践行社会主义核心价值观，加强新时代文明实践中心（所、站）等公共文化阵地建设，充分发挥村规民约、居民公约、生活礼俗的作用，推动农村移风易俗，培育向上向善、刚健朴实的文化气质。坚持和发展新时代"枫桥经验"，深入推进平安乡村、法治乡村建设。

五、统筹推进城乡融合发展

加大城乡区域统筹力度，促进发展空间集约利用、生产要素有序流动、公共资源均衡配置、基本公共服务均等覆盖，破除城乡二元结构。

（十四）推进规划建设一体化。坚持县域一张图、一盘棋，高质量编制国民经济和社会发展规划及国土空间规划，优化县镇村生产力布局。明确国土空间保护开发利用策略，严守耕地和永久基本农田、生态保护红线、城镇开发边界三条控制线，一体谋划县镇村产业发展、基础设施建设、公共服务配套、生态系统保护和修复等。健全城乡一体的规划实施制度，合理配置空间资源和生产要素，推动项目跟着规划走、要素跟着项目走。

（十五）推进基础设施一体化。以县域为整体推动水电气路网等基础设施一体化布局，实现城乡基础设施统一规划、统一建设、统一管护。推动骨干交通网向城镇覆盖，全面实现国道通县城、省道通乡镇，加快"四好农村路"提档升级和村内道路建设，建设县镇村三级快递物流网络。推进县域供水一体化、农村供水规模化和水质提升，让城乡居民都喝上好水。加快新型基础设施建设，推动县域同步建设千兆光网和5G网络，相对集中布局建设新能源充换电设施。加强县域防洪排涝、防灾减灾、应急避难等设施建设。健全县镇村基础设施产权管理制度，明确管护主体，落实管护责任，保障管护经费。

（十六）推进要素配置一体化。建立人才入县下乡激励机制，加强人才驿站建设，持续推动千名科技特派员下乡服务。支持科研院所在县域布局设点，引导科研成果推广转化应用。建设县域信用体系，构建普惠金融的公共基础设施。创新为农服务金融产品，引导县域地方法人金融机构将更多资金用于支持当地发展，探索符合农村实际的新型农村合作金融。强化政府对土地一级市场的调控管理，审慎稳妥推进农村集体经营性建设用地入市，健全土地增值收益分享机制。

（十七）推进生态环保一体化。实施重要生态系统保护和修复重大工程，统筹推进山水林田湖草沙一体化保护和系统治理。深入推进绿美广东生态建设，优化林分改善林相，精准提升森林质量，高标准高质量建设县级国家森林城市。提升城镇污水设施管网覆盖率，将城镇周边的农村生活污水因地制宜纳入城镇生活污水处理体系，在人口分散的自然村推广污水资源化利用和厌氧式、无动力、小区域的生态处理技术，因地制宜、分类施策，加大力度推进农村污水治理。健全村收集、镇转运、县处理的生活垃圾收运处置体系，鼓励共建共享生活垃圾焚烧处理设施。统筹好上下游、左右岸、干支流、城与乡，推动黑臭水体治理向全县域拓展。

（十八）推进基本公共服务一体化。推动城乡基本公共服务逐步实现标准统一、制度并轨。健全统筹城乡的就业政策和服务体系，加强职业技能培训，实施"万千农民素质提升行动"，用好公益性岗位、以工代赈等方式，提升农民就业创业质量。推进县域基础教育优质均衡发展，优化城乡教育联合体模式，深化义务教育教师"县管校聘"管理改革，开展"名优教师送教下乡"活动，推动优质教育资源向镇村倾斜。强化基层公共卫生体系，加强紧密型县域医共体建设，推进基层医疗卫生机构医务人员"县招县管镇用"，实施"万名医师下乡"计划。健全县镇村衔接的三级养老服务网络，发展乡村普惠型养老服务和互助性养老。统筹城乡低保制度发展，全面实施城乡特困人员救助供养制度。推进县镇村三级公共文化服务体系一体化，加强图书馆、体育馆等文体设施建设。

六、强化保障措施

（十九）加强组织领导。坚持和加强党的全面领导，发挥各级党组织作用，建立健全省级统筹、市负主责、县镇村抓落实的工作机制。省成立"百县千镇万村高质量发展工程"指挥部，强化统筹协调、政策制定、督促落实等职责。各地级以上市要强化责任担当，推动资源下沉，加强要素保障。县（市、区）委书记要充分发挥"一线总指挥"职责作用，乡镇（街道）党委书记当好"一线施工队长"，村（社区）党组织书记发挥"领头雁"作用。选优配强县镇党政正职，对德才兼备、实绩突出的优先提拔使用。培养造就一支懂经济、善发展、敢改革、爱基层的县镇干部队伍，加强村（社区）"两委"队伍建设，选派优秀年轻干部到基层一线锻炼。加强对基层干部的激励保护和关心关爱。

（二十）**强化政策支持**。省有关单位要根据本决定制定产业、商贸、人才、科技、土地、生态保护、财政、金融、民生保障等配套支持政策，各县（市、区）结合本地实际制定具体实施方案，构建"百县千镇万村高质量发展工程"的"1+N+X"政策体系。加大产业政策扶持力度，优化产业发展目录，支持县域重大产业平台建设，推动产业数字化绿色化改造。加大土地政策倾斜力度，强化县域重大项目用地保障，推进点状供地，强化农村一二三产业融合发展用地支持。建立县级财力保障长效机制，试行省财政资金全面直达县（市），稳步提高土地出让收入用于农业农村比例，统筹地方政府新增债券用于县镇村建设。健全多元化投入机制，政府出一点、集体筹一点、社会资本投一点、银行贷一点、帮扶方补一点、乡贤捐一点，引导更多资金注入县域发展和强镇兴村。

（二十一）**加大改革力度**。深化农村集体产权制度改革，推动资源变资产、资金变股金、农民变股东，发展壮大新型农村集体经济。完善农村承包地"三权"分置制度，稳慎推进宅基地制度改革。开展城乡土地综合整治，推进城乡建设用地增减挂钩，满足县镇扩容提质空间需求。深化涉农资金统筹整合改革。建立健全生态产品价值实现机制。积极推进户籍制度改革，全面落实取消县城落户限制政策，同时保障进城落户农民合法土地权益。深化县镇扩权赋能改革，赋予县更多市级经济社会管理权限，赋予部分中心镇县级管理权限，确保放到位、接得住、管得好。

（二十二）**建立新型帮扶协作机制**。深化拓展省内帮扶协作，建立纵向支持、横向帮扶、内部协作相结合的机制，实现对粤东粤西粤北地区45个县（市）帮扶协作全覆盖，做好惠州、江门、肇庆市12个县（市）的帮扶工作。强化省市县纵向帮扶，结合驻镇帮镇扶村和对口支援重点老区苏区县工作，建立省直机关事业单位、省属国有企业、高校、科研院所等组团帮扶机制。强化市际横向帮扶协作，按照"市统筹、县协同"的原则，优化珠三角核心区与粤东粤西粤北地区县级结对关系，探索建立共建共享机制，推动珠三角产业向粤东粤西粤北地区有序转移，鼓励共建产业转移合作园区。强化市域内帮扶协作，推动区、县（市）联动发展。健全省领导同志定点联系县、市领导同志挂钩联系中心镇和欠发达乡镇、县领导同志联系村机制，指导和督促各项工作落实。

（二十三）广泛调动社会力量。提高县域营商环境水平，撬动民间投资，发展民营经济。鼓励、引导、规范工商资本下乡，深入实施"千企帮千镇、万企兴万村"行动，积极探索政府引导下社会资本与村集体合作共赢的模式。大力培育农业新型经营主体，充分发挥龙头企业、种养大户、家庭农场经营者带动作用，推动农民合作社转型升级，激发各类主体的积极性、主动性、创造性。发挥工会、共青团、妇联等群团组织的优势和力量，支持各民主党派、工商联、无党派人士等积极发挥作用，办好农民丰收节、"广东扶贫济困日"等活动，形成人人关心支持、全社会共同参与的良好氛围。

（二十四）强化考核评估。统筹乡村振兴、产业有序转移等考核机制，建立"百县千镇万村高质量发展工程"考核评价体系，对市县党委、政府及省有关单位进行考核。实施县域发展差异化考核监督和激励约束，强化考核结果运用，考出压力、考出动力、考出活力。压实帮扶双方责任，突出帮扶协作实效，既考核帮扶方，也考核被帮扶方。加强县域经济和产业发展统计监测。健全常态化督促检查和定期评估机制，及时研究新情况、解决新问题，根据实际优化调整政策举措。积极有效防范化解工程实施中的各类风险，守住安全发展底线。

（四）中共广东省委 广东省人民政府关于全面推进自然资源高水平保护高效率利用的意见（2022年3月24日）

为深入贯彻习近平生态文明思想，贯彻落实党中央关于全面提高资源利用效率、加快推动绿色低碳发展工作部署，扎实推进我省自然资源高水平保护高效率利用，努力建设人与自然和谐共生的现代化，现提出如下意见。

一、总体要求

（一）指导思想。坚持以习近平新时代中国特色社会主义思想为指导，全面贯彻党的十九大和十九届历次全会精神，立足新发展阶段，完整、准确、全面贯彻新发展理念，构建新发展格局，推动高质量发展，以深化自然资源供给侧结构性改革为主线，以改革创新为根本动力，实施全要素、全周期、全方位和资源资产资本"三位一体"管理，推进自然资源总量管理、科学配置、全面节约、循环利用，为推动广东在全面建设社会主义现代化国家新征程中走在全国前列、创造新的辉煌提供有力支撑。

（二）发展目标。到2025年，全省自然资源资产产权制度不断完善，国土空间开发保护格局持续优化，生态保护修复体系全面建立，用途管制与耕地保护长效机制更加健全，节约集约用地水平全国领先，初步构建自然资源高水平保护高效率利用制度体系。到2035年，全面形成具有广东特色的自然资源高水平保护高效率利用模式，基本实现自然资源领域治理体系和治理能力现代化。

二、健全产权制度体系

（三）全面查清自然资源资产底数。建立健全自然资源调查评价监测体系，以第三次全国国土调查为基础，重点推进耕地、湿地、近海海域等专项调查，实施耕地和永久基本农田、生态保护红线、城镇开发边界"三条控制线"及"一核一带一区"空间格局、开发园区与村镇工业集聚区等动态监测评价。建立全民所有自然资源资产清查核算与平衡表制度。

（四）落实全民所有自然资源资产所有者职责。完善自然资源资产确权登记制度，推进重要生态空间和单项自然资源统一确权登记。运用区块链技术提高不动产登记服务能力。围绕土地、海洋、水资源等开展全民所有自然资源资产所有权委托代理机制试点。完善全口径国有自然资源资产管理情况报告制度，建立代理人向委托人报告受托资产管理及职责履行情况的工作机制。

（五）创新自然资源资产所有权实现形式。健全自然资源资产权能体系，探索完善划拨、出让、租赁、作价出资等配置政策，适度扩大转让、出租、抵押、担保、入股等权能。探索国有建设用地使用权期限届满后续期的操作路径。完善农村承包地"三权分置"制度，探索宅基地所有权、资格权、使用权分置实现形式。深化集体林权制度改革。推动建立自然保护地内自然资源资产特许经营制度。建立健全土地发展权转移制度，推行省域内规划建设用地规模和指标交易。

三、推进空间善治和结构优化

（六）强化重大发展战略空间保障。落实国家安全战略、区域协调发展战略、主体功能区战略、新型城镇化战略，结合推进粤港澳大湾区、深圳中国特色社会主义先行示范区"双区"和横琴、前海两个合作区建设，完善国土空间开发保护格局，确定空间发展战略。珠三角核心区坚持内涵集约"网络式"优化，沿海经济带坚持陆海统筹"轴带式"发展，北部生态发展区坚持生态优先"据点式"开发，高质量构建"一核一带一区"区域发展格局。

（七）健全国土空间规划制度。全面推进"多规合一"，建立四级三类国土空间规划体系，全面完成国土空间总体规划编制，实现中心城区、近期建设地区、"三旧"改造地区等详细规划全覆盖，国土空间专项规划主要内容纳入国土空间总体规划统一管理，形成国土空间规划"一张图"。探索编制实施调整重构型国土空间规划。将城市设计贯穿市级国土空间总体规划全过程，落实社区生活圈理念。健全规划实施管理制度，完善主体功能区配套政策，定期进行城市体检评估，全面开展国土空间监测预警和绩效考核。推进村庄规划优化提升。

（八）推进国土空间用途管制全覆盖。建立健全耕地和永久基本农田、生态保护红线、城镇开发边界管控制度。对所有国土空间分区分类实施用途管制，在城镇开发边界内实行"详细规划＋规划许可"的管制方式；在城镇开发边界外按照主导用途分区，实行"详细规划＋规划许可"和"约束指标＋分区准入"的管制方式。完善成片开发政策，试点线性工程用地审批制度改革。

四、加强整体保护与系统修复

（九）推进重要自然生态空间整体保护。坚持生态优先、保护优先，以重要水系、森林带和海岸带为生态廊道骨架，结合碧道、绿道、古驿道等线性开敞空间建设，构建满足水生生物繁殖洄游、水鸟和候鸟迁飞停留、陆生野生动物栖息迁徙等活动需要的多功能特色生态廊道网络体系。划定并严守生态保护红线。建立以国家公园为主体的自然保护地体系，推进南岭国家公园创建和自然保护地整合优化。

（十）统筹山水林田湖海系统修复。实施重要生态系统重大修复工程，推进南岭山区一体化保护和修复工程试点，开展"蓝色海湾"综合整治专项行动和海岸带保护修复工程，加快重点流域生态系统、珠三角城市群森林绿地修复，持续推进森林城市建设。推进生态修复市场化，生态保护修复主体可依法依规取得一定份额的自然资源资产使用权，支持设立市场化运作的生态保护修复基金。

（十一）建立生态产品价值实现机制。树牢绿水青山就是金山银山理念，深化生态保护补偿探索，鼓励生态产品供给地和受益地通过共建园区、飞地经济等途径实现利益共享。推动生态资源权益市场化交易，按照有关部署适时推进森林覆盖率、耕地占补等指标交易。鼓励金融机构加大绿色信贷支持力度，探索生态产品资产证券化路径和模式。支持广州、深圳等地区开展生态产品价值实现机制试点。探索建立生态产品价值核算应用体系。

（十二）**推进碳达峰、碳中和。**强化国土空间规划引领和用途管制，推行功能复合、立体开发、公交导向的集约紧凑型发展模式，充分保障清洁能源、新型产业、轨道交通等绿色低碳型项目建设，严控高能耗、高排放项目准入。充分发挥森林、湿地、海洋、土壤的固碳作用，开展绿美广东大行动和森林质量精准提升工程，提升绿色碳汇能力；开展红树林、盐沼、海草床碳储量调查监测，加强海洋碳汇基础理论和增汇技术研究，拓展蓝色碳汇空间。全面推进碳汇市场化交易。开展二氧化碳封存技术研究。

五、实行资源总量管理和全面节约

（十三）**落实最严格的耕地保护制度。**加强永久基本农田保护，建立健全耕地保护动态监测监管机制，强化耕地用途管制，坚决遏制耕地"非农化"，确保可以长期稳定利用的耕地总量不再减少。实施农田整治提升行动，到2025年，累计建成高标准农田2670万亩、改造提升213万亩，复耕撂荒耕地64万亩，恢复和新增耕地20万亩，严格管控耕地"非粮化"。大力实施垦造水田行动，健全多途径、差别化的耕地占补平衡机制。探索建立耕地易地保护机制，适时完善耕地保护经济补偿制度。落实耕地保护责任，加强责任目标考核约束及结果运用。

（十四）**推进节约集约用地。**严控建设用地规模总量，高效配置新增建设用地，推进"指标跟着项目走"土地利用计划改革，保障国家和省重点项目、基础设施、民生工程、乡村振兴项目建设，补齐人均公共服务设施配置短板。大力盘活低效存量建设用地，加快推动"三旧"改造、城市更新和城镇老旧小区改造，实施村镇工业集聚区升级改造攻坚战，加大对批而未供土地和闲置土地处置力度，探索对珠三角地区存量工业用地进行盘活利用，推动逐步实现以盘活存量建设用地为主的土地利用模式。完善城乡建设用地增减挂钩、拆旧复垦等政策，推进全域土地综合整治，盘活农村闲置低效土地资源，强化乡村振兴要素保障。深化南粤古驿道活化利用。

（十五）建立水资源刚性约束制度。严格落实用水总量和用水效率双控制，全省年用水总量不超过450亿立方米。健全流域区域用水总量控制指标体系，制定跨市、县（市、区）江河流域水量分配方案。加快推进珠三角水资源配置、环北部湾广东水资源配置、韩江榕江练江水系连通等工程建设。完善规划和建设项目水资源论证、取水许可等制度，制定缺水和水资源超载地区产业准入负面清单、淘汰类产业目录。完善非居民用水超定额累进加价制度，加快推进农业水价综合改革，实施节水改造。推进海水淡化规模化利用、污水资源化利用。

（十六）健全森林、湿地保护制度。全面落实林长制改革。严格控制林地、草地、湿地转为建设用地，开展林草生态综合监测评价，重点加强天然林、生态公益林、沿海防护林的保护管理，到2025年，全省森林覆盖率达58.90%。推进大径材培育示范基地和国家储备林建设。加大生物多样性保护和生态廊道建设，加强外来入侵物种管控和生物灾害治理，完善自然保护地生态保护补偿制度，探索建立陆生野生动物致害补偿制度，稳妥有序推进华南国家植物园建设。培育林业新型经营主体，加快森林旅游、森林康养、自然教育等绿色生态新业态发展。建立健全湿地保护管理制度，实施红树林保护修复专项行动计划。

（十七）健全海洋资源开发保护制度。全面推进海洋强省建设，促进海洋经济高质量发展，建设绿色可持续的海洋生态环境。实施海岸带综合保护与利用，建设生态海岸带，推行海岸建筑退缩线制度。加强海域精细化管理，探索海域使用权立体分层设权，推动养殖用海、构筑物用海分类管理，合理规划并严格保护海底管廊，完善海上风电用海政策。强化海岛生态保护，严格控制无居民海岛新增开发利用。加大海岸线整治修复力度，实现自然岸线保有率管控目标。探索建立海洋资源低效利用退出机制和海岸线占补制度。建设海洋综合试验场和海洋大数据平台。健全海洋生态预警监测体系，建立流域＋沿海＋海域协同的海洋环境综合治理体系，加强粤港澳大湾区海洋生态保护。除国家重大项目外，全面禁止围填海。加快处理围填海历史遗留问题。

（十八）**健全矿产资源绿色开发利用制度**。全面推进绿色矿业发展五年行动，加快推进基础地质调查与矿产勘查。全面推进绿色矿山建设，推进矿产资源开发整合和综合利用，提高矿产资源保护与开发水平。优化矿业产业结构，完善供应链。加强建筑用砂石资源保障，推进海砂资源开发利用。

六、深化资源配置改革

（十九）**完善自然资源有偿使用制度**。扩大自然资源有偿使用范围，推动国有农用地、森林有偿使用制度改革。健全自然资源政府公示价格体系。引入"资产包"处置方式，推进矿业权"净矿"出让。健全海域招拍挂出让制度，制定海域使用金分级征收标准。落实资源税从价计征或者从量计征政策。

（二十）**加快建立统一的自然资源要素市场**。健全自然资源市场交易制度体系，筹建自然资源资产交易平台。按照国家统一部署，有序推进集体经营性建设用地入市，完善委托代理、交易规则和增值收益分配等制度，实行与国有建设用地同等入市、同权同价同责。推进县域层面资源要素流动，保障农村一二三产业融合发展需求。完善覆盖城乡的建设用地标准体系。加强自然资源要素市场监管调控。

（二十一）**推动工业用地配置改革**。全面科学划定工业用地控制线，支持建设一批承载大项目、大产业、大集群的专业化园区。创新工业用地供应模式，增加混合产业用地供给，夯实产业链供应链。探索建设只租不售的"工业保障房"。探索建立工业用地大数据平台，加强工业用地全周期管理。

七、加强立法保障和执法监督

（二十二）**推进自然资源法规立改废释纂**。加快制定修订土地管理、永久基本农田保护、海岛管理、海域使用、森林保护、林业有害生物防治检疫等法规规章。适时推进国土空间规划、不动产登记、矿产资源管理、自然保护地建设和管理等地方立法工作。

（二十三）**健全自然资源执法体制机制**。建立县级自然资源部门与乡镇（街道）综合执法衔接机制。推动违法建（构）筑物强制拆除"裁执分离"。完善海洋监视预警—监管—执法协调联动机制。加快完善森林草原行政执法体系。完善自然资源行政执法与刑事司法衔接机制。加强自然资源基层执法队伍建设，强化经费、装备及职业风险等保障。

（二十四）**加强执法监督**。采取"长牙齿"的硬措施，坚决有效遏制增量，依法有序整治存量，对新增违法占用耕地"零容忍"，全链条遏制自然资源违法行为。运用卫星遥感、视频监控、人工智能等新技术手段，构建早发现、早制止、严查处的常态化监管机制。建立诚信档案制度并依法实施失信惩戒。推动解决珠三角地区历史遗留违法用地问题。

八、保障措施

（二十五）**加强组织领导**。坚持党的全面领导，建立健全政府负责、部门协作、上下联动、社会参与的自然资源保护利用工作机制。各地要切实担起主体责任，细化目标任务，推动工作落实。省有关部门要加强政策指导，强化工作对接和信息共享，及时研究解决工作中的存在问题。

（二十六）**加强科技与人才支撑**。依托数字政府改革建设，夯实地理空间数据基础，推进"智慧自然资源"建设。加强学科建设和人才培养，做大做强自然资源科技创新平台，打造自然资源高端智库。加强常态化培训指导，推进政府购买服务，建设高素质专业化自然资源人才队伍。

（二十七）**加强评价与督促落实**。将全民所有自然资源资产平衡表作为评价党政领导班子和有关领导干部的重要参考。省自然资源厅要牵头分解工作任务，加强跟踪督办，定期组织实施情况评估，通报工作进展。

（五）中共广东省委 广东省人民政府印发《关于建立国土空间规划体系并监督实施的若干措施》

为贯彻落实中央《关于建立国土空间规划体系并监督实施的若干意见》和《关于在国土空间规划中统筹划定落实三条控制线的指导意见》精神，加快建立全省国土空间规划体系并监督实施，现结合实际提出如下措施。

一、总体目标

（一）**明确目标任务**。按照国家工作部署完成省市县镇各级国土空间规划编制，划定生态保护红线、永久基本农田、城镇开发边界三条控制线，形成全省国土空间开发保护"一张图"，基本建立国土空间规划体系，逐步建立"多规合一"的规划编制审批体系、实施监督体系、法规政策体系和技术标准体系。到 2025 年，健全国土空间规划法规政策和技术标准体系，全面实施国土空间监测预警和绩效考核机制；显著提高详细规划覆盖率，相关专项规划有效纳入国土空间规划"一张图"，形成以国土空间规划为基础、以统一用途管制为手段的国土空间开发保护制度。到 2035 年，实现国土空间治理体系和治理能力现代化，基本形成生产空间集约高效、生活空间宜居适度、生态空间山清水秀，安全和谐、富有竞争力和可持续发展的国土空间格局。

二、总体框架和要求

（二）**分级分类建立国土空间规划**。建立省市县镇四级，包括总体规划、详细规划和相关专项规划三类规划构成的国土空间规划体系。自上而下编制各级国土空间规划，明确规划约束性指标和刚性管控要求，同时提出指导性要求。制定实施规划的政策措施，提出下级国土空间总体规划和相关专项规划、详细规划的分解落实要求。下级国土空间规划要服从上级国土空间规划，相关专项规划要服从总体规划，并通过详细规划落实空间安排，实现规划有效管控和传导，为发展规划落地实施提供空间保障。

（三）全域全要素规划国土空间。各地要按照"把每一寸土地都规划得清清楚楚"的要求，在总体规划层面实现国土空间全域覆盖，在资源环境承载能力和国土空间开发适宜性评价的基础上，完善并落实主体功能区战略，优化主体功能区划分，科学有序统筹布局生态、农业、城镇等功能空间，划定生态保护红线、永久基本农田、城镇开发边界等空间管制边界，落实海域管理"两空间内部一红线"，强化底线约束。坚持山水林田湖草生命共同体理念，量水而行，保护生态屏障，构建生态廊道和生态网络，依法开展环境影响评价。坚持陆海统筹、区域协调、城乡融合，优化国土空间结构和布局，统筹地上地下空间综合利用，着力完善交通、水利等基础设施和公共服务设施，延续历史文脉，加强风貌管控，突出地域特色。根据保护利用实际需要，划定详细规划单元，有序扩大详细规划覆盖率。

（四）全过程全方位实施规划管控。以自然资源调查监测数据为基础，采用国家统一的测绘基准和测绘系统，依托"粤政图"平台整合各类空间关联数据，建立全省统一的国土空间基础信息平台。以国土空间基础信息平台为底板，省统筹建设维护国土空间规划"一张图"实施监督信息系统，实现主体功能区战略和各类空间管控要素精准落地。依托全省国土空间规划"一张图"实施监督信息系统，强化国土空间规划编制、审批、修改和实施监督全过程信息化支撑，提高建设项目选址策划生成水平，为统一国土空间用途管制、实施规划许可提供保障。通过省政务大数据中心与"粤政图"平台推进政府部门之间的数据共享以及政府与社会之间的信息交互。鼓励各地结合实际拓展国土空间规划"一张图"实施监督信息系统功能，形成全过程全方位制度化信息化规划管控机制。

三、规划编制与审批

（五）统筹编制总体规划。省国土空间规划要在落实全国国土空间规划的基础上，提出全省国土空间保护、开发、利用、修复的总体安排，确定全省国土空间开发保护总体格局，细化落实主体功能区战略，明确区域主体功能定位，统筹布局生态、农业、城镇等功能空间和划定三条控制线，协调边界矛盾，提出下一级划定任务，为编制省相关专项规划、市县国土空间总体规划提供依据。省国土空间规划要聚焦推动粤港澳大湾区和深圳中国特色社会主义先行示范区"双区"建设，促进广州、深圳"双城"联动，助推构建"一核一带一区"区域发展格局。省国土空间规划由省政府组织编制，经省人大常委会审议后按程序报国务院审批。

市县国土空间规划要在细化落实上级国土空间规划要求的基础上，提出本行政区域国土空间开发保护的具体安排，划定落实三条控制线和乡村建设等各类空间实体边界。市县国土空间总体规划由市县政府组织编制。广州、深圳等需报国务院审批的市级国土空间总体规划，经同级人大常委会审议并报省政府审核后按程序报国务院审批。其他市县国土空间总体规划经同级人大常委会审议后，逐级报省政府审批。地级以上市市辖区或中心城区范围内的行政区可不单独编制县级国土空间总体规划，在同步建立县级国土空间规划数据库的基础上，将相关成果纳入市级国土空间总体规划统一报批。广州、深圳、东莞等超大、特大城市要加强城市群、都市圈重点临界地区的国土空间规划协调。

乡镇国土空间规划是对上级规划的细化落实，由乡镇政府组织编制。各地可因地制宜，将乡镇国土空间规划与市县合并编制，也可以几个乡镇为单元，由其共同的上一级政府组织编制乡镇级国土空间规划。东莞、中山市以几个乡镇为单元编制的乡镇级国土空间规划由市级自然资源主管部门组织编制。市县中心城区范围内的乡镇（街道）应纳入市县国土空间总体规划统筹编制。乡镇级国土空间规划由地级以上市政府审批。

（六）协同编制相关专项规划。国土空间相关专项规划是指在特定区域（流域）、特定领域，为体现特定功能，对空间开发保护利用作出的专门安排，是涉及空间利用的专项规划。海岸带、自然保护地等专项规划及经国务院或省政府批复设立的开发区、城市新区和城市群、都市圈等跨行政区的特定区域国土空间规划，以及特定流域的国土空间规划由所在区域或上一级自然资源主管部门牵头组织编制，报同级政府审批。涉及空间利用的某一领域专项规划，如交通、能源、水利、农业、信息、市政等基础设施，公共服务设施，军事设施，以及生态环境保护、文物保护、林业草原等专项规划，由相关主管部门组织编制，按照有关规定审批。相关专项规划可在省市县各层级编制，不同层级、不同地区的专项规划可结合实际选择编制的类型和精度。

强化国土空间规划对专项规划的指导约束作用。各级自然资源主管部门应会同同级发展改革部门，将国土空间相关专项规划列入国土空间规划编制目录清单，并建立动态调整机制。纳入目录清单的专项规划，技术标准应与国土空间规划衔接，在编制和审查过程中应加强与有关国土空间规划的衔接及"一张图"的核对，不得违背总体规划强制性内容，批复后纳入同级国土空间基础信息平台，叠加到国土空间规划"一张图"上，主要内容纳入详细规划，实现"多规合一"。对纳入目录清单的专项规划，各级自然资源主管部门应提供统一的规划底图底数，明确专项规划与国土空间规划"一张图"核对要点及叠加入库的数据标准。

（七）有序编制详细规划。详细规划是对具体地块用途和开发建设强度等作出的实施性安排，是开展国土空间开发保护活动、实施国土空间用途管制、核发城乡建设项目规划许可、进行各项建设等的法定依据。详细规划依据国土空间总体规划进行编制和修改。在城镇开发边界内，详细规划要科学划定详细规划单元，合理确定主导功能、容积率、交通市政等基础设施、公共服务设施、城市形态和风貌等控制要求，强化对城镇空间的管控引导。城镇开发边界内的详细规划，由市县自然资源主管部门组织编制，报同级政府审批。在城镇开发边界外，鼓励各地按照实际需求编制详细规划，其中在乡村地区应根据县级国土空间总体规划确定的村庄布局，以一个或几个行政村为单元，由乡镇政府组织编制"多规合一"的实用性村庄规划，作为详细规划，报上一级政府审批。村庄规划要优化农村建设用地结构、布局，保障合理宅基地需求与乡村振兴发展空间，提高农村节约集约用地水平。

鼓励探索生态空间、海洋空间及其他特定功能空间的详细规划编制方法。其他类型详细规划由市县自然资源主管部门会同属地乡镇政府、功能区管理机构组织编制，报同级政府审批。

（八）**优化规划编制审批**。鼓励各地根据实际情况，落实用什么就编什么的要求，深化细化规划的具体内容，探索形成规划条文、政策报告、技术方案、公众读本等多种形式的规划成果，确保规划能用、管用、好用。审批机关要精简审批内容、管什么就批什么，优化审批流程、缩减审批时间。广州、深圳、珠海、汕头、湛江市的县级国土空间总体规划由地级以上市政府审批，规划成果由市政府组织报省政府备案，纳入全省国土空间规划"一张图"。

四、规划实施与监督

（九）**强化规划权威**。规划一经批复，任何部门和个人不得随意修改、违规变更，防止出现换一届党委和政府改一次规划。坚持先规划、后实施，不得违反国土空间规划进行各类开发建设活动。因国家和省重大战略调整、重大项目建设或行政区划调整等确需修改规划的，须先经规划审批机关同意后，方可按法定程序进行修改。对国土空间规划编制和实施过程中的违规违纪违法行为，严肃追究责任。

（十）**加强边界管控**。三条控制线是国土空间用途管制的基本依据，涉及生态保护红线、永久基本农田占用的，按程序报国务院审批；对于生态保护红线内允许的对生态功能不造成破坏的有限人为活动，由省政府制定具体监管办法；城镇开发边界调整报国土空间规划原审批机关审批。

（十一）**健全用途管制制度**。以国土空间规划为依据，对所有国土空间分区分类实施用途管制。在城镇开发边界内的建设，实行"详细规划＋规划许可"的管制方式；在城镇开发边界外的建设，按照主导用途分区，实行"详细规划＋

规划许可"和"约束指标＋分区准入"的管制方式。对以国家公园为主体的自然保护地、重要海域和海岛、重要水源地、文物等实行特殊保护制度。

（十二）完善要素配置机制。充分发挥市场配置资源的决定性作用，将建设用地资源向中心城市和城市群倾斜，提高经济和人口承载能力。按照以空间定计划、以存量定计划的要求，加大自然资源要素配置的区域统筹力度，改进自然资源利用年度计划管理，建立以国土空间总体规划为基础、以真实有效的项目落地作为配置依据的计划管理机制，对规划期内建设项目用地、用林等指标实行动态总额控制，提高地方配置要素的积极性和有效性。加大存量建设用地盘活挖潜力度，完善建设用地战略留白机制，保障规划稳步实施。

（十三）健全实施监督机制。依托国土空间基础信息平台，建立健全国土空间规划动态监测评估预警和实施监管机制。各级自然资源主管部门要会同有关部门组织对下级国土空间规划中各类管控边界、约束性指标等管控要求的落实情况进行监督检查，建立"一年一体检、五年一评估"规划实施体检评估机制，结合国民经济社会发展实际和规划定期评估结果，对国土空间规划进行动态调整完善。将国土空间规划执行情况纳入自然资源执法督察和领导干部自然资源资产离任审计内容。

（十四）推进"放管服"改革。以"多规合一"为基础，以服务项目精准落地为目标，统筹规划、建设、管理三大环节，提高详细规划编制实施管理效率，推动"多审合一""多证合一""多测合一""多验合一"。优化现行建设项目用地（海）预审、规划选址以及建设用地规划许可、建设工程规划许可、乡村建设规划许可等审批流程，形成统一审批流程、统一信息数据平台、统一审批管理体系、统一监管方式，提高审批效能和监管服务水平。

五、支持与保障

（十五）完善法规政策体系。推动与国土空间规划相关的地方性法规、政府规章立改废释工作。省自然资源厅牵头制定国土空间规划编制审批、实施管理、动态调整和定期评估等政策措施。省有关部门要完善适应主体功能区要求的配套政策，健全生态保护补偿制度，保障国土空间规划有效实施。

（十六）**落实技术标准体系**。在国家国土空间规划技术标准体系框架下，结合我省实际，按照"多规合一"要求，由省自然资源厅会同相关部门制定有关技术指引。鼓励各地探索具有地方特色的国土空间规划编制技术方法，积极运用城市设计、乡村营造、大数据等手段，改进规划方法，提高规划编制水平。

（十七）**加强行业管理**。以国土空间规划编制实施为契机，统筹土地、规划、海洋、林业、生态环境、水利等行业资源和力量，加强交流合作。推进行业诚信建设，鼓励创新创优，规范规划从业机构和执业人员管理，规划编制实行编制单位终身负责制。探索建立社区规划师制度。

（十八）**扩大公众参与**。拓展公众参与渠道，在规划编制、实施、监督全过程中，广泛征求社会各界意见建议，做好国土空间规划批前公示、批后公告，主动接受公众监督，逐步实现规划政策、内容、程序、结果、查询方式、监督方式等信息公开。完善规划咨询体系，充分发挥不同领域专家在规划方案论证、审查环节中的技术把关作用。

（十九）**强化组织保障**。省成立国土空间规划委员会，由省政府主要负责同志牵头，加强对全省国土空间规划工作的统筹协调。各级党委和政府要充分认识建立国土空间规划体系的重大意义，主要负责同志亲自抓，落实政府组织编制和实施国土空间规划的主体责任，明确责任分工，落实工作经费，加强队伍建设，抓好工作落实。各地区各部门要加强协同配合，按照"多规合一"的要求加大对本地区本行业本领域涉及空间布局相关规划的指导、协调和管理，制定有利于国土空间规划编制实施的政策，明确时间表和路线图，形成合力。省自然资源厅作为国土空间规划工作的具体牵头部门，要会同有关部门按照国土空间规划体系总体框架和要求，加强专业队伍建设和行业管理，定期对本措施贯彻落实情况进行监督检查，重大事项及时向省委、省政府报告。

（六）中共广东省委办公厅 广东省人民政府办公厅印发《关于建立以国家公园为主体的自然保护地体系的实施意见》

为贯彻落实中央《关于建立以国家公园为主体的自然保护地体系的指导意见》精神，推动我省加快建立以国家公园为主体的自然保护地体系，现结合实际提出如下意见。

一、总体要求

（一）**指导思想**。坚持以习近平新时代中国特色社会主义思想为指导，全面贯彻党的十九大和十九届二中、三中、四中、五中全会精神，深入贯彻习近平生态文明思想和习近平总书记对广东系列重要讲话、重要指示批示精神，牢固树立山水林田湖草是一个生命共同体的理念，紧紧围绕我省构建"一核一带一区"区域发展格局，以保护自然、服务人民、永续发展为目标，建立分类科学、布局合理、保护有力、管理有效，以国家公园为主体的自然保护地体系，不断满足人民群众对优美生态环境、优良生态产品、优质生态服务的需要，为建设粤港澳大湾区和美丽广东提供生态支撑。

（二）**总体目标**。按照国家工作部署，完成全省以国家公园为主体的自然保护地总体布局，编制南岭国家公园总体规划、全省自然保护地规划和整合优化预案，构建统一的自然保护地分类分级管理体制。到2025年，完成南岭国家公园主要建设任务和珠江口国家公园相关论证工作，以及全省自然保护地整合归并优化。完善自然保护地体系地方性法规、管理和监督制度，提升自然生态空间承载力，初步建成以国家公园为主体的自然保护地体系，力争保护管理工作走在全国前列。到2035年，自然保护地管理效能和生态产品供给能力显著提高，自然保护地陆域部分占省陆域国土面积15%以上、海域部分占省管辖海域面积8%以上，实现严格保护、科学利用、精细管理、高效共享，全面建成具有国内先进水平和世界一流水准的自然保护地体系。

二、构建科学合理的自然保护地体系

（三）**健全自然保护地规划体系**。逐步建立以国家公园为主体，自然保护区为基础，各类自然公园为补充的自然保护地分类系统。依据国家自然保护地规划和省国土空间规划，编制全省自然保护地规划，各地级以上市和自然保护地管理任务较重的县（市、区）应编制本辖区自然保护地规划。自然保护地管理机构组织编制各自然保护地总体规划、专项规划和详细规划。经批准的各类自然保护地规划是开展保护、建设、管理的依据，未经批准不得在自然保护地内进行建设活动。

（四）**确立国家公园主体地位**。按照全国国家公园总体布局，整合相关自然保护地，统筹考虑自然生态系统完整性和周边经济社会发展需要，合理确定空间布局，创建具有广东特色的国家公园。整合国家公园涉及的自然保护地管理资源和力量，建立健全特许经营制度和政府主导、管营分离、利益协调、差别化管控的运营机制，构建辐射带动发展新模式，拓展原住居民就业增收途径，助推乡村振兴，逐步形成北部生态发展区绿色发展增长极。

（五）**开展自然保护地整合优化**。科学评估全省重要自然生态系统、自然遗迹、自然景观和生物多样性，将生态功能重要、生态系统脆弱、自然生态保护空缺的区域纳入自然保护地体系，以保持生态系统完整性为原则，认真落实整合优化工作；对区域交叉、空间重叠或同一自然地理单元内相邻、相连的自然保护地进行合并重组。各地应按照自然保护地整合优化工作部署组织开展确权登记、科考监测、总体规划编制修订等工作。

三、建立统一规范高效的管理体制

（六）**分级行使自然保护地管理职责**。结合自然资源资产管理体制改革，理顺现有各类自然保护地管理职能，构建分级管理体制，实行分级设立、分级管理。中央直接管理和中央地方共同管理的自然保护地由国家批准设立；地方管理的自然保护地由省政府批准设立，管理主体由省政府确定。当地政府承担自然保护地内经济发展、社会管理、公共服务、防灾减灾、市场监管等职责，发挥在自然保护地规划、建设、管理、监督、保护和投入等方面的主体作用；林业主管部门负责监督管理各类自然保护地；自然保护地管理机构会同有关部门承担生态保护、自然资源资产管理、特许经营、社会参与和科研宣教等职责。跨行政区域的自然保护地由其所在市、县（市、区）的共同上一级林业主管部门负责监督管理。探索公益治理、社区治理、共同治理等保护方式。

（七）**科学设置自然保护地管理机构**。理顺管理职能，做到一个保护地、一套机构、一块牌子。各类自然保护地可设立专职管理机构或由综合管理机构统一管理，确保每个自然保护地都有相应机构进行管理。探索自然保护地群的管理模式。珠三角各市应于2021年年底前、粤东粤西粤北各市应于2022年年底前完成自然保护地管理机构设置。

（八）**依法确认范围并勘界立标**。各级政府依法确认自然保护地范围和区划，开展勘界定标，并结合第三次全国国土调查及林地、湿地、海洋等专项调查成果建立矢量数据库，实现全省自然保护地一张图、一套数，同时与生态保护红线衔接，在重要地段、重要部位设立界桩和标识牌。确因技术原因引起的数据、图件与现地不符等问题可以按管理程序一次性纠正。不得借机违规调整自然保护地范围和管控分区。

（九）**推进自然资源资产确权登记**。自然保护地自然资源资产，由自然资源主管部门根据国家规定按照分级和属地相结合的方式进行登记管辖。每个自然保护地作为独立的登记单元，清晰界定区域内各类自然资源资产的产权主体，划清各类自然资源资产所有权、使用权的边界，明确各类自然资源资产的种类、面积和权属性质，逐步落实自然保护地内全民所有自然资源资产代行主体与权利内容，非全民所有自然资源资产实行协议管理。

（十）**实行自然保护地差别化管控**。国家公园和自然保护区按核心保护区和一般控制区实行分区管控，自然公园原则上按一般控制区管理。原则上核心保护区内禁止人为活动；一般控制区内限制人为活动。在自然保护地内实行建设项目负面清单管理。

四、建立创新共享可持续的发展机制

（十一）加强自然保护地建设。 以自然恢复为主，辅以必要的人工措施，分区分类开展受损自然生态系统修复。因地制宜对自然保护地内退出的矿区、水电设施等进行生态修复。建设生态廊道，减少生境破碎化。线性基础设施尽量避让自然保护地，确无法避让的，应尽量采取桥隧方式穿越自然保护地，留足野生动物通道，或采取建设辅助性穿（跨）越线性工程的生态廊道等有效措施。加强野外保护站点、巡护路网、监测监控、应急救灾、森林防火、有害生物防治和疫源疫病防控等保护管理设施建设。提升生态治理能力，推进规范化和标准化建设，打造智慧自然保护地。

（十二）分类有序解决历史遗留问题。 经科学评估，将保护价值低的建制城镇、村或人口密集区域、社区民生设施等调整出自然保护地范围。充分尊重原住居民意愿，对核心保护区内原住居民实施有序搬迁；对暂时不能搬迁的，可以设立过渡期，允许开展必要的、基本的生产活动，但不能再扩大发展。依法清理整治探矿采矿、水电开发、工业建设等项目，通过分类处置方式有序退出；根据历史沿革与保护需要，依法依规对自然保护地内的耕地实施退田还林还草还湖还湿。坚决防止借整合优化之机把具有保护价值的重要生态区域或生态脆弱敏感区域调出自然保护地范围，坚决防止将违法违规行为合法化，坚决防止把有严重问题的区域调入自然保护地范围。对涉嫌违法违规的自然保护地问题地块，坚持查处在前，严禁以"调"代"改"。

（十三）创新自然资源价值实现机制。 实行自然资源有偿使用制度，规范自然保护地内自然资源利用行为，践行绿水青山就是金山银山理念。完善自然保护地控制区经营性项目特许经营管理制度，创新收益分配机制，保障原住居民和相关产权主体的合法利益。探索通过租赁、置换、赎买、合作等方式，由自然保护地管理机构实行统一管理、补偿和分配，兑现资源收益。健全生态保护补偿制度，将自然保护地内的林木按规定纳入公益林管理。落实生态环境损害赔偿制度。

（十四）建立共建共治共享机制。扶持和规范原住居民从事环境友好型经营活动，支持和传承传统文化及人地和谐的生态产业模式，促进转产增收，提升社区群众参与感、获得感。完善公共服务设施，提升公共服务功能。建立志愿者服务体系。鼓励企业、社会组织和个人参与自然保护地生态保护、建设与发展，营造政府主导、多方参与、共同建设、共同治理、共享收益的良好氛围。

五、建立科学完善的监督考核制度

（十五）建立监测体系。构建集资源保护管理、生态监测、风险预警、快速反应处置于一体的监测体系。建立健全自然保护地生态环境监测制度，定期统一发布生态环境状况监测评估报告。对自然保护地内基础设施建设、矿产资源开发等人类活动实行全面监控，及时评估和预警生态风险。

（十六）建立评估考核机制。落实以生态资产和生态服务价值为核心的考核评估指标体系。适时引入第三方评估制度，对自然保护地管理进行评价考核，适时将评价考核结果纳入生态文明建设目标评价考核体系，作为党政领导班子和领导干部综合评价及责任追究、离任审计的重要参考。

（十七）建立执法监督机制。落实自然保护地生态环境监督办法，建立包括相关部门在内的统一执法机制，在自然保护地范围内实行生态环境保护综合执法，依法依规明确各级各类自然保护地执法主体。建立自然资源刑事司法和行政执法高效联动的综合执法合作机制，加强区域生态环境保护和地区间生态环境联防联控联治、联合执法和警务合作。强化监督检查，定期开展自然保护地监督检查专项行动，对自然保护地保护不力的责任人和责任单位进行问责。

六、保障措施

（十八）加强组织领导。各级党委和政府应担负起自然保护地建设管理的主体责任，严格落实生态环境保护党政同责、一岗双责，将自然保护地发展和建设管理纳入地方经济社会发展规划。全面推行"林长制"，省委主要领导同志兼任第一总林长，省政府主要领导同志兼任总林长，加强对自然保护地工作的领导。广东国家公园建设工作领导小组应加强对以国家公园为主体的自然保护地体系建设重大问题的指导和协调。省自然资源厅、省林业局要发挥牵头作用，会同有关单位建立任务分工台账，抓好各项工作落实。

（十九）**建立健全法规制度。**严格执行国家自然保护地相关法律法规和制度，研究制定配套地方性法规、政府规章。全面规范自然保护地设立、晋（降）级、调整和退出规则，建立健全自然保护地政策、制度和标准规范，实行全过程统一管理。加快推进南岭国家公园管理办法和特许经营等制度建设，完善各类自然保护地管理规定。自然保护地改革措施需要突破现行地方性法规规定的，须按程序报批，取得授权后施行。

（二十）**强化资金保障。**建立以财政投入为主的多元化资金保障机制，统筹各级财政资金，按自然保护地规模和管护成效加大财政转移支付力度。鼓励金融和社会资本出资设立自然保护地基金，对自然保护地建设管理项目提供融资支持。

（二十一）**加强队伍建设。**适当放宽艰苦地区自然保护地专业技术职务评聘条件，建设高素质专业化队伍和科技人才团队。引进自然保护地建设和发展急需的管理和技术人才。通过互联网等教学手段，积极开展岗位业务培训。

（二十二）**加强科技支撑和交流合作。**组建省自然保护地专家委员会，为自然保护地建设管理提供智力支撑。建立健全自然保护地科研平台和基地。研究建立自然保护地资源可持续经营管理、生态旅游、生态康养等活动的认证机制。加强合作交流，推进粤港澳大湾区自然保护地保护管理一体化合作。

（二十三）**加强宣传引导。**充分利用传统媒体和新媒体等平台，广泛宣传我省以国家公园为主体的自然保护地体系建设成效。积极开展生态旅游、自然体验和生态教育等活动，引导全社会树立尊重自然、顺应自然、保护自然的生态文明理念。

（七）广东省人民政府关于印发广东省碳达峰实施方案的通知（粤府〔2022〕56号）

为深入贯彻落实党中央关于碳达峰、碳中和重大战略决策部署和国务院相关工作安排，有力有序有效做好全省碳达峰工作，确保如期实现碳达峰目标，制定本方案。

一、总体要求

（一）指导思想。

坚持以习近平新时代中国特色社会主义思想为指导，全面贯彻党的十九大和十九届历次全会精神，深入贯彻习近平生态文明思想和习近平总书记对广东系列重要讲话、重要指示批示精神，完整、准确、全面贯彻新发展理念，坚持先立后破、稳中求进，强化系统观念和战略思维，突出科学降碳、精准降碳、依法降碳、安全降碳，统筹稳增长和调结构，坚持降碳、减污、扩绿、增长协同推进，明确各地区、各领域、各行业目标任务，加快实现生产方式和生活方式的绿色变革，推动经济社会发展建立在资源高效利用和绿色低碳发展的基础之上，为全国碳达峰工作提供重要支撑、作出应有贡献。

（二）主要目标。

"十四五"期间，绿色低碳循环发展的经济体系基本形成，产业结构、能源结构和交通运输结构调整取得明显进展，全社会能源资源利用和碳排放效率持续提升。到2025年，非化石能源消费比重力争达到32%以上，单位地区生产总值能源消耗和单位地区生产总值二氧化碳排放确保完成国家下达指标，为全省碳达峰奠定坚实基础。

"十五五"期间，经济社会发展绿色转型取得显著成效，清洁低碳安全高效的能源体系初步建立，具有国际竞争力的高质量现代产业体系基本形成，在全社会广泛形成绿色低碳的生产生活方式。到2030年，单位地区生产总值能源消耗和单位地区生产总值二氧化碳排放的控制水平继续走在全国前列，非化石能源消费比重达到35%左右，顺利实现2030年前碳达峰目标。

二、重点任务

坚决把碳达峰贯穿于经济社会发展各方面和全过程，扭住碳排放重点领域和关键环节，重点实施"碳达峰十五大行动"。

（一）产业绿色提质行动。

深度调整优化产业结构，坚决遏制高耗能高排放低水平项目盲目发展，大力发展绿色低碳产业，加快形成绿色经济新动能和可持续增长极。

1. **加快产业结构优化升级。**强化产业规划布局和碳达峰、碳中和的政策衔接，引导各地区重点布局高附加值、低消耗、低碳排放的重大产业项目。深入实施制造业高质量发展"六大工程"，推动传统制造业绿色化改造，打造以绿色低碳为主要特征的世界级先进制造业集群。加快培育发展十大战略性支柱产业集群、十大战略性新兴产业集群，提前布局人工智能、卫星互联网、光通信和太赫兹、超材料、天然气水合物、可控核聚变等未来产业。加快服务业数字化网络化智能化发展，推动现代服务业同先进制造业、现代农业深度融合。到2025年，高技术制造业增加值占规模以上工业增加值比重提高到33%。

2. **大力发展绿色低碳产业。**制定绿色低碳产业引导目录及配套支持政策，重点发展节能环保、清洁生产、清洁能源、生态环境和基础设施绿色升级、绿色服务等绿色产业，加快培育低碳零碳负碳等新兴产业。推动绿色低碳产业集群化发展，依托珠三角地区打造节能环保技术装备研发基地，依托粤东粤西粤北地区打造资源综合利用示范基地，培育一批绿色标杆园区和企业。加快发展先进核能、海上风电装备等优势产业，打造沿海新能源产业带和新能源产业集聚区。制定氢能、储能、智慧能源等产业发展规划，打造大湾区氢能产业高地。发挥技术研发和产业示范先发优势，加快二氧化碳捕集利用与封存

（CCUS）全产业链布局。

3. 坚决遏制高耗能高排放低水平项目盲目发展。 对高耗能高排放项目实行清单管理、分类处置、动态监控。全面排查在建项目，推动能效水平应提尽提，力争全面达到国内乃至国际先进水平。科学评估拟建项目，严格落实产业规划和政策，产能已饱和的行业按照"减量替代"原则压减产能，尚未饱和的要对标国际先进水平提高准入门槛。深入挖潜存量项目，依法依规淘汰落后低效产能，提高行业整体能效水平。到2030年，钢铁、水泥、炼油、乙烯等重点行业整体能效水平和碳排放强度达到国际先进水平。

（二）能源绿色低碳转型行动。

严格控制化石能源消费，大力发展新能源，传统能源逐步退出必须建立在新能源安全可靠替代的基础上，建设以新能源为主体的新型电力系统，加快构建清洁低碳安全高效的能源体系。

4. 严格合理控制煤炭消费增长。 立足以煤为主的基本国情，合理安排支撑性和调节性清洁煤电建设，有序推动煤电节能降碳改造、灵活性改造、供热改造"三改联动"，保障能源供应安全。推进煤炭消费减量替代和清洁高效利用，提高电煤消费比重，大力压减非发电用煤，有序推进重点地区、重点行业燃煤自备电厂和锅炉"煤改气"，科学推进"煤改电"工程。

5. 大力发展新能源。 落实完成国家下达的可再生能源电力消纳责任权重。规模化开发海上风电，打造粤东粤西两个千万千瓦级海上风电基地，适度开发风能资源较为丰富地区的陆上风电。积极发展分布式光伏发电，因地制宜建设集中式光伏电站示范项目。因地制宜发展生物质能，统筹规划垃圾焚烧发电、农林生物质发电、生物天然气项目开发。到2030年，风电和光伏发电装机容量达到7400万千瓦以上。

6. 安全有序发展核电。 在确保安全的前提下，积极有序发展核电，高效建设惠州太平岭核电一期项目，推动陆丰核电、廉江核电等项目开工建设。保持核电项目平稳建设节奏，同步推进后续备选项目前期工作，稳妥做好核电厂址保护。实行最严格的安全标准和最严格的监管，持续提升核安全监管能力。

7. 积极扩大省外清洁电力送粤规模。 持续提升西电东送能力，加快建设藏东南至粤港澳大湾区±800千伏直流等省外输电通道，积极推动后续的西北、西南等地区清洁能源开发及送粤，新增跨省跨区通道原则上以可再生能源为主。充分发挥市场配置资源作用，持续推进西电东送计划放开，推动西电与广东电力市场有效衔接，促进清洁能源消纳。到2030年，西电东送通道最大送电能力达到5500万千瓦。

8. 合理调控油气消费。 有效控制新增石化、化工项目，加快交通领域油品替代，保持油品消费处于合理区间，"十五五"期间油品消费达峰并稳中有降。发挥天然气在能源结构低碳转型过程中的支撑过渡作用，在珠三角等负荷中心合理规划布局调峰气电，"十四五"期间新增气电装机容量约3600万千瓦。大力推进天然气与多种能源融合发展，全面推进天然气在交通、商业、居民生活等领域的高效利用。加大南海油气勘探开发力度，支持中海油乌石17～2等油气田勘探开发，争取实现油气资源增储上产。

9. 加快建设新型电力系统。 强化电力调峰和应急能力建设，提升电网安全保障水平。推进源网荷储一体化和多能互补发展，支持区域综合能源示范项目建设。大力提升电力需求侧响应调节能力，完善市场化需求响应交易机制和品种设计，加快形成较成熟的需求侧响应商业模式。增强电力供给侧灵活调节能力，推进煤电灵活性改造，加快已纳入规划的抽水蓄能电站建设。因地制宜开展新型储能电站示范及规模化应用，稳步推进"新能源＋储能"项目建设。到2025年，新型储能装机容量达到200万千瓦以上。到2030年，抽水蓄能电站装机容量超过1500万千瓦，省级电网基本具备5%以上的尖峰负荷响应能力。

（三）节能降碳增效行动。

坚持节约优先，不断降低单位产出能源资源消耗和碳排放，从源头和入口形成有效的碳排放控制阀门。

10. **全面提升节能降碳管理能力**。统筹建立碳排放强度控制为主、碳排放总量控制为辅的制度，推动能耗"双控"向碳排放总量和强度"双控"转变。加快形成减污降碳的激励约束机制，防止简单层层分解。推行用能预算管理，强化固定资产投资项目节能审查，对项目用能和碳排放情况进行综合评价，从源头推进节能降碳。完善能源计量体系，鼓励采用认证手段提升节能管理水平。建立跨部门联动的节能监察机制，综合运用行政处罚、信用监管、绿色电价等手段，增强节能监察约束力。探索区域能评、碳评工作机制，推动区域能效和碳排放水平综合提升。

11. **推动减污降碳协同增效**。加强温室气体和大气污染物协同控制，从政策规划、技术标准、数据统计及考核机制等层面探索构建协同控制框架体系。加快推广应用减污降碳技术，从源头减少废弃物产生和污染排放，在石化行业统筹开展有关建设项目减污降碳协同治理试点。

12. **加强重点用能单位节能降碳**。实施城市节能降碳工程，开展建筑、交通、照明、供热等基础设施节能升级改造，推进先进绿色建筑技术示范应用，推动城市综合能效提升。以高耗能高排放项目聚集度高的园区为重点，实施园区节能降碳改造，推进能源系统优化和梯级利用。实施钢铁、水泥、炼油、乙烯等高耗能行业和数据中心提效达标改造工程，对拟建、在建项目力争全面达到国家标杆水平，对能效低于行业基准水平的存量项目，限期分批改造升级和淘汰。在建筑、交通等领域实施节能降碳重点工程，对标国际先进标准，引导重点用能单位深入挖掘节能降碳潜力。建立以能效为导向的激励约束机制，推广先进高效产品设备，加快淘汰落后低效设备。推进重点用能单位能耗在线监测系统建设，强化对重点用能设备的能效监测，严厉打击违法违规用能行为。

13. **推动新型基础设施节能降碳**。优化新型基础设施空间布局，支持全国一体化算力网络粤港澳大湾区国家枢纽节点建设，推动全省数据中心集约化、规模化、绿色化发展。对标国际先进水平，加快完善通讯、运算、存储、传输等设备能效标准，提升准入门槛。推广高效制冷、先进通风、余热利用、智能化用能控制等绿色技术，有序推动老旧基站、"老旧小散"数据中心绿色技术改造。加强新型基础设施用能管理，将年综合能耗超过1万吨标准煤的数据中心纳入重点用能单位能耗在线监测系统，开展能源计量审查。新建大型和超大型数据中心全部达到绿色数据中心要求，绿色低碳等级达到4A级以上，电能利用效率（PUE）不高于1.3，国家枢纽节点进一步降到1.25以下。严禁利用数据中心开展虚拟货币"挖矿"活动。

（四）工业重点行业碳达峰行动。

工业是产生碳排放的主要领域，要抓住重点行业和关键环节，积极推行绿色制造，深入推进清洁生产，不断提升行业整体能效水平，推动钢铁、石化化工、水泥、陶瓷、造纸等重点行业节能降碳，助推工业整体有序达峰。

14. 推动钢铁行业碳达峰。 以湛江、韶关和阳江等产业集中地区为重点，严格执行产能置换，推进存量优化，提升"高、精、尖"钢材生产能力。优化工艺流程和燃料、原料结构，有序引导短流程电炉炼钢发展，开发优质、高强度、长寿命、可循环的低碳钢铁产品。推广先进适用技术，降低化石能源消耗，推动钢铁副产资源能源与石化、电力、建材等行业协同联动，探索开展非高炉炼铁、氢能冶炼、二氧化碳捕集利用一体化等低碳冶金技术试点示范。到2030年，长流程粗钢单位产品碳排放比2020年降低8%以上。

15. 推动石化化工行业碳达峰。 推进沿海石化产业带集群建设，加快推动减油增化，积极发展绿氢化工产业。调整燃料、原料结构，鼓励以电力、天然气代替煤炭作为燃料，推动烯烃原料轻质化。优化产品结构，积极开发优质、耐用、可循环的绿色石化产品。推广应用原料优化、能源梯级利用、物料循环利用、流程再造等工艺技术及装备，探索开展绿色炼化和二氧化碳捕集利用等示范项目。到2030年，原油加工和乙烯单位产品碳排放比2020年分别下降4%和5%以上。

16. 推动水泥行业碳达峰。以清远、肇庆、梅州、云浮和惠州等产业集中地区为重点，引导水泥行业向集约化、制品化、低碳化转型。完善水泥常态化错峰生产机制。推广应用第二代新型干法水泥技术与装备，到2025年，符合二代技术标准的水泥生产线比重达到50%左右。加强新型胶凝材料、低碳混凝土等低碳建材产品的研发应用。加强燃料、原料替代，鼓励水泥窑协同处置生活垃圾、工业废渣等废弃物。合理控制生产过程碳排放，探索水泥窑尾气二氧化碳捕集利用。到2030年，全省单位水泥熟料碳排放比2020年降低8%以上。

17. 推动陶瓷行业碳达峰。以佛山、肇庆、清远、云浮、潮州和江门等产业集中地区为重点，发展高端建筑陶瓷和电子陶瓷等先进材料产业。推广应用电窑炉和喷雾塔燃煤替代工艺，提高清洁能源消费比重。推广隧道窑和辊道窑大型化、陶瓷生产干法制粉、连续球磨工艺等低碳节能技术，加强薄型建筑陶瓷砖(板)、轻量化卫生陶瓷、发泡陶瓷等低碳产品研发应用。

18. 推动造纸行业碳达峰。以东莞、湛江和江门等产业集中地区为重点，推动分散中小企业入园，实行统一供电供热，提升造纸行业集约化、高端化、绿色化水平。探索开展电气化改造，充分利用太阳能以及造纸废液废渣等生物质能源。推广节能工艺技术，推进造纸行业林浆纸一体化。

（五）城乡建设碳达峰行动。

城乡建设领域碳排放保持持续增长态势，要将绿色低碳要求贯穿城乡规划建设管理各环节，结合城市更新、新型城镇化和乡村振兴，加快推进城乡建设绿色低碳发展。

19. 推动城乡建设绿色转型。优化城乡空间布局，推动城市组团式发展。合理规划城市建设面积发展目标，控制新增建设用地过快增长。统筹推进海绵城市等"韧性城市"建设，大力建设绿色城镇、绿色社区和美丽乡村，增强城乡应对气候变化能力。建立完善以绿色低碳为突出导向的城乡规划建设管理机制，杜绝大拆大建。

20. **推广绿色建筑设计**。加快提升建筑能效水平，研究制订不同类型民用建筑的绿色建筑设计标准，鼓励农民自建住房参照绿色建筑标准建设。编制实施超低能耗建筑、近零碳建筑设计标准，在广州、深圳等地区开展近零碳建筑试点示范。到2025年，城镇新建建筑全面执行绿色建筑标准，星级绿色建筑占比达到30%以上，新建政府投资公益性建筑和大型公共建筑全部达到星级以上。

21. **全面推行绿色施工**。加快推进建筑工业化，大力发展装配式建筑，推广钢结构住宅，开展装配式装修试点。推广应用绿色建材，优先选用获得绿色建材认证标识的建材产品。鼓励利用建筑废弃物生产建筑材料和再生利用，提高资源化利用水平，降低建筑材料消耗。到2030年，装配式建筑占当年城镇新建建筑的比例达到40%，星级绿色建筑全面推广绿色建材，施工现场建筑材料损耗率比2020年降低20%以上，建筑废弃物资源化利用率达到55%。

22. **加强绿色运营管理**。强化公共建筑节能，重点抓好办公楼、学校、医院、商场、酒店等能耗限额管理，提升物业节能降碳管理水平。编制绿色建筑后评估技术指南，建立绿色建筑用户评价和反馈机制，对星级绿色建筑实行动态管理。到2030年，大型公共建筑制冷能效比2020年提升20%，公共机构单位建筑面积能耗和人均综合能耗分别比2020年降低7%和8%。

23. **优化建筑用能结构**。大力推进可再生能源建筑应用，积极推广应用太阳能光伏、太阳能光热、空气源热泵等技术，鼓励光伏建筑一体化建设。提高城乡居民生活电气化水平，积极研发并推广生活热水、炊事高效电气化技术与设备。提升城乡居民管道天然气普及率。到2025年，城镇建筑可再生能源替代率达到8%，新建公共机构建筑、新建厂房屋顶光伏覆盖率力争达到50%。

（六）交通运输绿色低碳行动。

交通运输是碳排放的重点领域，要加快推进低碳交通运输体系建设，推广节能低碳型交通工具，优化交通运输结构，完善基础设施网络，确保交通运输领域碳排放增长保持在合理区间。

24. 推动运输工具装备低碳转型。大力推广节能及新能源汽车，研究制定补贴政策，推动城市公共服务及货运配送车辆电动化替代。逐步降低传统燃油汽车占比，促进私家车电动化。有序发展氢燃料电池汽车，稳步推动电力、氢燃料车辆对燃油商用、专用等车辆的替代。提升铁路系统电气化水平，推进内河航运船舶电气化替代。加快生物燃油技术攻关，促进航空、水路运输燃油清洁化。加快运输船舶LNG清洁动力改造及加注站建设。加快推进码头岸电设施建设，推进船舶靠岸使用岸电应接尽接。到2030年，当年新增新能源、清洁能源动力的交通工具比例达到40%左右，电动乘用车销售量力争达到乘用车新车销售量的30%以上，营运交通工具单位换算周转量碳排放强度比2020年下降10%，铁路单位换算周转量综合能耗比2020年下降10%，陆路交通运输石油消费力争2030年前达到峰值。

25. 构建绿色高效交通运输体系。发展智能交通，推动不同运输方式的合理分工、有效衔接，降低空载率和不合理客货运周转量，提升综合运输效率。加快大宗货物和中长途货运"公转铁""公转水"，积极推行公铁、空铁、铁水、江海等多式联运，推动发展"一票式""一单制"联程客货运服务。推进工矿企业、港口、物流园区等铁路专用线建设，加快内河高等级航道网建设。支持广州、深圳、汕头、湛江等建立以铁水联运为重点的多式联运通道运营平台。建设以高速铁路、城际铁路、城市轨道交通为主体，多网融合的大容量快速低碳客运服务体系。加快城乡物流配送绿色发展，推进绿色低碳、集约高效的城市物流配送服务模式创新。实施公交优先战略，强化城市公共交通与城际客运的无缝衔接，打造高效衔接、快捷舒适的城市公共交通服务体系，积极引导绿色出行。到2025年，港口集装箱铁水联运量年均增长率达15%。到2030年，城区常住人口100万以上的城市绿色出行比例不低于70%。

26. 加快绿色交通基础设施建设。将绿色节能低碳贯穿交通基础设施规划、建设、运营和维护全过程，有效降低交通基础设施建设全生命周期能耗和碳排放。积极推广可再生能源在交通基础设施建设运营中的应用，构建综合交通枢纽场站绿色能源系统。加快布局城乡公共充换电网络，积极建设城际充电网络和高速公路服务区快充站配套设施，加强与电网双向智能互动，到2025年，实现高速公路服务区快充站全覆盖。积极推动新材料、新技术、新工艺在交通运输领域的应用，打造一批绿色交通基础设施工程。到2030年，民用运输机场场内车辆装备等力争全面实现电动化。

（七）农业农村减排固碳行动。

大力发展绿色低碳循环农业，加快农业农村用能方式转变，提升农业生产效率和能效水平，提高农业减排固碳能力。

27. 提升农业生产效率和能效水平。 严守耕地保护红线，全面落实永久基本农田特殊保护政策措施。推进高标准农田建设，全面发展农业机械化。实施智慧农业工程，建设农业大数据和广东智慧农机装备。实施化肥农药减量增效行动，合理控制化肥、农药使用量，推广商品有机肥施用、绿肥种植、秸秆还田，开展农膜回收。

28. 加快农业农村用能方式转变。 实施新一轮农村电网升级改造，提高农村电网供电可靠率，提升农村用能电气化水平。加快太阳能、风能、生物质能、地热能等可再生能源在农用生产和农村建筑中的利用，促进乡村分布式储能、新能源并网试点应用。推广节能环保灶具、电动农用车辆、节能环保农机和渔船。大力发展绿色低碳循环农业，发展节能低碳农业大棚，推进农光互补"光伏＋设施农业""海上风电＋海洋牧场"等低碳农业模式。建设安全可靠的乡村储气罐站和微管网供气系统，有序推动供气设施向农村延伸。

29. 提高农业减排固碳能力。 选育高产低排放良种，改善水分和肥料管理，推广水稻间歇灌溉、节水灌溉、施用缓释肥等技术，控制甲烷、氧化亚氮等温室气体排放。加强农作物秸秆和畜禽粪污资源化、能源化利用，提升农业废弃物综合利用水平。开展耕地质量提升行动，通过农业技术改进、种植模式调整等措施，提升土壤有机碳储量。研发应用增汇型农业技术，探索推广二氧化碳气肥等固碳技术。

（八）循环经济助力降碳行动。

大力发展循环经济，推动资源节约集约循环利用，推进废弃物减量化资源化，通过提高资源利用效率助力实现碳达峰。

30. 建立健全资源循环利用体系。深入推进园区循环化改造，推动企业循环式生产、产业循环式组合，搭建资源共享、废物处理、服务高效的公共平台。到2030年，省级以上产业园区全部完成循环化改造。完善废旧物资回收网络，推行"互联网＋"回收模式。积极培育再制造产业，推动汽车零部件、工程机械、办公设备等再制造产业高质量发展。加快大宗固体废物综合利用示范基地建设，拓宽建筑垃圾、尾矿（共伴生矿）、冶炼渣等大宗固体废物综合利用渠道，推动退役动力电池、光伏组件、风电机组叶片等新兴产业固体废物循环利用。到2025年，大宗固体废物年利用量达到3亿吨左右，废钢铁、废铜、废铝、废铅、废锌、废纸、废塑料、废橡胶、废玻璃等9种主要再生资源循环利用量达到5500万吨左右。到2030年，大宗固体废物年利用量达到3.5亿吨左右，9种主要再生资源循环利用量达到6000万吨左右。

31. 推进废弃物减量化资源化。全面推行生活垃圾分类，加快建立分类投放、分类收集、分类运输、分类处理的生活垃圾管理系统，提升生活垃圾减量化、资源化、无害化处理水平。高标准建设生活垃圾无害化处理设施，加快发展以焚烧为主的垃圾处理方式，进一步提高焚烧处理占比。实施塑料污染全链条治理，加快推广应用替代产品和模式，推进塑料废弃物资源化、能源化利用。积极推进非常规水和污水资源化利用，合理布局再生水利用基础设施。到2025年，城市生活垃圾资源化利用比例不低于60%。到2030年，城市生活垃圾资源化利用比例达到65%以上，全省规模以上工业用水重复利用率提高到90%以上。

（九）科技赋能碳达峰行动。

聚焦绿色低碳关键核心技术，完善科技创新体制机制，强化创新和成果转化能力，抢占绿色低碳技术制高点，为实现碳达峰注入强大动能。

32. 低碳基础前沿科学研究行动。强化绿色低碳领域基础研究和前沿性颠覆性技术布局，聚焦二氧化碳捕集利用与封存（CCUS）技术、新能源、天然气水合物、非二氧化碳温室气体减排/替代等重点领域和方向，重点开展低成本二氧化碳捕集利用与海底封存、二氧化碳高值转化利用、可控核聚变实验堆、远海大型风电系统、超高效光伏电池、兆瓦级海洋能发电、天然气水合物高效勘探开采、非二氧化碳温室气体减排关键材料等方向基础研究。加强新能源、新材料、新技术的交叉融合研究。

33. 低碳关键核心技术创新行动。强化核能、可再生能源、氢能、储能、新型电力系统等新能源技术创新。加强钢铁、石化等传统高耗能行业的低碳燃料与原料替代、零碳工业流程再造、数据中心和5G等新型基础设施的过程智能调控等关键核心技术与装备研发。推进建筑、交通运输行业节能减排关键技术研究与示范。推动森林、农田、湿地等生态碳汇关键技术研究。加快典型固体废物、电子废弃物等资源循环利用关键核心技术攻关。

34. 低碳先进技术成果转化行动。建立绿色技术推广机制，深入推动传统高耗能行业、数据中心和5G等新基建、建筑和交通等行业节能降碳先进适用技术、装备、工艺的推广应用。积极推动核电、大容量风电、高效光伏、大容量储能、低成本可再生能源制氢等技术创新，推动新能源技术在能源消纳、电网调峰等场景以及交通、建筑、工业等不同领域的示范应用。鼓励二氧化碳规模化利用，支持二氧化碳捕集利用与封存（CCUS）技术研发和示范应用。加快生态系统碳汇、固废资源回收利用等潜力行业成果培育示范，稳步推进天然气水合物开采利用的先导示范及产业化进程。建设绿色技术交易市场，以市场手段促进绿色技术创新成果转化。

35. **低碳科技创新能力提升行动**。加强绿色技术创新能力建设，创建一批国家、省级绿色低碳技术重点实验室等重大科技创新平台，推动基础研究和前沿技术创新发展。培育企业创新能力，强化企业创新主体地位，构建产学研技术转化平台，引导行业龙头企业联合高校、科研院所和上下游企业共建低碳产业创新中心，开展关键技术协同创新。培育低碳科技创新主体，实施高端人才团队引进和培育工程，鼓励高校建立多学科交叉的绿色低碳人才培养体系，形成一批碳达峰、碳中和科技人才队伍。深化产教融合，鼓励校企联合开展产学合作协同育人项目。

（十）绿色要素交易市场建设行动。

发挥市场配置资源的决定性作用，用好碳排放权交易、用能权交易、电力交易等市场机制，健全生态产品价值实现机制，激发各类市场主体绿色低碳转型的内生动力和市场活力。

36. **完善碳交易等市场机制**。深化广东碳排放权交易试点，逐步探索将陶瓷、纺织、数据中心、公共建筑、交通运输等行业领域重点企业纳入广东碳市场覆盖范围，继续为全国发挥先行先试作用。制定碳交易支持碳达峰、碳中和实施方案，做好控排企业碳排放配额分配方案与全省碳达峰工作的衔接。积极参与全国碳市场建设，严厉打击碳排放数据造假行为。在广州期货交易所探索开发碳排放权等绿色低碳期货交易品种。开展用能权交易试点，探索碳交易市场和用能权交易市场协同运行机制。全面推广碳普惠制，开发和完善碳普惠核证方法学。统筹推进碳排放权、碳普惠制、碳汇交易等市场机制融合发展，打造具有广东特色并与国际接轨的自愿减排机制。

37. **深化能源电力市场改革**。推进电力市场化改革，逐步构建完善的"中长期+现货""电能量+辅助服务"电力市场交易体系，支持各类市场主体提供多元辅助服务，扩大电力市场化交易规模。健全促进新能源发展的价格机制，完善风电、光伏发电价格形成机制，建立新型储能价格机制。持续推动天然气市场化改革，完善油气管网公平接入机制。

38. 健全生态产品价值实现机制。推进自然资源确权登记，探索将生态产品价值核算基础数据纳入国民经济核算体系。鼓励地市先行开展以生态产品实物量为重点的生态价值核算，探索不同类型生态产品经济价值核算规范，推动生态产品价值核算结果在生态保护补偿、生态环境损害赔偿、生态资源权益交易等方面的应用。健全生态保护补偿机制，完善重点生态功能区转移支付资金分配机制。

（十一）绿色经贸合作行动。

开展绿色经贸、技术与金融合作，推进绿色"一带一路"建设，深化粤港澳低碳领域交流合作，发展高质量、高技术、高附加值的绿色低碳产品国际贸易。

39. 提高外贸行业绿色竞争力。全面建设贸易强省，实施贸易高质量发展"十大工程"，发展高质量、高技术、高附加值的绿色低碳产品国际贸易，提高外贸行业绿色竞争力。积极应对绿色贸易国际规则，探索建立广东产品碳足迹评价与标识制度。加强绿色标准国际合作，推动落实合格评定合作和互认机制，做好绿色贸易规则与进出口政策的衔接。扩大绿色低碳贸易主体规模，培育一批低碳外向型骨干企业和绿色低碳进口贸易促进创新示范区，促进外贸转型升级基地、国家级经济技术开发区和海关特殊监管区域绿色发展。

40. 推进绿色"一带一路"建设。坚持互惠共赢原则，建立健全双边产能合作机制，加强与沿线国家绿色贸易规则对接、绿色产业政策对接和绿色投资项目对接。支持企业结合自身优势对接沿线国家绿色产业和新能源项目，深化国际产能合作，扩大新能源技术和装备出口。加强在应对气候变化、海洋合作、荒漠化防治等方面的国际交流合作。推进"绿色展会"建设，在展馆设置、搭建及组织参展等工作环节上减少污染和浪费。发挥中国进出口商品交易会、中国国际高新技术成果交易会等重要展会平台绿色低碳引领作用，支持绿色低碳贸易主体参展。

41. 深化粤港澳低碳领域合作交流。 建立健全粤港澳应对气候变化联络协调机制。积极推进粤港清洁生产伙伴计划,构建粤港澳大湾区清洁生产技术研发、推广和融资体系。持续推进绿色金融合作,探索建立粤港澳大湾区绿色金融标准体系。支持香港、澳门国际环保展及相关活动,推进粤港澳在新能源汽车、绿色建筑、绿色交通、碳标签、近零碳排放区示范等方面的交流合作。

(十二)生态碳汇能力巩固提升行动。

坚持系统观念,推进山水林田湖草沙一体化保护和系统治理,提高生态系统质量和稳定性,有效提升森林、湿地、海洋等生态系统碳汇增量。

42. 巩固生态系统固碳作用。 加快建立全省国土空间规划体系,构建有利于碳达峰、碳中和的国土空间开发保护格局。严守生态保护红线,严控生态空间占用,建立以国家公园为主体的自然保护地体系。划定城镇开发边界,严控新增建设用地规模,推动城乡存量建设用地盘活利用。严格执行土地使用标准,加强节约集约用地评价,推广节地技术和节地模式。

43. 持续提升森林碳汇能力。 大力推进重要生态系统保护和修复重大工程,全面实施绿美广东大行动,努力提高全省森林覆盖率,扩大森林碳汇增量规模。完善天然林保护制度,推进公益林提质增效,加强中幼林抚育和低效林改造,不断提高森林碳汇能力。建立健全能够体现碳汇价值的林业生态保护补偿机制,完善森林碳汇交易市场机制。到2030年,全省森林覆盖率达到59%左右,森林蓄积量达到6.6亿立方米。

44. 巩固提升湿地碳汇能力。 加强湿地保护建设,充分发挥湿地、泥炭的碳汇作用,保护自然湿地,维护湿地生态系统健康稳定。深入推进"美丽河湖"创建,建立功能完整的河涌水系和绿色生态水网,推动水生态保护修复,保障河湖生态流量。严格红树林用途管制,严守红树林生态空间,开展红树林保护修复行动,建设万亩级红树林示范区。到2025年,全省完成营造和修复红树林12万亩。

45. 大力发掘海洋碳汇潜力。 推进海洋生态系统保护和修复重大工程建设，养护海洋生物资源，维护海洋生物多样性，构建以海岸带、海岛链和各类自然保护地为支撑的海洋生态安全格局。加强海洋碳汇基础理论和方法研究，构建海洋碳汇计量标准体系，完善海洋碳汇监测系统，开展海洋碳汇摸底调查。严格保护和修复红树林、海草床、珊瑚礁、盐沼等海洋生态系统，积极推动海洋碳汇开发利用。探索开展海洋生态系统碳汇试点，推进海洋生态牧场建设，有序发展海水立体综合养殖，提高海洋渔业碳汇功能。

（十三）绿色低碳全民行动。

加强生态文明宣传教育，增强全民节约意识、环保意识、生态意识，倡导简约适度、绿色低碳、文明健康的生活方式，把绿色低碳理念转化为全社会自觉行动。

46. 加强生态文明宣传教育。 开展全民节能降碳教育，将绿色低碳发展纳入国民教育体系和高校公共课、中小学主题课程建设，开展多种形式的资源环境国情教育，普及碳达峰、碳中和基础知识。把节能降碳纳入文明城市、文明村镇、文明单位、文明家庭、文明校园创建及有关教育示范基地建设要求。加强生态文明科普教育，办好世界地球日、世界环境日、节能宣传周、全国低碳日等主题宣传活动。广泛组织开展生态环保、绿色低碳志愿活动。支持和鼓励公众、社会组织对节能降碳工作进行舆论监督，各类新闻媒体及时宣传报道节能降碳的先进典型、经验和做法，营造良好社会氛围。

47. 推广绿色低碳生活方式。 坚决遏制奢侈浪费和不合理消费，杜绝过度包装，制止餐饮浪费行为。深入开展节约型机关、绿色家庭、绿色学校、绿色社区、绿色出行、绿色商场、绿色建筑等绿色生活创建行动，广泛宣传推广简约适度、绿色低碳、文明健康的生活理念和生活方式，评选宣传一批优秀示范典型。积极倡导绿色消费，大力推广高效节能电机、节能环保汽车、高效照明等节能低碳产品，探索碳普惠商业模式创新。

48. 引导企业履行社会责任。 推动重点国有企业和重点用能单位制定实施碳达峰行动方案，深入研究碳减排路径，发挥示范引领作用。督促上市公司和发债企业按照强制性环境信息披露要求，定期公布企业碳排放信息。完善绿色产品认证与标识制度。充分发挥行业协会等社会团体作用，引导企业主动适应绿色低碳发展要求，加强能源资源节约，自觉履行低碳环保社会责任。

49. 强化领导干部培训。 积极组织开展碳达峰、碳中和专题培训，把相关内容列入党校（行政学院）教学计划，分阶段、分层次对各级领导干部开展培训，深化各级领导干部对碳达峰、碳中和工作重要性、紧迫性、科学性、系统性的认识。从事绿色低碳发展工作的领导干部，要提升专业能力素养，切实增强抓好绿色低碳发展的本领。

（十四）各地区梯次有序达峰行动。

坚持全省统筹、分类施策、因地制宜、上下联动，引导各地制定科学可行的碳达峰路线图和时间表，梯次有序推进各地区碳达峰。

50. 科学合理确定碳达峰目标。 兼顾发展阶段、资源禀赋、产业结构和减排潜力差异，统筹协调各地区碳达峰目标。工业化、城镇化进程已基本完成、能源利用效率领先、碳排放已经基本稳定的地区，要巩固节能降碳成果，进一步降低碳排放，为全省碳达峰发挥示范引领作用。经济发展仍处于中高速增长阶段、产业结构较轻、能源结构较优的地区，要坚持绿色低碳发展，以发展先进制造业和绿色低碳产业为重点，逐步实现经济增长与碳排放脱钩，与全省同步实现碳达峰。工业化、城镇化进程相对滞后、经济发展水平较低的地区，坚持绿色低碳循环发展，坚决不走依靠高耗能高排放低水平项目拉动经济增长的老路，尽快进入碳达峰平台期。

51. 因地制宜推进绿色低碳发展。 各地级以上市要抓住粤港澳大湾区、深圳中国特色社会主义先行示范区"双区"建设和横琴、前海两个合作区建设重大机遇，结合"一核一带一区"区域协调发展格局和主体功能区战略，因地制宜推进本地区绿色低碳发展。珠三角核心区要充分发挥粤港澳大湾区高质量发展动力源和增长极作用，率先推动经济社会发展全面绿色转型。沿海经济带要在做好节能挖潜的基础上，加快打造世界级沿海重化产业带和国家级海洋经济发展示范区。北部生态发展区要持之以恒落实生态优先、绿色发展战略导向，推进产业生态化和生态产业化。

52. 上下联动制定碳达峰方案。 各地级以上市政府要按照省碳达峰碳中和工作领导小组的统筹部署，因地制宜、分类施策，制定切实可行的碳达峰实施方案，把握区域差异和发展节奏，合理设置目标任务，经省碳达峰碳中和工作领导小组综合平衡、审议通过后，由各地印发实施。各部门要引导行业、企业制定落实碳达峰的路径举措。

（十五）多层次试点示范创建行动。

开展绿色低碳试点和先行示范建设，支持有条件的地方和重点行业、重点企业率先实现碳达峰，形成一批可操作、可复制、可推广的经验做法。

53. 开展碳达峰试点城市建设。 加大省对地方推进碳达峰的支持力度，综合考虑各地区经济发展程度、产业布局、资源能源禀赋、主体功能定位和碳排放趋势等因素，在政策、资金、技术等方面给予支持，支持有条件的地区建设碳达峰、碳中和试点城市、城镇、乡村，加快推进绿色低碳转型，为全省提供可复制可推广经验做法。"十四五"期间，选择5—10个具有典型代表性的城市和一批城镇、乡村开展碳达峰试点示范建设。

54. 开展绿色低碳试点示范。 研究制定多层级的碳达峰、碳中和试点示范创建评价体系，支持企业、园区、社区、公共机构深入开展绿色低碳试点示范，着力打造一批各具特色、具有示范引领效应的近零碳/零碳企业、园区、社区、学校、医院、交通枢纽等。推动钢铁、石化、水泥等重点行业企业提出碳达峰、碳中和目标并制定中长期行动方案，鼓励示范推广二氧化碳捕集利用与封存（CCUS）技术。"十四五"期间，选择50—100个单位开展绿色低碳试点示范。

三、政策保障

（一）**建立碳排放统计监测体系**。按照国家统一规范的碳排放统计核算体系有关要求，加强碳排放统计核算能力建设，完善地方、行业碳排放统计核算方法。充分利用云计算、大数据、区块链等先进技术，集成能源、工业、交通、建筑、农业等重点领域碳排放和林业碳汇数据，打造全省碳排放监测智慧云平台。深化温室气体排放核算方法学研究，完善能源活动、工业生产过程、农业、土地利用变化与林业、废弃物处理等领域的统计体系。建立覆盖陆地和海洋生态系统的碳汇核算监测体系，开展生态系统碳汇本底调查和碳储量评估。

（二）**健全法规规章标准**。全面清理地方现行法规规章中与碳达峰、碳中和工作不相适应的内容，构建有利于绿色低碳发展的制度体系。加快能效标准制定修订，提高重点产品能耗限额标准，制定新型基础设施能效标准，扩大能耗限额标准覆盖范围。加快完善碳排放核算、监测、评估、审计等配套标准，建立传统高耗能企业生产碳排放可计量体系。支持相关机构积极参与国际国内的能效、低碳、可再生能源标准制定修订，加强与国际和港澳标准的衔接和互认。

（三）**完善投资金融政策**。加快构建与碳达峰、碳中和相适应的投融资政策体系，激发市场主体投资活力。加大对节能环保、新能源、新能源汽车、二氧化碳捕集利用与封存（CCUS）等项目的支持力度。国有企业要加大绿色低碳投资，积极研发推广低碳零碳负碳技术。建立健全绿色金融标准体系，有序推进绿色低碳金融产品和工具创新。研究设立绿色低碳发展基金，加大对绿色低碳产业发展、技术研发等的支持力度。鼓励社会资本以市场化方式设立绿色低碳产业投资基金。支持符合条件的企业上市融资和再融资用于绿色低碳项目建设运营，扩大绿色信贷、绿色债券、绿色保险规模。高质量建设绿色金融改革创新试验区，积极争取国家气候投融资试点。

（四）完善财税价格信用政策。 各级财政要统筹做好碳达峰、碳中和重大改革、重大示范、重大工程的资金保障。落实环境保护、节能节水、资源综合利用等各项税收优惠政策。对企业的绿色低碳研发投入支出，符合条件的可以享受企业所得税研发费用加计扣除政策。落实新能源汽车税收减免政策。研究完善可再生能源并网消纳财税支持政策。深入推进能源价格改革，完善绿色电价政策体系，对能源消耗超过单位产品能耗限额标准的用能单位严格执行惩罚性电价政策，对高耗能、高排放行业实行差别电价、阶梯电价政策。完善居民阶梯电价制度和峰谷分时电价政策。健全天然气输配价格形成机制，完善与可再生能源规模化发展相适应的价格机制。依托"信用广东"平台加强企业节能降碳信用信息归集共享，建立企业守信激励和失信惩戒措施清单。

四、组织实施

（一）加强统筹协调。 坚持把党的领导贯穿碳达峰、碳中和工作全过程。省碳达峰碳中和工作领导小组对各项工作进行整体部署和系统推进，统筹研究重要事项、制定重大政策，组织开展碳达峰、碳中和先行示范、改革创新。省碳达峰碳中和工作领导小组成员单位要按照省委、省政府决策部署和领导小组工作要求，扎实推进相关工作。省碳达峰碳中和工作领导小组办公室要加强统筹协调，定期对各地区和重点领域、重点行业工作进展情况进行调度，督促将各项目标任务落实落细。

（二）强化责任落实。 各地区、各部门要深刻认识碳达峰、碳中和工作的重要性、紧迫性、复杂性，切实扛起责任，按照《中共广东省委 广东省人民政府关于完整准确全面贯彻新发展理念推进碳达峰碳中和工作的实施意见》和本方案确定的主要目标和重点任务，着力抓好各项任务落实，确保政策到位、措施到位、成效到位，落实情况纳入省级生态环境保护督察。各相关单位、人民团体、社会组织要按照国家和省有关部署，积极发挥自身作用，推进绿色低碳发展。

（三）**严格监督考核**。加强碳达峰、碳中和目标任务完成情况的监测、评价和考核，逐步建立和完善碳排放总量和强度"双控"制度，对能源消费和碳排放指标实行协同管理、协同分解、协同考核。加强监督考核结果应用，对碳达峰工作突出的集体和个人按规定给予表彰奖励，对未完成目标任务的地区和部门实行通报批评和约谈问责。各地级以上市人民政府、省各有关部门要组织开展碳达峰目标任务年度评估，有关工作进展和重大问题要及时向省碳达峰碳中和工作领导小组报告。

（八）广东省人民政府关于加快建立健全绿色低碳循环发展经济体系的实施意见（粤府〔2021〕81 号）

为贯彻落实《国务院关于加快建立健全绿色低碳循环发展经济体系的指导意见》（国发〔2021〕4 号），加快建立健全我省绿色低碳循环发展经济体系，促进经济社会发展全面绿色转型，现结合我省实际提出如下意见。

一、总体要求

（一）指导思想。以习近平新时代中国特色社会主义思想为指导，全面贯彻党的十九大和十九届二中、三中、四中、五中、六中全会精神，深入贯彻习近平生态文明思想和习近平总书记对广东系列重要讲话、重要指示批示精神，落实党中央、国务院决策部署，坚定不移贯彻新发展理念，围绕打造新发展格局战略支点，抢抓"双区"建设和横琴、前海两个合作区建设重大机遇，构建"一核一带一区"区域发展格局，把握生态文明建设以降碳为重点战略方向的关键时期，从供给和需求两端同时发力，全方位全过程推行绿色规划、绿色设计、绿色投资、绿色建设、绿色生产、绿色流通、绿色生活、绿色消费，统筹推进高质量发展和高水平保护，建立健全绿色低碳循环发展的经济体系，确保实现碳达峰、碳中和目标，推动我省绿色发展迈上新台阶。

（二）基本原则。

统筹谋划，突出重点。坚持系统观念，加强生态环境保护和碳达峰、碳中和统筹考虑、综合施策，把减污降碳协同增效作为促进经济社会发展全面绿色转型的总抓手，把绿色低碳循环发展的理念和模式贯彻经济社会发展各领域、各环节，综合考虑保障经济高质量增长和能源供应安全，重点调整优化产业结构、能源结构、交通运输结构和用地结构，大力发展绿色产业。

生态优先，绿色发展。坚持节约资源和保护环境的基本国策，站在人与自然和谐共生的高度来谋划经济社会发展，推动降低能耗强度和碳排放强度，使发展建立在高效利用资源、严格保护生态环境、有效控制温室气体排放的基础上。

因地制宜，分类施策。实施主体功能区战略，珠三角地区以经济社会发展全面绿色转型为引领，率先实现高质量发展；沿海经济带充分发挥自然禀赋优势，加快形成新的绿色发展增长极；北部生态发展区重点发展绿色产业，打造"绿水青山就是金山银山"的广东样本。

深化改革，创新驱动。把握新一轮科技革命重大机遇，加快推进绿色技术创新、模式创新、管理创新，强化法规规章支撑，健全绿色低碳循环发展的生产、流通、消费体系，完善价格、财税、金融、市场化交易等绿色发展法规政策体系，持续增强绿色发展的动力和活力。

市场导向，多方参与。充分发挥市场在资源配置中的决定性作用，更好发挥政府作用，健全市场化机制，激发市场主体活力，加快推动形成绿色生产生活方式，构建政府、市场、企业、公众等多方参与的绿色发展格局。

（三）主要目标。

到2025年，产业结构、能源结构、交通运输结构、用地结构更加优化，生产生活方式绿色转型成效显著，传统产业绿色低碳发展取得积极进展，绿色产业持续发展壮大，基础设施绿色化水平不断提高，清洁生产水平持续提高，非化石能源消费比重稳步提升，能源利用效率大幅提高，单位地区生产总值能源消耗和二氧化碳排放水平继续走在全国前列，有条件的地方和重点行业、重点企业率先实现碳排放达峰，主要污染物排放持续减少，资源循环利用水平不断提高，绿色低碳技术体系逐步完善，法规政策体系更加完善，绿色低碳循环发展经济体系基本建成。

到2035年，绿色发展内生动力显著增强，绿色产业规模明显提高，非化石能源消费比重大幅提升，能源利用效率达到国际先进水平，碳排放达峰后稳中有降，绿色生产生活方式总体形成，生态环境根本好转，美丽广东基本建成，率先建成绿色低碳循环发展经济体系，在全面建设社会主义现代化国家新征程中走在全国前列、创造新的辉煌。

二、健全绿色低碳循环发展的生产体系

（四）推进工业绿色升级。 大力推动制造业高质量发展，巩固提升战略性支柱产业，前瞻布局战略性新兴产业，谋划一批未来产业。构建全产业链和产品全生命周期的绿色制造体系，培育一批工业产品绿色设计示范企业，积极创建绿色工厂和绿色园区。加快实施钢铁、石化、化工、有色、建材、纺织、造纸、皮革等行业绿色化改造。支持再制造产业高质量发展，推进汽车零部件、工程机械、大型工业装备等再制造产品推广应用。加快建设资源综合利用基地，因地制宜推动大宗固体废弃物多产业、多品种协同利用。加强工业生产过程中危险废物处置监管和风险防控能力建设。落实国家"散乱污"企业认定办法，持续推进"散乱污"企业综合整治。建立健全以排污许可制为核心的固定污染源环境监管制度。坚决遏制"两高"项目盲目发展。

（五）加快农业绿色发展。 发展生态循环农业，实施粮经饲统筹、种养加结合、农林牧渔融合发展，提高畜禽粪污资源化利用水平，推进农作物秸秆综合利用，建立健全废旧农膜回收体系。深入推进化肥、农药减量增效，全面建立农药包装废弃物收集处理系统。加强绿色食品、有机农产品认证和管理，增加优质农产品、地方特色农产品供给，畅通销售渠道。强化耕地质量保护与提升，推进退化耕地综合治理。高效利用农业资源，统筹推广农业节水、节地、节能技术。发展林业循环经济，培育林业龙头企业，建设林草中药材、油茶、竹等具有广东特色的林业产业发展基地，积极创建国家现代林业产业示范园区，实施森林生态标志产品建设工程。推行水产健康养殖，大力推进养殖池塘升级改造，依法加强养殖水域滩涂统一规划，合理确定养殖规模和养殖密度，完善相关水域禁渔管理制度。推进农业与旅游、教育、文化、健康等产业深度融合，加快推动国家农村产业融合发展示范园建设，引领一二三产业融合发展。

（六）提高服务业绿色发展水平。促进商贸企业绿色升级，培育壮大一批现代商贸流通领军企业。加快信息服务业绿色转型，做好大中型数据中心、网络机房科学布局、绿色建设和改造，建立绿色运营维护体系。推进会展业绿色发展，支持制定行业相关绿色标准，推动办展设施循环使用。优化生活性服务业绿色供给，推动汽修、装修装饰等行业使用低挥发性有机物含量原辅材料，倡导酒店、餐饮等行业不主动提供一次性用品。

（七）发展壮大绿色产业。积极推进国家绿色产业示范基地建设，推动形成开放、协同、高效的创新生态系统。大力发展节能环保、清洁生产、清洁能源等绿色产业，健全市场化经营机制，做大做强绿色环保领域龙头企业，培育一批专业化骨干企业，扶持一批专精特新中小企业。健全效益分享型机制，创新合同能源管理模式，推行合同节水管理、环境污染第三方治理，开展以环境治理效果为导向的环境托管服务。按照国家部署，进一步放开石油、化工、天然气等领域节能环保竞争性业务，鼓励和支持公共机构推行综合能源管理服务，开展公共机构节能降碳改造试点。

（八）提升产业园区和产业集群循环化水平。推动新建产业园区科学编制开发建设规划，合理布局园区基础设施和公用工程，实施产业链招商，实现园区项目间、企业间、产业间横向耦合、纵向延伸、循环链接。推进既有产业园区和产业集群循环化、绿色化改造，推动企业循环式生产、产业循环式组合，促进公共设施共建共享、能源梯级利用、资源循环利用和污染物集中安全处置。推动园区内不同行业企业以物质流、能量流为媒介进行链接共生，支持建设电、热、冷、气等多种能源协同互济的综合能源项目。全面推行清洁生产，深入推进工业、农业、服务业等开展清洁生产审核，依法在"双超双有高耗能"行业实施强制性清洁生产审核。

（九）构建绿色供应链。鼓励企业开展绿色设计、选择绿色材料、实施绿色采购、打造绿色制造工艺、推行绿色包装、开展绿色运输、做好废弃产品回收处理，实现产品全周期的绿色环保。以石油化工、有色金属、电子电器、汽车等行业为重点，开展绿色供应链试点示范，加快构建源头减排、过程控制、末端治理、综合利用的绿色产业链。完善绿色供应链标准。鼓励行业龙头企业实施绿色供应链管理，带动行业上下游中小企业绿色转型升级。鼓励行业协会通过制定规范、咨询服务、行业自律等方式提高行业供应链绿色化水平。

三、健全绿色低碳循环发展的流通体系

（十）打造绿色物流。加强物流运输组织管理，加大信息共享，提升全流程电子化水平。推广江海直达、滚装运输、甩挂运输、共同配送、驮背运输，实施物流枢纽、城市货运和快递配送体系建设工程。推广绿色低碳运输工具，公共服务领域优先使用新能源或清洁能源汽车。支持推广新能源动力船舶，推进内河航运船舶电气化替代。加强港口岸电设施建设和管理，支持机场开展飞机辅助动力装置替代设备建设和应用。加快国家物流枢纽和国家骨干冷链物流基地建设，推动在农村地区发展田头冷库、冷链保鲜设施。鼓励发展智慧仓储、智慧运输，大力推广"带托运输"模式，建立标准化托盘循环共用制度。

（十一）加强再生资源回收利用。完善再生资源回收体系，推动再生资源回收与垃圾分类回收融合发展，鼓励有条件的地市建立再生资源区域交易中心。加快落实生产者责任延伸制度，引导生产企业建立逆向物流回收体系。积极推进"互联网＋回收"模式，推广智能回收终端。完善废旧家电、电子产品回收处理体系，开展回收处理试点示范，推广典型回收模式和经验做法。加强废纸、废塑料、废旧轮胎、废金属、废玻璃等再生资源回收利用，拓宽建筑垃圾等大宗固体废弃物综合利用渠道，提升资源产出率和回收利用率。完善废旧动力电池回收体系，促进废旧动力电池资源化、规模化、高值化利用。加快推进可循环快递包装应用，鼓励企业研发生产可循环使用、可降解和易于回收的绿色包装材料，促进快递包装物的减量化和循环使用。

（十二）加快发展绿色贸易。积极优化贸易结构，大力发展高质量、高附加值的绿色产品贸易，提升绿色产业体系和绿色供给体系对国际国内需求的

适配度，推动内需与外需、进口与出口、货物贸易与服务贸易协调发展。促进贸易新业态扩容提质，发展壮大数字贸易，实施数字贸易工程，支持企业提升贸易数字化和智能化管理水平。引导企业参与绿色生产、采购、消费等绿色供应链国际合作，从严控制高污染、高耗能产品出口，积极应对国际绿色贸易壁垒。深化绿色"一带一路"合作，拓宽节能环保、清洁能源等领域技术装备和服务合作，带动先进环保技术、装备、产能走出去。

四、健全绿色低碳循环发展的消费体系

（十三）提升绿色消费水平。引导企业推行绿色经营理念，提升绿色产品和绿色服务供给能力。加大政府绿色采购力度，扩大绿色产品采购范围，逐步将绿色采购制度扩展至国有企业。探索建立碳标签制度，完善节能家电、高效照明产品、节水器具、绿色建材等绿色产品和新能源汽车推广机制，鼓励有条件的地市采取补贴、积分奖励等方式促进绿色消费。推动电商平台树立绿色经营理念，积极销售绿色产品。支持广州、深圳等城市创建国际消费中心城市。推广绿色电力证书交易，引领全社会提升绿色电力消费。激励各类市场主体挖掘调峰资源，探索灵活多样的市场化需求响应交易模式。严厉打击虚标绿色产品行为，有关行政处罚等信息依法纳入国家信用信息共享平台和国家企业信用信息公示系统。

（十四）倡导绿色低碳生活方式。厉行节约，鼓励按需合理点餐、适量取餐、节约用餐，坚决制止餐饮浪费行为。因地制宜推进生活垃圾分类和减量化、资源化。扎实推进塑料污染全链条治理。严控商品过度包装，引导生产企业规范商品包装设计。深入开展爱国卫生运动，整治环境脏乱差，打造宜居生活环境。开展节约型机关、绿色家庭、绿色学校、绿色社区、绿色出行、绿色商场、绿色建筑等创建行动。探索建立居民低碳出行、低碳消费等绿色行为的激励制度，鼓励步行、自行车和公共交通等绿色低碳出行，推动全社会低碳行动。鼓励消费者旅行自带洗漱用品，提倡重拎布袋子、重提菜篮子、重复使用

环保购物袋，减少使用一次性塑料制品。

五、加快基础设施绿色升级

（十五）**构建清洁低碳安全高效能源体系**。强化能源消费总量和强度双控，推行用能预算管理。规模化开发利用海上风电，打造粤东粤西千万千瓦级海上风电基地。积极发展氢能，因地制宜发展光伏发电、陆上风电、地热能、海洋能、生物质能，安全高效发展核电。加快推进抽水蓄能、新型储能等调节电源建设和技术研发推广，提升电网汇集、外送能力和新能源消纳水平。合理发展天然气发电，完善天然气管网体系，加强接收及储气能力建设，加快天然气管道建设。推进煤炭清洁高效利用，降低煤炭在能源消费中的比重，发挥煤电调峰和托底保障作用。积极引入省外绿色低碳能源。加快智慧能源系统建设。完善能源产供储销体系和能源输送网络，构建多元安全的现代能源保障体系。深化电力体制改革，构建以新能源为主体的新型电力系统。加快城乡配电网建设和智能升级，持续推进农村电网改造升级，有序推动供气设施向农村延伸。增加农村清洁能源供应，推动农村发展"农光互补"和生物质能综合利用。推进规模化碳捕集利用与封存技术研发、试验示范和产业化应用。

（十六）**推动完善环境基础设施**。推进城镇污水管网全覆盖，污水全收集、全处理，推动管网地理信息系统建设，提升建设运营水平和处理效能。加快污泥无害化处置和资源化利用设施建设，因地制宜布局污水资源化利用设施，基本消除城市黑臭水体。鼓励沿海地区高耗水行业和工业园区开展海水淡化利用。推进完善匹配的分类运输体系建设，有效衔接前端分类收集及末端分类处理，高标准建设生活垃圾处理设施，做好餐厨垃圾资源化利用和无害化处理。加快推进危险废物处置设施建设，完善医疗废物收集转运处置体系，提高危险废物医疗废物集中处置能力和信息化、智能化监管水平，严格执行经营许可管理制度。大力推动"无废城市"和"无废试验区"建设。

（十七）**构建绿色低碳高效综合交通运输体系**。将生态环保理念贯穿交通基础设施规划、建设、运营和维护全过程，综合运用BIM技术、"互联网+"、5G技术，积极打造绿色公路、绿色铁路、绿色航道、绿色港口、绿色空港。完善综合交通设施配套，加快推进港口集疏运铁路、大型工矿企业铁路专用线建设，打通铁路运输"最后一公里"。加强智慧交通基础设施建设，推动自动驾驶、车路协同等智慧交通技术发展，建立以信息技术高度集成、信息资源综合运用为主的智慧交通发展新模式。推进粤港澳大湾区"一票式"联程客运建设。加快新能源汽车推广应用，打造自主可控的智能网联汽车产业链和具有核心竞争力的氢燃料电池汽车产业集群。加强新能源汽车充换电、加氢等配套基础设施建设，开展光、储、充、换相结合的新型充换电场站试点示范，形成便利高效、适度超前的充电网络体系。加快LNG动力船舶应用及内河LNG加注站布局建设，打造内河船舶LNG应用示范工程。积极推广交通领域的节能环保先进技术及产品，加大交通工程建设中废旧材料综合利用、资源循环利用力度，推动新建公路桥梁、隧道等结构物构件施工机械化及预制装配化。

（十八）建设美丽低碳宜居城乡。织密城市绿地网络，建设绿色宜居城市。加快推进"自然渗透、自然积存、自然净化"的海绵城市建设，提升城市防洪排涝能力。大力发展绿色建筑，提高新建建筑节能标准，推动超低能耗建筑、近零能耗建筑发展。结合绿色社区创建行动，推动基础设施绿色化和既有居住建筑节能节水改造。高质量推进万里碧道建设，开展"美丽城市"建设试点，深入推进美丽小城镇建设。加快建设美丽乡村，实施"五美"专项行动，因地制宜推进农村改厕、生活垃圾分类处理和污水治理。鼓励农民自建住宅参照绿色建筑标准进行建设，加快农村危房改造，全面推动农房管控和乡村风貌提升。

（十九）构建国土空间开发保护新格局。落实生态保护、基本农田、城镇开发等空间管控边界，强化城镇开发边界对开发建设行为的刚性约束作用。强化主体功能管控，相关空间性规划要落实绿色发展理念，统筹城市发展和安全，优化生产、生活、生态空间布局和要素配置，合理确定开发强度。优先保障生态空间，因地制宜安排农业空间，统筹协调城镇空间。建立健全覆盖全省域的生态环境分区管控体系，强化"三线一单"刚性约束，将其作为规划资源开发、产业布局和结构调整、城镇建设以及重大项目选址的重要依据。

六、构建市场导向的绿色技术创新体系

（二十）**鼓励绿色低碳技术研发。**实施绿色技术创新攻关行动，在清洁能源、污染防治与修复、新能源汽车等重点领域推动关键核心技术攻关和应用示范。推动绿色建筑技术与装配式、智能技术深度融合发展，开展超低能耗建筑技术研发。推进绿色技术创新基地平台建设，依托骨干企业、高校和科研院所在绿色技术领域培育建设一批省级以上工程研究中心、技术创新中心、产业技术研究院、重点实验室、科技资源共享服务平台。推动建设大湾区综合性国家科学中心和粤港澳大湾区国家技术创新中心。强化企业绿色技术创新主体地位，支持企业牵头组建创新联合体，鼓励企业牵头或参与财政资金支持的绿色技术研发项目、市场导向明确的绿色技术创新项目。

（二十一）**加速科技成果转化。**完善绿色技术创新成果转化机制，落实首台（套）重大技术装备保险补偿政策措施，支持首台（套）绿色技术创新装备示范应用。积极发挥省创新创业基金作用，遴选一批重点绿色技术创新成果支持转化应用，引导各类天使投资、创业投资基金、地方创投基金等支持绿色技术创新成果转化。支持企业、高校、科研机构等建立绿色技术创新项目孵化器、创新创业基地。完善科技成果转移转化激励政策，建立省财政资助的应用类科技创新项目成果限时转化机制。探索建立绿色技术库，加快先进成熟技术推广应用。加快推进粤港澳大湾区绿色技术银行和珠三角国家科技成果转移转化示范区建设。

七、完善法规政策体系

（二十二）**建立健全法规规章制度。**推动提高资源利用效率、发展循环经

济、强化清洁生产、严格污染治理、促进绿色设计、推动绿色产业发展、扩大绿色消费、实行环境信息公开、应对气候变化等方面法规规章制度的制修订工作，加强法规规章制度间的衔接。强化执法监督，加大违法行为查处和问责力度，建立综合行政执法机关、公安机关、检察机关、审判机关信息共享、案情通报、办案协调、风险防控制度。

（二十三）健全绿色收费价格机制。完善污水处理收费政策，按照覆盖污水处理设施运营和污泥处理处置成本并合理盈利的原则，合理制定污水处理收费标准，健全标准动态调整机制。按照产生者付费原则，建立健全生活垃圾处理收费制度，各地可根据本地实际情况，实行分类计价、计量收费等差别化管理。完善节能环保电价政策，健全惩罚性电价和差别电价机制。持续推动完善与可再生能源规模化发展相适应的价格机制。继续落实好居民阶梯电价、气价、水价制度，推进农业水价综合改革。

（二十四）加大财税扶持力度。积极争取中央预算内投资，继续利用政府专项资金、地方政府专项债券等支持环境基础设施补短板强弱项、绿色环保产业发展、能源高效利用、资源循环利用等。落实环境保护、节能节水、资源综合利用以及合同能源管理、环境污染第三方治理等方面的企业所得税、增值税等优惠政策，鼓励企业清洁生产、废物集中处理、资源循环利用。做好资源税征收工作。

（二十五）大力发展绿色金融。建立健全绿色低碳投融资体系，加大节能环保、新能源、新能源汽车、碳捕集利用与封存等领域的投融资支持力度。大力发展绿色信贷、绿色债券、绿色基金、绿色保险，拓展绿色融资渠道。支持政府投资基金布局绿色低碳领域，鼓励通过市场化手段设立广东省绿色低碳发展基金。支持符合条件的绿色产业企业上市融资，支持金融机构和相关企业在国际市场开展绿色融资。加快建设粤港澳大湾区绿色金融共同市场，有序推进绿色金融市场双向开放，推动绿色金融标准趋同，强化与国际标准衔接。充分发挥广东省环境权益交易所等平台功能，搭建环境权益与金融服务平台。高质量建设广州绿色金融改革创新试验区，支持广州期货交易所探索发展碳期货产品。支持深圳建设国家气候投融资促进中心，支持深圳证券交易所发展绿色债券。探索建立生态产品价值实现机制。

（二十六）完善绿色标准、绿色认证体系和统计监测制度。开展绿色标准体系建设，推动绿色产品评价标准研制与实施，推动研制粤港澳大湾区绿色低碳标准。落实国家绿色产品认证制度，培育一批专业绿色认证机构。加强节能环保、清洁生产、清洁能源、循环经济等领域统计监测，健全高耗能行业和领域能耗统计监测体系，探索建立碳排放监测智慧云平台，强化统计信息共享。

（二十七）培育绿色交易市场机制。推进用水权、用能权、排污权和碳排放权市场化交易。研究建设粤港澳大湾区碳排放权交易市场，推动碳排放交易外汇试点，支持符合条件的境外投资者参与广东碳排放权交易。联合港澳开展碳标签互认机制研究与应用示范。加快建立初始分配、有偿使用、市场交易、纠纷解决、配套服务等制度，做好绿色权属交易与相关目标指标的对接协调。

八、认真抓好组织实施

（二十八）抓好贯彻落实。各地、各部门要将建立健全绿色低碳循环发展经济体系作为高质量发展的重要内容，保质保量完成各项任务，及时总结好经验好模式。各地要结合本地实际情况推动各项政策措施落到实处。省有关部门要加强协同配合，形成工作合力。省发展改革委要会同有关部门强化统筹协调和督促指导，做好年度重点工作安排部署，编制年度绿色低碳循环发展报告，重大情况及时向省委、省政府报告。

（二十九）深化交流合作。加强标准、技术、人才、项目等方面的合作，强化同世界各国的绿色低碳技术、装备、服务及基础设施等方面的交流与合作，加强资金连通、技术连通和市场连通。重点加强生态环境保护、污染联防联控、清洁能源等方面的省际交流协作，推动粤港澳大湾区在绿色技术创新、绿色金融标准互认和应用等方面的深度合作。

（三十）加大宣传力度。充分利用各类新闻媒体手段，大力宣传取得的成效，积极宣扬各地各部门先进典型，适时曝光破坏生态、污染环境、严重浪费资源和违规乱上"两高"项目等方面的负面典型，营造推进绿色低碳循环发展的良好氛围。

（九）广东省人民政府关于印发广东省"十四五"节能减排实施方案的通知（粤府〔2022〕68号）

为贯彻落实《国务院关于印发"十四五"节能减排综合工作方案的通知》（国发〔2021〕33号），大力推进节能减排工作，促进经济社会发展全面绿色转型，助力实现碳达峰、碳中和目标，结合我省实际，制定本实施方案。

一、总体要求

以习近平新时代中国特色社会主义思想为指导，全面贯彻党的十九大和十九届历次全会精神，深入贯彻习近平生态文明思想和习近平总书记对广东重要讲话、重要指示精神，坚持稳中求进工作总基调，立足新发展阶段，完整、准确、全面贯彻新发展理念，构建新发展格局，推动高质量发展，把节能减排贯穿于经济社会发展全过程和各领域，优化完善能源消费强度和总量双控（以下简称能耗双控）、主要污染物排放总量控制制度，大力实施节能减排重点工程，进一步健全节能减排政策机制，推动能源资源配置更加合理、利用效率大幅提高，主要污染物排放总量持续减少，确保完成国家下达我省的"十四五"节能减排目标，为实现碳达峰、碳中和目标奠定坚实基础。

二、主要目标

到2025年，全省单位地区生产总值能源消耗比2020年下降14.0%，能源消费总量得到合理控制，化学需氧量、氨氮、氮氧化物、挥发性有机物重点工程减排量分别达19.73万吨、0.98万吨、7.38万吨和4.99万吨。节能减排政策机制更加健全有力，重点行业、重点产品能源利用效率和主要污染物排放控制水平基本达到国际先进水平，经济社会发展全面绿色低碳转型取得显著成效。

三、实施节能减排重点工程

（一）**重点行业绿色升级工程**。以火电、石化化工、钢铁、有色金属、建材、造纸、纺织印染等行业为重点，深入开展节能减排诊断，建立能效、污染物排放先进和落后清单，全面推进节能改造升级和污染物深度治理，提高生产工艺和技术装备绿色化水平。推广高效精馏系统、高温高压干熄焦、富氧强化熔炼、多孔介质燃烧等节能技术，推动高炉—转炉长流程炼钢转型为电炉短流程炼钢。加快推进钢铁、水泥等行业超低排放改造和燃气锅炉低氮燃烧改造，2022年底前，全省7家长流程钢铁企业基本完成超低排放改造；2025年底前，全省钢铁企业按照国家要求完成超低排放改造。推进行业工艺革新，实施涂装类、化工类等产业集群分类治理，开展重点行业清洁生产和工业废水资源化利用改造，在火电、钢铁、纺织印染、造纸、石化化工、食品和发酵等高耗水行业开展节水建设。推进新型基础设施能效提升，优化数据中心建设布局，新建大型、超大型数据中心原则上布局在粤港澳大湾区国家枢纽节点数据中心集群范围内，推动存量数据中心绿色升级改造。"十四五"时期，全省规模以上工业单位增加值能耗下降14.0%，万元工业增加值用水量降幅满足国家下达目标要求。到2025年，通过实施节能降碳行动，钢铁、水泥、平板玻璃、炼油、乙烯、烧碱、陶瓷等重点行业产能和数据中心达到能效标杆水平的比例超过30%。

（二）**园区节能环保提升工程**。引导工业企业向园区集聚，新建化学制浆、电镀、印染、鞣革等项目原则上入园集中管理。以高耗能、高排放项目（以下称"两高"项目）集聚度高的工业园区为重点，推动能源系统整体优化和能源梯级利用，开展污染综合整治专项行动，推动可再生能源在工业园区的应用。以省级以上工业园区为重点，推进供热、供电、污水处理、中水回用等公共基础设施共建共享，加强一般固体废物、危险废物集中贮存和处置，推进省级以上工业园区开展"污水零直排区"创建，推动涂装中心、活性炭集中再生中心、电镀废水及特征污染物集中治理等"绿岛"项目建设。到2025年，建成一批节能环保示范园区，省级以上工业园区基本实现污水全收集全处理。

（三）城镇节能降碳工程。全面推进城镇绿色规划、绿色建设、绿色运行管理，推动低碳城市、韧性城市、海绵城市、"无废城市"建设。全面提高建筑节能标准，加快发展超低能耗、近零能耗建筑，全面推进新建民用建筑按照绿色建筑标准进行建设，大型公共建筑和国家机关办公建筑、国有资金参与投资建设的其他公共建筑按照一星级及以上绿色建筑标准进行建设。结合海绵城市建设、城镇老旧小区改造、绿色社区创建等工作，推动既有建筑节能和绿色化改造。推进建筑光伏一体化建设，推动太阳能光热系统在中低层住宅、酒店、宿舍、公寓建筑中应用。完善公共供水管网设施，提升供水管网漏损控制水平。到2025年，城镇新建建筑全面执行绿色建筑标准，新增岭南特色超低能耗、近零能耗建筑200万平方米，完成既有建筑节能绿色改造面积2600万平方米以上，新增太阳能光电建筑应用装机容量1000兆瓦。

（四）交通物流节能减排工程。推动交通运输规划、设计、建设、运营、养护全生命周期绿色低碳转型，建设一批绿色交通基础设施工程。完善充换电、加注（气）、加氢、港口机场岸电等布局及服务设施，降低清洁能源用能成本。大力推广新能源汽车，城市新增、更新的公交车全部使用电动汽车或氢燃料电池车，各地市新增或更新的城市物流配送、轻型邮政快递、轻型环卫车辆使用新能源汽车比例达到80%以上。发挥铁路、水运的运输优势，推动大宗货物和长途货物"公转水""公转铁"及"水水中转"，建设完善集疏港铁路专用线，大力发展铁水、公铁、公水等多式联运。全面实施重型柴油车国六（B）排放标准和非道路移动机械第四阶段排放标准，基本淘汰国三及以下排放标准的柴油和燃气汽车。深入实施清洁柴油机行动，推动重型柴油货车更新替代。实施汽车排放检验与维护制度，加强机动车排放召回管理。加强船舶清洁能源动力推广应用，2025年底前形成较完善的珠三角内河LNG动力船舶运输网络。推动船舶受电设施改造，本地注册船舶受电装置做到应改尽改。提升铁路电气化水平，燃油铁路机车加快改造升级为电力机车，未完成"油改电"改造的机车必须使用符合国家标准国Ⅵ车用柴油（含硫量不高于10 ppm），推广低能耗运输装备，推动实施铁路内燃机车国一排放标准。推动互联网、大数据、人工智能等与交通行业深度融合，加快客货运输组织模式创新和新技术新设备应用。推进绿色仓储和绿色物流园区建设，推广标准化物流周转箱。强化快递包装绿色转型，加快推进同城快递环境友好型包装材料全面应用。到2025年，全省新能源汽车新车销量达到汽车销售总量的20%左右，铁路、水路大宗货物运输量较2020年大幅增长。

（五）农业农村节能减排工程。改进农业农村用能方式，完善农村电网建设，推进太阳能、风能、地热能等规模化利用和生物质能清洁利用。推进老旧农机报废，加快农用电动车辆、节能环保农机装备、节油渔船的推广应用。发展节能农业大棚，探索推进功能现代、结构安全、成本经济、绿色环保的现代新型农房建设，加大存量农房节能改造指导力度。强化农业面源污染防治，优先控制重点湖库及饮用水水源地等敏感区域农业面源污染。推进农药化肥减量增效、秸秆综合利用，加快农膜和农药包装废弃物回收处理。加强养殖业污染防治工作，推进畜禽粪污资源化利用和规模畜禽养殖户粪污处理设施装备配套，建设粪肥还田利用示范基地，推进种养结合循环发展。整治提升农村人居环境，因地制宜选择农村生活污水治理模式，提高农村污水垃圾处理能力，基本消除较大面积的农村黑臭水体。强化农村污水处理设施运营监管，定期对日处理能力20吨及以上的农村生活污水处理设施出水水质开展监测。到2025年，全省畜禽粪污综合利用率达到80%以上，规模养殖场粪污处理设施装备率达到97%以上，农村生活污水治理率达到60%以上，秸秆综合利用率稳定在86%以上，主要农作物化肥利用率稳定在40%以上，绿色防控覆盖率达到55%，水稻统防统治覆盖率达到45%。

（六）公共机构能效提升工程。持续推进公共机构既有建筑围护结构、制冷、照明、电梯等综合型用能系统和设施设备节能改造，增强示范带动作用。

推行合同能源管理等市场化机制，鼓励采用能源费用托管等合同能源管理模式，调动社会资本参与公共机构节能工作。推动公共机构带头率先淘汰老旧车和使用新能源汽车，每年新增及更新的公务用车中新能源汽车和节能车比例不低于60%，其中，新能源汽车比例原则上不低于30%，大力推进新建和既有停车场的汽车充（换）电设施设备建设，鼓励内部充（换）电设施设备向社会公众开放。推行能耗定额管理，强化我省公共机构能源资源消耗限额标准应用。全面开展节约型机关创建活动，以典型示范带动公共机构不断提升能效水平。到2025年，全省力争80%以上的县级及以上党政机关建成节约型机关，完成国家下达我省的创建节约型公共机构示范单位和遴选公共机构能效领跑者任务。

（七）重点区域污染物减排工程。持续推进污染防治攻坚行动，加大重点行业结构调整和污染治理力度。以臭氧污染防治为核心，强化多污染物协同控制和区域协同治理，完善"省—市—县"三级预警应对机制。在国家指导下深入开展粤港澳大湾区大气污染防治协作，积极打造空气质量改善先行示范区。巩固提升水环境治理成效。全面落实河湖长制，统筹推进水资源保护、水安全保障、水污染防治、水环境治理、水生态修复。加强饮用水水源地规范化建设，强化监测预警和针对性整治，确保重点饮用水水源地水质100%达标。强化重点流域干支流、上下游协同治理，深入推进工业、城镇、农业农村、港口船舶"四源共治"，巩固地级及以上城市建成区黑臭水体治理成效。到2025年，县级以上城市建成区黑臭水体全面清除。

（八）煤炭清洁高效利用工程。坚持先立后破，在确保电力安全可靠供应的前提下，稳妥推进煤炭消费减量替代和转型升级，形成煤炭清洁高效利用新格局。推进存量煤电机组节煤降耗改造、供热改造、灵活性改造"三改联动"，持续推动煤电机组超低排放改造，推进服役期满及老旧落后燃煤火电机组有序退出。珠三角核心区逐步扩大Ⅲ类（严格）高污染燃料禁燃区范围，沿海经济带—东西两翼地区和北部生态发展区Ⅲ类禁燃区扩大到县级及以上城市建成区。推进30万千瓦及以上热电联产机组供热半径15公里范围内的燃煤锅炉、生物质锅炉（含气化炉）和燃煤小热电机组（含自备电厂）关停整合。鼓励现有使用高污染燃料的工业炉窑改用工业余热、电能、天然气等；全省玻璃、铝压延、钢压延行业基本完成清洁能源替代。燃料类煤气发生炉采用清洁能源替代，或因地制宜采取园区（集群）集中供气、分散使用的方式；逐步淘汰固定床间歇式煤气发生炉。到2025年，非化石能源占能源消费总量比重达到32%左右。

（九）绿色高效制冷工程。推进制冷产品企业生产更加高效的制冷产品，大幅提高变频、温（湿）度精准控制等绿色高端产品供给比例。严格控制生产过程中制冷剂泄漏和排放，积极推动制冷剂再利用和无害化处理，引导企业加快转换为采用环保制冷剂的空调生产线。促进绿色高效制冷消费，加大绿色高效制冷创新产品政府采购支持力度。鼓励有条件的地区实施"节能补贴""以旧换新"，采用补贴、奖励等方式，支持居民购买能效标识2级以上的空调、冰箱等高能效制冷家电、更新更换老旧低效制冷家电产品。推进中央空调、数据中心、商务产业园、冷链物流等重点领域节能改造，强制淘汰低效制冷产品，提升能效和绿色化水平。到2025年，绿色高效制冷产品市场占有率大幅提升。

（十）挥发性有机物综合整治工程。推进原辅材料和产品源头替代工程，实施全过程污染物治理。以工业涂装、包装印刷等行业为重点，推动使用低挥发性有机物含量的涂料、油墨、胶粘剂、清洗剂。深化石化化工等行业挥发性有机物污染治理，重点排查整治储罐、装卸、敞开液面、泄漏检测与修复（LDAR）、废气收集、废气旁路、治理设施、加油站、非正常工况、产品VOCs质量等涉VOCs关键环节。组织排查光催化、光氧化、水喷淋、低温等离子及上述组合技术的低效VOCs治理设施，对不能达到治理要求的实施更换或升级改造。对易挥发有机液体储罐实施改造，推动珠三角核心区以及揭阳大南海石化基地、湛江东海岛石化基地、茂名石化基地50%以上储存汽油、航空煤油、石脑油以及苯、甲苯、二甲苯的浮顶罐使用全液面接触式浮盘；鼓励储存其他涉VOCs产品的储罐改用浮顶罐，开展内浮顶罐废气排放收集和治理。

污水处理场排放的高浓度有机废气实施单独收集处理，采用燃烧等高效治理技术，含VOCs有机废水储罐、装置区集水井（池）排放的有机废气实施密闭收集处理。加强油船和原油、成品油码头油气回收治理，运输汽油、航空煤油、石脑油和苯、甲苯、二甲苯等车辆按标准采用适宜装载方式，推广采用密封式快速接头，铁路罐车推广使用锁紧式接头。到2023年，广州、惠州、茂名和湛江万吨级及以上原油、成品油码头装船泊位按照标准要求完成油气回收治理。到2025年，溶剂型工业涂料、油墨、胶粘剂等使用量下降比例达到国家要求；基本完成低效VOCs治理设施改造升级；年销售汽油量大于2000吨的加油站全部安装油气回收自动监控设施并与生态环境部门联网。

（十一）环境基础设施能力提升工程。加快构建集污水、垃圾、固体废物、危险废物、医疗废物处理处置设施和监测监管能力于一体的环境基础设施体系，推动形成由城市向建制镇和乡村延伸覆盖的环境基础设施网络。加快补齐城镇生活污水管网缺口，推动支次管网建设。大力推进管网修复和改造，实施混错接管网改造、老旧破损管网更新修复，推行污水处理厂尾水再生利用和污泥无害化处置。建设分类投放、分类收集、分类运输、分类处理的生活垃圾处理系统。到2025年，广州、深圳生活污水集中收集率达到85%以上，珠三角各市（广州、深圳、肇庆除外）达到75%以上或比2020年提高5个百分点以上，其他城市力争达到70%以上或比2020年提高5个百分点以上；地级以上缺水城市（广州、深圳、佛山、东莞、中山、汕头）再生水利用率达到25%以上，其他城市达到20%以上；地级以上市城市建成区污泥无害化处置率达到95%以上，其他地区达到80%以上；各地级以上市基本建成生活垃圾分类处理系统。

（十二）节能减排科技创新与推广工程。发挥大型龙头节能减排技术企业引领作用，强化企业创新主体地位，支持企业牵头承担或参与国家和省的节能减排领域科技项目。采用"揭榜挂帅"等方式解决节能减排关键核心技术攻关难题，开展新型节能材料、可再生能源与建筑一体化、轨道交通能量回收、新能源汽车能效提升、重金属减排、农村环境综合整治与面源污染防治、危险废物环境风险防控与区域协同处置、节能环保监测技术和仪器设备等方向攻坚。加强政策支持和示范引领，全面推动节能减排技术推广应用，定期更新发布广东省节能技术、设备（产品）推广目录，持续开展先进适用技术遴选。以超高能效电机、超低排放改造、低VOCs含量原辅材料和替代产品、VOCs废气收集等技术为重点，实施一批节能减排技术示范工程项目。加大产业、财税、金融政策支持力度，全面落实首台（套）装备奖补政策。到2025年，推广先进适用节能减排技术不少于200项。

四、健全节能减排政策机制

（一）**优化完善能耗双控制度**。坚持节约优先、效率优先，严格能耗强度控制，增加能源消费总量管理弹性。完善能耗双控指标设置及分解落实机制，以能源产出率为重要依据，合理确定各地市能耗强度降低目标，并对各地市"十四五"能耗强度降低实行基本目标和激励目标双目标管理。完善能源消费总量指标确定方式，各地市根据地区生产总值增速目标和能耗强度降低基本目标确定年度能源消费总量目标，经济增速超过预期目标的地市可相应调整能源消费总量目标。对能耗强度降低达到省下达的激励目标的地市，其能源消费总量在当期能耗双控考核中免予考核。各地市"十四五"时期新增可再生能源电力消费量不纳入能源消费总量考核。原料用能不纳入全省及地市能耗双控考核。有序实施国家和省重大项目能耗单列，支持国家和省重大项目建设。加强节能形势分析预警，对高预警等级地市加强工作指导。

（二）**健全污染物排放总量控制制度**。坚持精准治污、科学治污、依法治污，把污染物排放总量控制制度作为加快绿色低碳发展、推动结构优化调整、提升环境治理水平的重要抓手，推进重点减排工程建设和运行，形成有效减排能力。优化总量减排指标分解方式，按照可监测、可核查、可考核的原则，将国家下达的重点工程减排量分解到各地市，污染治理任务较重和减排潜力较大的地区承担相对较多的减排任务。加强与排污许可、环境影响评价审批等制度衔接，严格落实重点行业建设项目主要污染物区域削减要求。完善总量减排考核体系，健全激励约束机制，加强总量减排核查核算和台账管理，重点核查重复计算、弄虚作假特别是不如实填报削减量和削减来源等问题。

（三）坚决遏制高耗能高排放低水平项目盲目发展。建立在建、拟建、存量"两高"项目清单，对照国家产业规划、产业政策、节能审查、环评审批等政策规定开展评估检查，分类处置、动态监控，坚决拿下不符合要求的"两高"项目。新建（含新增产能的改建、扩建）钢铁、水泥熟料、平板玻璃项目原则上实行省内产能置换。新建、改扩建炼油、乙烯和对二甲苯等项目，须纳入国家有关石化产业规划。全面排查在建"两高"项目能效水平，对标国内乃至国际先进，推动在建项目能效水平应提尽提；对能效水平低于本行业能耗限额准入值的，按有关规定停工整改。深入挖掘存量"两高"项目节能减排潜力，推进节能减排改造升级，加快淘汰"两高"项目落后产能。严肃财经纪律，指导金融机构完善"两高"项目融资政策。

（四）强化节能审查和环评审批源头把关。严格项目节能审查和环评准入，做好节能审查、环评审批与能耗双控、碳排放控制、重点污染物排放总量控制、产业高质量发展等的衔接。新上项目必须符合国家产业政策且单位产品物耗、能耗、水耗达到行业先进水平，符合节约能源、生态环境保护法律法规和相关规划。从严查处未按规定办理节能审查、环评审批等未批先建项目，依法依规责令项目停止建设或生产运营，严格要求限期整改；无法整改的，依法依规予以关闭。加强对"两高"项目节能审查、环境影响评价审批程序和执行结果的监督与评估，对审批能力不适应的依法依规调整上收。

（五）健全法规标准。推动制修订广东省节能条例、移动源排气污染防治条例，完善广东省固定资产投资项目节能审查实施办法。建立省节能标准化技术委员会，强化能效标准引领，围绕重点行业、设备和产品，制修订一批主要用能行业和领域的能效标准和耗能设备能效标准，不断提升准入门槛。制修订餐饮业和汽车维修行业大气污染物排放标准、水产养殖尾水排放标准、畜禽养殖业污染物排放标准等，完善污染防治可行技术指南或规范。深入开展能效、水效、污染物排放"领跑者"引领行动。

（六）**完善经济政策**。各级财政加大节能减排相关专项资金的统筹力度，支持节能减排重点工程建设，对节能目标责任评价考核结果为超额完成等级的地区给予倾斜支持。逐步规范和取消低效化石能源补贴。建立农村生活污水处理设施运维费用多元化投入机制。完善节能环保产品政府采购制度，扩大政府绿色采购覆盖范围。加大绿色金融创新工作力度，大力发展绿色信贷、绿色债券和绿色基金，推进气候投融资试点工作，强化对金融机构的绿色金融业绩评价。扩大在重金属、危险废弃物处置等环境高风险领域中环境污染责任保险的覆盖面。落实环境保护、节能节水、资源综合利用税收优惠政策。推行节能低碳电力调度，完善污染防治正向激励政策。全面实施企业环保信用评价，发挥环境保护综合名录的引导作用。强化电价、水价政策与节能减排政策协同，持续完善重点行业阶梯电价机制，落实高耗能等企业的电价上浮政策，全面推行城镇非居民用水超定额累进加价制度。健全城镇污水处理费征收标准动态调整机制，探索建立受益农户污水处理付费制度。

（七）**完善市场化机制**。积极推进用能权有偿使用和交易试点工作，加强用能权交易与碳排放权交易的统筹衔接，建立用能权与用能预算联动机制，推动能源要素向单位能耗产出效益高的产业、项目和能源利用效率较高、发展较快的地区倾斜。建立完善排污权交易制度，培育和发展排污权交易市场，鼓励有条件的地区扩大排污权交易试点范围。推广绿色电力证书交易，引领全社会提升绿色电力消费。全面推进电力需求侧管理，推广电力需求侧管理综合试点经验。推广能效电厂模式。大力发展节能服务产业，推行合同能源管理，鼓励节能服务机构整合上下游资源，为用户提供节能咨询、诊断、设计、融资、改造、托管等"一站式"综合服务模式。规范开放环境治理市场，推行环境污染第三方治理，鼓励企业为流域、城镇、园区、大型企业等提供定制化的综合性整体解决方案，推广"环保管家""环境医院"等综合服务模式。强化能效标识管理制度，扩大实施范围。积极搭建低碳节能环保技术装备展示和项目对接平台。

（八）**加强统计监测能力建设**。完善能源计量体系，重点用能单位严格执行能源利用状况报告制度，按要求配备、使用能源计量器具。升级改造省能源管理中心平台，推广智能化用能监测和诊断技术，将年综合能源消费量 1 万吨标准煤以上的重点用能单位纳入能耗在线监测平台，推进数据整合和分析应用。完善工业、建筑、交通运输等领域能源消费统计制度和指标体系，探索建立城市基础设施能源消费统计制度。构建以排污许可制为核心的固定污染源监管体系，全面推行排污许可"一证式"管理，强化排污许可证监管执法和企业自行监测监管，加强工业园区污染源监测，推动涉挥发性有机物排放的重点排污单位安装在线监控监测设施。加强统计基层队伍建设，加大业务培训力度，强化统计数据审核，提高统计数据质量。充分发挥统计监督作用，防范和惩治统计造假、弄虚作假。

（九）**壮大节能减排人才队伍**。完善省、市、县三级节能监察体系，强化监察执法人员力量保障。严格落实重点用能单位设置能源管理岗位和负责人制度。加强县级及乡镇基层生态环境监管队伍建设，重点排污单位设置专职环保人员。加大政府有关部门、监察执法机构、企业、第三方服务机构等节能减排工作人员培训力度，建立健全多层次、跨学科的节能减排人才培养体系，创新人才培养模式，大力培育一批领军型、复合型、专业型人才。

五、强化工作落实

（一）**加强组织领导**。各地级以上市人民政府、省直有关部门要将节能减排工作作为实现碳达峰碳中和目标、促进高质量发展的重要途径和关键措施，坚持系统观念，分行业领域细化政策措施，狠抓工作落实，确保完成"十四五"节能减排各项任务。各地级以上市人民政府对本行政区域节能减排工作负总责，主要负责同志是第一责任人，要切实加强组织领导和部署推进，将本地区节能目标与国民经济和社会发展五年规划及年度计划充分衔接，科学明确下一级政府、有关部门和重点单位目标和责任，防止简单层层分解。国有企业要带头落实节能减排目标任务，鼓励制定更严格的目标任务。省发展改革委、生态环境厅要加强统筹协调，制定有关具体落实措施，加强工作调度指导，及时防范化解风险，重大情况及时向省人民政府报告。

（二）强化监督考核。开展"十四五"地级以上市人民政府节能目标责任评价考核，强化考核结果运用，对工作成效显著的地市加强激励，对工作不力的地市加强督促指导，考核结果经省人民政府审定后，交由干部主管部门作为对地级以上市人民政府领导班子和领导干部综合考核评价的重要依据。完善能耗双控考核措施，增加能耗强度降低约束性指标考核权重，加大对坚决遏制"两高"项目盲目发展、推动能源资源优化配置措施落实情况的考核力度，统筹全省目标完成进展、经济形势及跨周期因素，优化考核频次。继续开展污染防治攻坚战成效考核，把总量减排目标任务完成情况作为重要考核内容，压实减排工作责任。适时组织开展节能减排目标完成情况和重点工程实施情况调度与评估，对进展滞后地区进行预警约谈，以工作实绩检验落实力度。

（三）开展全民行动。倡导绿色生活，开展绿色生活创建行动，推动全民在衣食住行等方面更加简约适度、绿色低碳、文明健康，坚决抵制和反对各种形式的奢侈浪费，营造全社会绿色低碳风尚。提升绿色消费水平，加大绿色低碳产品供给能力和推广力度。组织开展节能宣传周、世界环境日等主题宣传活动，创新宣传方式，广泛宣传节能减排法规、标准和知识。完善环境信息公开制度，加大对重点污染源、环境质量、环境管理等信息公开力度。建立健全生态环境违法行为有奖举报机制，畅通群众参与生态环境监督渠道。发展节能减排公益事业，鼓励公众参与节能减排公益活动，开展节能减排专业研讨、节能减排自愿承诺，引导市场主体、社会公众自觉履行节能减排责任。

（十）广东省人民政府办公厅关于印发广东省发展绿色金融支持碳达峰行动实施方案的通知（粤办函〔2022〕219号）

为深入贯彻落实党中央、国务院关于做好碳达峰碳中和工作的决策部署，打造符合广东实际的绿色金融服务体系，有力支持我省如期实现碳达峰目标，根据《中共广东省委 广东省人民政府关于完整准确全面贯彻新发展理念推进碳达峰碳中和工作的实施意见》，制定如下实施方案。

一、总体要求

（一）指导思想。

以习近平新时代中国特色社会主义思想为指导，全面贯彻党的十九大和十九届历次全会精神，深入贯彻习近平总书记对广东系列重要讲话和重要指示精神，充分把握"双区"和两个合作区建设机遇，统筹全省绿色金融发展与绿色金融安全，探索绿色低碳投融资新模式、新路径，为广东绿色发展和经济转型提供坚实的金融支撑。

（二）基本原则。

1. **强化引领带动与区域协调。**充分发挥广州、深圳在绿色金融领域的辐射带动作用，结合区域发展格局，因地制宜，统筹推进珠三角地区、北部生态发展区与沿海经济带绿色金融创新发展。

2. **强化政府引导与社会参与。**加强政府在绿色金融规划指导、规范运作、服务保障等方面的作用，建立健全激励约束机制，支持绿色金融市场化、专业化发展。

3. **兼顾低碳技术发展与产业转型需要。**既要支持绿色技术创新与绿色产业发展，也要支持高碳产业的低碳化转型，防止"一刀切"，避免盲目对高碳排放行业抽贷断贷。

4. **兼顾改革创新与金融安全。**积极稳妥推进绿色金融组织体系、产品工具和体制机制创新。强化风险意识，提升绿色金融领域新型风险识别能力，牢牢守住金融安全底线。

（三）目标要求。

力争到2025年，与碳达峰相适应的绿色金融服务体系基本建立，重点领域绿色金融标准基本完善，风险控制体系不断健全。全省设立绿色专营机构40家，绿色贷款余额增速不低于各项贷款余额增速，直接融资规模稳步扩大，信用类绿色债券和绿色金融债发行规模较2020年翻两番。绿色保险全面深入参与气候和环境风险治理，累积提供风险保障超3000亿元。

到2030年，绿色金融服务体系持续优化，绿色信贷占全部贷款余额的比重达到10%左右，多样化的绿色金融产品与衍生工具不断创新丰富，生态产品价值实现与交易体系不断完善，碳金融市场有效运转；2030年前支持我省碳达峰目标顺利实现。

二、主要措施

（一）统筹规划全省绿色金融发展。

1. **持续增强珠三角核心区绿色金融的辐射带动能力。**支持广州期货交易所加快推动电力、硅、锂等服务绿色发展的期货品种上市，开发碳金融衍生品，服务全国碳期货市场建设。依托深圳证券交易所打造绿色金融创新发展平台，引导上市公司主动披露碳排放信息，开展绿色证券指数、"环境、社会和公司治理（ESG）"评价体系等产品创新。支持广州持续深化绿色金融改革，争取升级建设绿色金融改革示范区，开展应对气候变化投融资试点。支持深圳加快建设国家气候投融资促进中心和国家自主贡献项目库。强化广州、深圳"双城联动"，共同率先建立健全碳金融和绿色金融发展体制机制，推动绿色金融专业服务机构聚集发展。支持珠三角各地级以上市因地制宜完善绿色金融发展扶持政策。

2. **提高金融服务沿海经济带绿色产业发展能级。**支持省域副中心城市汕头、湛江市积极对接粤港澳大湾区绿色金融资源。引导金融机构加大资金投入力度，综合运用信贷、债券、租赁、产业基金等方式，支持海上风电、光伏发电、核电和气电等新能源、清洁低碳能源产业发展，支持煤电机组节能降耗改造、供热改造和灵活性改造制造等"三改"联动，推动可再生能源补贴确权贷款等金融服务创新。开展海洋、湿地等碳汇核算试点。鼓励符合要求的企业及金融机构探索蓝色债券等创新型产品，支持蓝色经济可持续发展。

3. 推动北部生态发展区生态产品实现经济价值。指导北部生态发展区各地级市探索建立生态产品确权登记、基础信息调查、价值评价核算等体制机制，推动生态产品价值核算结果在金融领域的运用。扩大林业碳汇交易规模，探索实现农业、城市绿地等生态产品价值。指导各地方法人金融机构创新开展环境权益、生态保护补偿抵质押融资，更好支持粤北生态区绿色农业、洁净医药、旅游康养等绿色产业发展。探索发行企业生态债券。鼓励北部生态发展区各地级市统筹生态领域财政转移支付资金，探索采用产业发展基金与风险补偿基金等方式，支持基于生态环境系统性保护修复的生态产品价值实现工程建设。

（二）完善绿色金融体系建设。

1. 完善绿色金融组织体系。鼓励有条件的境内外金融机构设立绿色金融事业部、绿色金融分（支）行，制定绿色金融业务管理办法，在客户准入、业务流程、绩效考核、理赔管理等方面实施差异化经营。支持金融机构设立绿色金融业务中心、绿色金融培训中心、绿色产品创新实验室等组织机构，提升绿色金融产品研发和绿色金融风险防控能力。支持设立服务绿色产业发展的绿色小额贷款公司、绿色融资担保公司、绿色融资租赁公司等地方金融组织。支持中外资金融机构、企业设立绿色产业基金，服务经济绿色低碳转型。鼓励绿色金融研究机构、专业智库创新发展。

2. 丰富绿色金融产品体系。鼓励金融机构研发差异化的金融产品，开展绿色信用贷款、绿色信贷资产证券化、碳资产支持商业票据、绿色供应链票据融资等金融产品创新。引导和支持符合条件的金融机构和企业在境内外发行气候债券、可持续发展挂钩债、转型债券等绿色债券和绿色债券融资工具。通过信用风险缓释凭证和担保增信等方式，降低绿色低碳企业发债难度和成本。支持金融机构开发绿色和可持续发展主题的理财、信托、基金等金融产品。构建多场景的绿色保险产品体系，开展清洁技术保险、绿色产业、建筑保险、碳交易信用保证保险、碳汇损失保险、巨灾保险、气候变化指数等绿色保险产品创新，探索差异化的保险费率机制。鼓励保险机构参与环境与风险治理体系建设，研究面向投保主体的环境与气候风险监测预警机制。鼓励发展重大节能低碳环保装备融资租赁业务。探索发展专业化的政府性绿色融资担保业务，支持担保机构创新模式，扩大担保覆盖范围，放大授信倍数，支持绿色领域投融资。（人民银行广州分行、人民银行深圳市中心支行牵头，省财政厅、地方金融监管局，广东银保监局、广东证监局、深圳银保监局、深圳证监局配合）

3. **加快培育绿色金融中介服务体系**。组建省级绿色认证中心，开展绿色项目专业认证，并将认证结果作为绿色融资与财政奖补等激励政策实施的依据。鼓励碳核算与核查、绿色认证、环境咨询、绿色资产评估、数据服务等绿色中介服务机构快速发展，建立健全对绿色低碳项目和企业的识别、认证、评估以及风险管理体系。（省生态环境厅、地方金融监管局牵头，省财政厅，人民银行广州分行、广东银保监局、广东证监局、人民银行深圳市中心支行、深圳银保监局、深圳证监局，各地级以上市政府配合）

4. **完善绿色金融基础设施建设**。构建绿色金融地方标准体系，研究制定全省绿色金融标准，强化绿色金融标准在绿色融资企业与项目评价方面的应用。探索碳排放核算和"碳足迹"跟踪，依托广州碳排放权交易中心等专业技术机构，对企事业单位自身运营及投融资活动所产生的碳排放和个人的减碳行为进行全面核算、登记、评估、评价。完善绿色金融信用体系，依托省中小企业融资平台、省中小微企业信用信息和融资对接平台等企业融资服务平台，对接省碳排放监测管理云平台，加强生态环境保护信息与金融信息共享，为金融机构提供多渠道、多维度的绿色产业、项目信息与绿色融资企业画像，协助解决绿色项目识别和金融服务的有效衔接。（省地方金融监管局、人民银行广州

分行牵头，省发展改革委、工业和信息化厅、生态环境厅、交通运输厅、住房城乡建设厅、政务服务数据管理局配合）

5. 推动金融机构绿色转型。构建绿色金融信息披露与监督机制，开展银行业保险业绿色低碳专项行动，实施"零碳"（低碳）机构网点建设示范、绿色金融产品创新示范、绿色项目金融服务模式创新示范、绿色金融数字信息系统改造提升示范、金融机构环境信息和投融资活动碳足迹披露示范。鼓励金融机构制定支持碳达峰行动的工作方案与中长期战略规划，建立鼓励性的绩效考核、激励约束和内部风险管理制度，运用多种手段实现碳达峰。（人民银行广州分行、广东银保监局、广东证监局、人民银行深圳市中心支行、深圳银保监局、深圳证监局，省地方金融监管局按职责分工落实）

（三）创新绿色金融服务产业结构优化升级。

1. 支持绿色低碳产业园建设与现代产业体系完善。依托省级供应链金融创新试点，探索与碳排放强度挂钩的绿色供应链金融服务方案，精准支持新一代电子信息产业、汽车产业、智能家电等战略性支柱产业集群和战略性新兴产业集群低碳发展。鼓励银行保险机构根据产业链数字图谱和重点行业碳达峰路线图，积极开展绿色小微金融和绿色供应链金融创新，推动降低全产业链碳排放强度。建立产业园绿色低碳发展的正面清单，引导金融机构给予重点授信支持，有力支持全省产业园区循环化、绿色化改造顺利实施。（人民银行广州分行、广东银保监局、人民银行深圳市中心支行、深圳银保监局牵头，省发展改革委、工业和信息化厅、地方金融监管局，广东证监局、深圳证监局配合）

2. 支持绿色低碳技术开发和产业发展。探索绿色技术清单管理机制，建立节能减碳技术改造目录、绿色低碳科技成果转化目录、绿色低碳产业引导目录"三张清单"。推动资金资源向节能环保、清洁生产、清洁能源、生态环境和基础设施绿色升级、绿色服务等绿色产业领域倾斜。深化投贷联动等融资服务方式创新，引导金融机构加大对低碳、零碳、负碳前沿/颠覆性技术攻关提供资金支持。加强对绿色企业上市的支持和服务，引导各类符合条件的绿色企业上市融资和再融资，创新发展区域性股权交易市场绿色双碳板。支持优势绿色龙头企业开展并购重组。引导天使投资、创业投资、私募股权投资基金投向绿色关键核心技术攻关等领域。推进粤港澳大湾区绿色技术转化平台建设，促进绿色技术评估、收储、孵化、增值，为绿色技术转移、转化及产业化提供金融整体解决方案。（省科技厅、地方金融监管局牵头，人民银行广州分行、广东银保监局、广东证监局、人民银行深圳市中心支行、深圳银保监局、深圳证监局，深圳证券交易所配合）

3. 支持传统高耗能产业低碳转型。 在部分地市或区域率先开展企业碳账户试点，建立企业生产碳排放可计量体系，根据碳排放强度核算企业碳排放等级。鼓励金融机构将企业碳排放信息、第三方环境信用评价等环境绩效纳入授信审批管理流程，采取差别定价、授信，对钢铁、石化、水泥、陶瓷、造纸等行业企业形成控碳减排的约束激励，推动高耗能产业低碳转型。支持"两高"企业积极申报国家煤炭清洁高效利用专项再贷款和碳减排支持工具，获取更低成本资金实施降耗升级、绿色转型。鼓励保险机构参与环境风险治理体系建设，在重金属、危险化学品、危险废弃物处置等高风险领域持续推动实施环境污染强制责任保险试点，争取2025年前，实现全省高风险领域环境污染强制责任险全覆盖。（人民银行广州分行、广东银保监局、人民银行深圳市中心支行、深圳银保监局牵头，省发展改革委、工业和信息化厅、生态环境厅、地方金融监管局，各有关地级以上市政府配合）

4. 支持重点领域碳达峰行动。 以碳排放强度和绿色属性为核心指标，建立省、市、县三级绿色项目库，从全省层面遴选低碳排放的重大绿色产业项目入库。定期发布绿色低碳项目融资需求，推进常态化融资对接。编制绿色金融服务项目操作指南，收集整理绿色金融支持重点领域碳达峰案例，指导金融机构创新多元化绿色金融服务方式。支持金融租赁公司开展绿色公交、新能源汽车、新型储能设施等领域绿色租赁业务。鼓励政策性银行加大对农业领域绿色发展的支持力度，鼓励金融机构探索"保险+期货+银行"等综合金融服务模式，支持绿色农业创新发展。拓展重点领域绿色项目投融资渠道，探索基于绿色基础设施未来收益权的资产证券化产品，充分利用基础设施领域不动产投资信托基金（REITs），引导保险资金加大对可再生能源、绿色农业、绿色建筑、绿色交通等重点领域的中长期支持，鼓励金融机构根据实际制定授信支持政策，对达到绿色建筑星级标准的新型建筑工业化项目给予绿色金融支持。（省发展改革委、地方金融监管局牵头，省工业和信息化厅、自然资源厅、生态环境厅、交通运输厅、农业农村厅、住房城乡建设厅，人民银行广州分行、广东银保监局、广东证监局、人民银行深圳市中心支行、深圳银保监局、深圳证监局配合）

（四）进一步加快碳金融市场建设。

1. **完善广东碳金融市场功能。**培育区域环境权益交易市场，健全碳排放权、排污权、用能权、用水权等环境权益交易机制。探索搭建环境权益交易与金融服务平台，推广合同能源管理、合同节水管理和合同环境服务融资。逐步将交通运输业、数据中心、陶瓷生产、纺织业等高碳排放领域与超高超限超能耗公共建筑，纳入碳排放交易试点。鼓励金融机构在符合监管规定的前提条件下，参与碳市场交易，为碳交易提供资金存管、清算、结算、碳资产管理、代理开户等服务。探索碳交易跨境便利化机制，开展碳排放交易外汇试点并积极使用跨境人民币支付系统，引入港澳及境外投资者。（省生态环境厅牵头，省发展改革委、地方金融监管局，人民银行广州分行、广东银保监局、人民银行深圳市中心支行、深圳银保监局配合）

2. **丰富发展碳金融工具。**探索发展碳资产抵押融资、碳资产托管、碳回购、碳基金、碳租赁、碳排放权收益结构性存款等金融产品，提升碳市场流动性。支持金融机构开发基于碳排放权、排污权、用能权、绿色项目收费权等环境权益的新型抵质押融资模式。探索建立高效的抵质押登记及公示系统，推动环境权益及其未来收益权成为合格的抵质押物。鼓励金融机构积极参与碳普惠制，扩大碳普惠制消纳场景，为碳普惠项目提供金融服务。（人民银行广州分行、人民银行深圳市中心支行牵头，省生态环境厅、地方金融监管局，广东银

保监局、广东证监局、深圳银保监局、深圳证监局配合）

（五）强化粤港澳大湾区绿色金融领域合作。

1. **强化绿色金融合作发展**。建立粤港澳绿色金融合作专责小组，搭建绿色金融信息互通共享机制。依托横琴粤澳深度合作区、前海深港现代服务业合作区和广州南沙粤港澳全面合作示范区建立合作开放新机制，搭建绿色金融跨境服务平台，促进金融资源与绿色项目有效对接，推动绿色金融人才培养交流。建立绿色债券项目储备，搭建绿色债券发行服务中心，支持粤港澳大湾区内地企业赴港澳发行绿色债券。探索跨境绿色融资、绿色金融资产跨境转让，支持境外投资者通过直接投资、合格境外机构投资者（QFII）、合格境外有限合伙人（QFLP）等渠道参与绿色投资。积极对接国际金融组织和机构，吸引境外保险公司、主权基金、养老基金、ESG基金为粤港澳大湾区绿色项目提供投融资和技术服务。探索以人民币计价的碳金融衍生品，鼓励使用人民币作为相关交易的跨境结算货币。（省地方金融监管局牵头，省发展改革委，人民银行广州分行、广东银保监局、广东证监局、人民银行深圳市中心支行、深圳银保监局、深圳证监局，广州、深圳市政府，省政府横琴办配合）

2. **推动粤港澳大湾区绿色金融标准和服务互认共认**。携手港澳开展碳金融领域标准、体系和产品研究，推动粤港澳三地环境信息披露、绿色金融产品标准、绿色企业项目认定标准、绿色信用评级评估、绿色债券原则（GBP）等绿色金融标准的互认互鉴。探索粤港澳大湾区绿色金融服务互认共认。依托粤港澳大湾区绿色金融联盟，探索包括碳排放权、核证自愿减排项目等核证、登记、交易、结算规则，加强与国际机构和平台的交流合作，在绿色和可持续发展评价、气候投融资等方面先行先试。（省地方金融监管局牵头，人民银行广州分行、广东银保监局、广东证监局、人民银行深圳市中心支行、深圳银保监局、深圳证监局，广州、深圳市政府配合）

（六）强化绿色金融风险监测与防控。

1. **加强绿色金融产品的资金后续使用管理**。指导金融机构加强对绿色金融产品资金的后续管理，监督产品资金按约定用途使用，避免出现项目"洗绿"风险，发现存在资金违规挪用情况的，及时采取必要的内部风险控制措施。（广东银保监局、广东证监局，深圳银保监局、深圳证监局牵头，省地方金融监管局，人民银行广州分行、人民银行深圳市中心支行配合）

2. 构建绿色金融风险监测防范机制。引导金融机构合理测算高碳资产风险敞口，不断优化资产质量。指导金融机构健全风险压力测试体系，有效覆盖气候变化金融风险和经济绿色低碳的"转型风险"，研究推出风险应对工具，持续开展高质量的信息披露。加强对绿色债券发行人违约风险的监测和防控。支持金融机构建设绿色金融风险监测预警系统、绿色金融风险分析系统、绿色金融业务信息管理系统，运用科技手段提升绿色金融风险识别能力，定期开展风险评估，做好应急预案，有效防范和化解金融风险。（人民银行广州分行、人民银行深圳市中心支行、广东银保监局、深圳银保监局牵头，省地方金融监管局，广东证监局、深圳证监局配合）

（七）构建精准有效的绿色金融激励政策体系。

1. 强化绿色金融创新发展的财政支持。统筹使用财政专项资金，支持各地级以上市设立绿色金融发展专项资金，健全绿色低碳项目融资费用补贴和风险分担机制，对金融机构绿色信贷风险给予补偿，对小微企业获取绿色融资开展的绿色认证与融资担保费用给予补贴，对绿色企业资本市场直接融资给予补贴。鼓励符合条件的绿色领域建设项目申报新增地方政府专项债券需求。研究设立绿色低碳发展基金，鼓励有条件的地方政府和社会资本按市场化原则联合设立绿色低碳类基金。（省发展改革委、财政厅、地方金融监管局牵头，各地级以上市政府配合）

2. 健全绿色金融发展支持配套机制。积极用好人民银行碳减排支持工具，通过再贷款、再贴现等结构性货币政策工具，激励金融机构加大对绿色领域的融资支持力度。将符合条件的绿色贷款和绿色债券作为发放再贷款的合格抵押品，便利地方法人银行管理流动性。研究将开展信息披露、支持碳减排活动、绿色债券持有量等作为新增指标纳入金融机构绿色评价指标体系，开展绿色金融评价，探索将评价结果纳入央行评级，作为央行专项货币政策优先使用、地方政府部门专项激励政策和财政资金管理招标的参考依据。支持绿色金融创新项目申报金融创新奖。（人民银行广州分行、人民银行深圳市中心支行牵头，省财政厅、地方金融监管局，广东银保监局、深圳银保监局配合）

3. **开展省级绿色普惠金融创新试点。**围绕我省区域均衡发展布局，鼓励符合条件的园区、地区和机构积极申报开展碳账户、碳普惠、碳汇等绿色普惠金融创新试点。各有关部门要向获批省级绿色金融创新试点的园区、地区和机构提供政策支持。各试点单位根据区域优势与产业特色制定试点方案，聚焦绿色金融重点难点问题，开展先行先试，为全省金融支持碳达峰行动的有效实施探路。（省地方金融监管局牵头，省发展改革委、财政厅、生态环境厅，人民银行广州分行、广东银保监局、广东证监局，各有关地级以上市政府配合）

三、保障措施

（一）**加强组织领导与统筹协调。**建立由分管副省长为组长，省有关部门与中直驻粤金融管理和监管部门为成员的绿色金融领导小组，统筹推进相关工作，协调解决工作中的重点难点问题。领导小组日常工作由省地方金融监管局负责。各成员单位要加强联动配合，形成有效工作合力，有关工作情况及时报省地方金融监管局汇总。

（二）**建立数字化信息共享机制。**推进绿色低碳信息共享，定期归集、更新企业碳账户、绿色低碳项目库、环境信用信息等绿色信息，建立面向省、市、县三级金融机构的信息推送机制。

（三）**加强统计监测。**完善绿色信贷、绿色债券专项统计制度，探索建立涵盖银行、保险、证券的绿色金融统计指标体系和绿色金融统计工作制度，加强对地方政府与金融机构推进绿色金融工作的监测。

（十一）广东省发展改革委关于印发《广东省推进碳达峰碳中和2023年工作要点》的通知

以习近平新时代中国特色社会主义思想为指导，全面贯彻党的二十大精神，深入贯彻习近平总书记对广东重要讲话和重要指示精神，认真贯彻落实省委十三届二次全会、省委经济工作会议和全省高质量发展大会精神，按照《中共广东省委 广东省人民政府关于完整准确全面贯彻新发展理念推进碳达峰碳中和工作的实施意见》《广东省碳达峰实施方案》《广东省人民政府关于加快建立健全绿色低碳循环发展经济体系的实施意见》部署要求，紧紧围绕制造业当家、百县千镇万村高质量发展工程、绿美广东生态建设等工作部署，锚定绿色高质量发展目标，突出结构优化抓"双碳"，推动全省"双碳"工作迈上新台阶、取得新成效。

一、全力推动产业绿色提质升级

1. 积极培育发展战略性产业集群。坚持制造业当家，加快推进制造强省建设，积极培育发展20个战略性产业集群，聚力实施"大产业""大平台""大项目""大企业""大环境"五大提升行动，提质壮大现有8个万亿元级产业集群，加快推动超高清视频显示、生物医药与健康、新能源等产业成为新的万亿元级产业集群，加快打造若干5000亿元级新兴产业集群。

2. 推动传统行业绿色升级。落实国家产能置换政策，严格执行节能、环保、质量、安全技术等相关法律法规和《产业结构调整指导目录》，依法依规淘汰不符合要求的落后工艺技术和生产装置。严格能效约束推动钢铁、水泥、平板玻璃、炼油、乙烯、电石等重点行业和数据中心节能降碳，加快锅炉、电机、电力变压器、制冷、照明、家用电器等产品设备更新改造，支持9000家工业企业开展设备更新和技改。

3. 大力发展绿色低碳产业。制定支持绿色低碳产业发展的政策措施，节能环保产业力争达到2300亿元规模。推动新型储能产业高质量发展，加快提升锂离子电池、钠离子电池、氢能等储能产业技术及装备研发水平。大力推动低碳零碳负碳示范项目建设，积极打造绿色低碳产业链供应链，在落实碳达峰碳中和目标任务过程中锻造新的产业竞争优势。

4. 全面推行清洁生产。 制定出台《广东省全面推行清洁生产实施方案（2023—2025年）》，系统推进工业、农业、服务业、建筑、交通运输等领域清洁生产，加快实施重点行业、重点领域清洁生产改造，创新清洁生产推行方式，培育壮大清洁生产产业。积极支持佛山、江门、梅州等市推进国家清洁生产审核创新试点建设。推动超过1200家工业企业通过清洁生产审核。

二、稳妥推进能源绿色低碳转型

5. 推进煤炭清洁高效利用。 立足以煤为主的基本国情，统筹推动煤电节能降耗改造、供热改造和灵活性改造。逐步优化存量煤电机组结构，按照延寿运行、淘汰关停、"关而不拆"转应急备用等方式分类处置。落实国家新增规划的支撑性调节性项目开工建设，鼓励和支持新增煤电项目配套建设二氧化碳捕集利用与封存（CCUS）设备。

6. 大力发展新能源。 推进阳江青洲等海上风电项目建设，组织做好新增省管海域项目竞争配置和国管海域项目示范开发建设前期工作，全年新增海上风电装机超100万千瓦。积极推动光伏发电，探索"光伏+"发展模式，推动光伏发电项目建设与乡村振兴融合发展，全年新增光伏装机超400万千瓦。

7. 积极安全有序发展核电。 安全高效推动惠州太平岭核电一期、陆丰核电5—6号机、廉江核电一期建设，积极争取后续核电项目纳规和开展前期工作。

8. 构建新型电力系统。 优化调整全省抽水蓄能发展实施方案。加快推动梅州二期、汕尾陆河抽水蓄能电站项目建设，加快茂名电白、阳江二期等抽水蓄能电站前期工作。推动新型电力系统和新型储能建设，加快推进源网荷储一体化和多能互补试点示范，大力支持电化学储能等新型储能建设。

9. 全力做好能源供应保障。统筹协调国内外煤炭、天然气及电力资源，争取落实 2023 年全省电煤需求 1.6 亿吨、发电天然气需求超过 380 亿立方米。制定落实重点时段的电力保供工作方案和用电负荷管理实施方案，形成 300 万—500 万千瓦电力需求侧响应能力。推动煤电企业签订政府可调度煤炭储备备忘录，形成可调度能力 600 万吨。投产南沙 LNG 调峰储气库等项目。推动粤东和粤西主干管道完善工程、珠中江区域天然气主干管网等项目建设。做好能源生产、输送和供应全链条极端气象灾害监测预警。

三、大力开展节能降碳增效

10. 完善节能降碳管理机制。完善能源消耗总量和强度调控，重点控制化石能源消费，做好原料用能和可再生能源消费不纳入能源消耗总量和强度控制等政策实施。加强高质量发展用能保障，能耗要素向高技术产业、先进制造业以及强链补链延链项目倾斜。加强节能形势分析研判。

11. 推进减污降碳协同增效。树立减污降碳先进典型，开展减污降碳突出贡献企业遴选工作，发布减污降碳突出贡献企业名单。强化非二氧化碳温室气体管控，深化油气回收治理设施改造和监管，组织编制《广东省甲烷减排实施方案》。研究制定重点领域、重点行业污染物与温室气体排放协同控制可行技术指南、监测技术指南。

12. 实施节能降碳重点工程。深入开展节能降碳诊断，持续开展能效对标和能效"领跑者"引领行动，建立能效先进和落后清单。开展建筑、交通、照明等基础设施节能升级改造。推动钢铁、石化化工、水泥、陶瓷、造纸、装备和电子等重点行业开展节能降碳改造，力争推动 9000 家工业企业开展设备更新和技术改造。印发实施《广东省绿色高效制冷行动计划（2023—2025 年）》。

四、扎实推进工业领域绿色低碳发展

13. 提升工业绿色化发展水平。持续推进绿色制造体系建设，择优创建一

批绿色工厂和绿色园区，鼓励重点行业企业开发绿色设计产品，培育一批具有生态主导力的产业链链主企业，构建上下游联动的绿色低碳供应链，力争我省绿色制造示范数量在全国继续保持领跑地位。

14. **推动数字化转型赋能节能降碳**。推动制造业数字化转型，促进数字经济和实体经济深度融合，培育壮大关键软件、工业互联网、区块链等产业，深化国家数字经济创新发展试验区、国家工业互联网示范区等平台建设，推动5000家规上工业企业数字化转型，带动10万家中小企业"上云用云"，运用工业互联网降本提质增效。

15. **坚决遏制高耗能高排放低水平项目盲目发展**。严把新上项目能效和碳排放关，对高耗能高排放低水平项目实行清单管理、分类处置、动态监控，强化常态化监管。强化高耗能高排放低水平项目生态环境源头防控，严把环评审批关，指导各地市做好高耗能高排放低水平企业排污许可证核发管理。

五、大力提升城乡建设绿色低碳发展质量

16. **持续提高建筑能效水平**。持续提高城镇新建建筑中绿色建筑占比，推进居住建筑和公共建筑节能改造，推广超低能耗、近零能耗建筑。完善绿色建筑全过程标准管控，大力推进绿色建材应用，加快发展智能建造和装配式建筑，推动建材循环利用。修订公共建筑能耗标准，推行公共建筑能耗限额管理。

17. **大力优化建筑用能结构**。推进可再生能源建筑应用，推广光伏发电与建筑一体化应用，推进"光储直柔"建筑示范。积极推广应用太阳能光伏、太阳能光热、空气源热泵等技术。加快提升城乡居民管道天然气普及率，提高城乡居民生活电气化水平。

18. **推进农村用能低碳转型**。推动出台《广东省农村宅基地和农村村民住宅建设管理规定》，鼓励引导农房建设执行《广东省农房建设绿色技术导则》，开展农房建设试点，探索新型农房建造方式。建立全省乡村生活垃圾收运体系数据管理系统。

六、加快构建绿色低碳交通运输体系

19. 推动运输工具装备低碳转型。加快新能源车辆推广应用。深化新能源营运车辆推广应用，持续推进新增和更新的城市公共交通（含城市轨道交通）、出租汽车等车辆按有关文件要求应用新能源和清洁能源，鼓励引导城市物流配送企业更多投入新能源和清洁能源车辆。

20. 推动交通运输结构优化调整。深入推进国家和省级多式联运示范工程创建，提升多式联运发展水平，引导长途大宗货物运输更多选择铁路、水路运输。加快城乡物流配送体系建设，推进国家绿色货运配送示范工程创建。继续实施城市公交优先发展战略，建设完善城市多层次公共交通系统。

21. 加快绿色交通基础设施建设。实施绿色出行"续航工程"，进一步优化调整高速公路服务区充电设施布局，加快推进全省充电基础设施建设，新增公共充电桩2.1万个左右。加快推进内河LNG船舶应用。全面推进港口船舶岸电建设和使用，大力提升船舶靠港岸电使用率。推进琼州海峡省际客滚码头、3万吨级以上干散货码头、内河码头岸电常态化使用。积极推进加氢站的建设工作。持续推进部级和省级绿色公路示范工程创建。

七、巩固提升生态系统碳汇能力

22. 优化绿色低碳国土空间布局。加快完成各级国土空间规划编制审批工作，合理优化耕地、林地、建设用地等各类用地规模结构和空间布局，强化全生命周期国土空间用途管制。制定出台《广东省国土空间生态修复规划（2021—2035年）》。继续深入实施山水林田湖草沙一体化保护修复治理工程。稳慎推进全域土地综合整治与农村建设用地拆旧复垦工作。

23. 持续提升森林碳汇能力。深入贯彻落实《中共广东省委关于深入推进绿美广东生态建设的决定》，全力实施绿美广东生态建设"六大行动"。开展林分优化提升和森林抚育提升，优化森林结构和树种组成，修复和增强森林生态系统功能。积极推进珠三角国家森林城市群品质提升，稳步推进全域创建国家森林城市，高质量、高标准创建国家森林县城。

24.　**推进农业农村减排固碳。**大力发展绿色低碳循环农业，深入实施粮食节约行动。推广水稻有机肥+缓（控）释肥料、一次性侧深施肥等技术和水稻全程生产托管服务，控制甲烷、氧化亚氮等温室气体排放。持续推进畜禽粪污资源化利用工作。加快推进渔业碳减排和碳汇发展。全面实施老旧残拖拉机和联合收割机报废更新。以耕地土壤有机质提升为重点，增强农田土壤固碳能力。完善农业温室气体排放核算与农业碳汇监测评估体系。

25.　**加强生态系统碳汇支撑能力建设。**开展广东省典型森林经营周期碳汇评价和林业碳汇项目开发能力建设项目研究。加强海洋碳汇核算、负碳技术评估应用等方面研究。积极培养林业碳汇专业人才，提高社会各界认知度。探索建立省级林业碳汇交易平台，鼓励沿海地区开展蓝碳交易试点。创新蓝碳碳普惠方法学，开发认证一批蓝碳碳普惠项目。

八、全面加强资源节约和循环利用

26.　**深入推进园区循环化改造。**落实《广东省循环经济发展实施方案（2022—2025年）》各项要求，实施园区循环化改造行动，发布园区循环化改造名单，推动符合条件的省级以上园区应改尽改。推动企业循环式生产、产业循环式组合，促进废物综合利用、能量梯级利用、水资源循环使用。

27.　**加强资源集约节约高效利用。**大力实施全面节约战略，制定出台《关于全面加强资源节约工作的实施方案》。建立建筑垃圾分类处理制度和建筑垃圾回收利用体系，培育建筑垃圾资源化利用行业骨干企业。完善废旧动力电池回收体系，促进废旧动力电池资源化、规模化、高值化利用。扎实推进塑料污染全链条治理。推进快递包装绿色转型行动，支持符合条件的城市和快递企业开展可循环快递包装规模化应用试点示范建设。

28.　**加强大宗固体废弃物综合利用。**加快推进韶关、云浮市大宗固体废弃物综合利用示范基地和骨干企业建设。实施废旧物资循环利用体系建设行动，加快推进广州、深圳、佛山等国家废旧物资循环利用示范体系示范城市建设。加快重点领域产品设备更新改造，完善废旧产品设备回收利用体系。

九、积极推动绿色低碳科技创新

29. 完善科技创新体制机制。 开展绿色低碳关键核心技术攻关，研究制定支持绿色技术创新的若干措施。加强省市联动，持续大力推进可再生能源、可燃冰、新能源汽车、二氧化碳捕集利用与封存（CCUS）等绿色低碳领域科技攻关与成果应用示范。完善"众创空间—孵化器—加速器—产业园"的创新创业孵化机制。加强绿色低碳技术和产品知识产权保护。

30. 加强创新能力建设和人才培养。 加快组建省碳达峰碳中和科技战略专家委员会，研究制定碳达峰碳中和科技创新平台体系建设方案。引导行业龙头企业联合高校、科研院所和上下游企业共建低碳产业创新中心，开展关键技术协同创新，形成一批研究技术成果。深化人才体制机制改革，研究制定碳达峰碳中和人才培养政策措施。

31. 加快先进技术研发和推广应用。 积极谋划和推进"新能源""碳达峰碳中和关键技术研究与示范"等专项工作，继续围绕海上风电、太阳能、核能、氢能、储能、新型电力系统等领域布局关键技术攻关与核心装备研发。积极探索绿氢、甲醇、氨能等替代化石能源的新方式、新途径。引导相关机构和企业申报绿色技术推广目录，健全绿技术推广应用机制。

十、创新推进绿色要素交易市场建设

32. 持续推进碳市场体制机制创新。 高质量完成全国碳市场广东企业履约工作，严厉打击控排企业碳排放数据造假行为。制定印发《广东省2023年度碳排放配额分配实施方案》，探索将陶瓷、纺织、数据中心等行业企业纳入广东碳市场。加快推进重点碳金融产品和衍生品上线，鼓励境外机构参与广东碳市场。探索与港澳建立粤港澳大湾区碳市场协同机制。持续深化碳普惠制工作。

33. **建立健全生态产品价值实现机制。**落实落细《关于建立健全生态产品价值实现机制的实施方案》，加快打通"绿水青山"向"金山银山"双向转化通道。开展第一批12个生态产品价值实现机制试点建设，建立动态管理制度，实行年度建设进展情况报告机制。开展生态产品价值实现机制路径探索、典型经验做法的推广宣传。

十一、积极开展绿色经贸合作与交流

34. **加快发展绿色贸易。**进一步优化出口商品结构，大力发展高质量、高技术、高附加值的绿色低碳产品贸易，严格管理高耗能、高排放产品出口，鼓励节能环保服务、环境服务、节能减排关键原材料和核心技术等进口，扩大新能源技术和装备出口。实施数字贸易工程，促进贸易新业态扩容提质，支持数字贸易发展壮大，推动传统贸易数字转型。积极谋划建设绿色贸易示范区，鼓励企业建设应对绿色贸易壁垒的出口贸易专用生产线/生产厂。

35. **强化国际绿色投资合作。**加强鼓励外商投资新一代电子信息、绿色石化、生物医药与健康、先进材料等绿色产业。加强与"一带一路"沿线国家和地区在绿色技术、绿色装备、绿色服务、绿色金融、绿色基础设施建设等方面合作。

36. **加强大湾区绿色低碳合作。**积极推进粤港清洁生产伙伴计划，遴选发布一批"粤港清洁生产合作伙伴标志企业"。探索建立广东产品碳足迹评价与标识制度，深化与港澳在新能源汽车、绿色建筑、碳标签等方面的合作交流，加快推动粤港碳标签互认工作。积极支持香港、澳门国际环保展及相关活动。探索建立粤港澳大湾区绿色金融标准体系。

十二、开展绿色低碳试点示范建设

37. **开展碳达峰碳中和试点示范建设。**制定《广东省碳达峰碳中和试点示范创建实施方案》，发布重点领域试点示范建设指南。稳妥推进二氧化碳捕集利用与封存（CCUS）技术研究、示范应用和产业规划布局，联合有关企业开展惠州大亚湾区千万吨级二氧化碳捕集利用与封存（CCUS）集群全产业链示范项目研究。大力支持开展湛江玄武岩矿化固碳示范建设。制定近零碳／零碳示范创建评价指标体系，支持广州、惠州、湛江、茂名、揭阳等符合条件的地区探索建设零碳产业园。

38. 积极争取国家相关试点落地广东。加强前瞻性谋划和战略性布局，积极争取国家在绿色低碳领域试点示范在我省落地。积极推动广州市、东莞市国家绿色产业示范基地建设。大力支持佛山市实施政府采购支持绿色建材促进建筑品质提升试点建设。加快推进广州市公共供水管网漏损治理试点建设。稳步推进广州市黄埔区、深圳市、东莞市再生水利用配置试点建设。

十三、实施绿色低碳全民行动

39. 加强生态文明宣传教育。按照国家部署，举办2023年世界地球日、世界环境日、全国节能宣传周、全国低碳日、世界气象日、全国科技周、绿色出行宣传月、中国水周等主题宣传活动，增强全民绿色低碳意识。开展节能先进集体及先进个人评选表彰工作。发布新一年度绿色低碳循环发展报告。加强水文化建设，打造绿色水经济新业态。

40. 推广绿色低碳生活方式。倡导简约、绿色低碳的生活方式，推动各类新闻媒体及时宣传报道绿色低碳的典型案例和经验做法。深入开展节约型机关、绿色家庭、绿色学校、绿色出行、绿色商场、绿色建筑等绿色生活创建行动。

41. 引导企业履行社会责任。制定出台《推动省属国有企业碳达峰工作方案》，推动重点省属国有企业"一企一策"制定碳达峰行动方案，发挥带动作用。推动国有企业率先执行企业绿色采购指南。发挥龙头企业的带动作用，引领带动产业链供应链关联企业绿色低碳发展。鼓励企业加强碳排放监测统计核算等管理人员配置，落实《企业环境信息依法披露管理办法》要求，按规定做好碳排放等环境信息披露工作。分行业分领域组织开展重点企业"双碳"培训。

42. 强化领导干部教育培训。组织开展碳达峰碳中和专题培训。推动将碳达峰碳中和相关内容列入党校（行政学院）教学计划。研究制定碳达峰碳中和人才专项培养计划，加强碳达峰碳中和专业人才培养。

十四、完善配套保障措施

43. 建立健全法规政策体系。持续对我省现行地方性法规、政府规章中与"双碳"工作不相适应的内容进行全面清理。推进生态环境教育、城市绿化、节约能源、制造业高质量发展等法规的制定或修订。积极推进碳中和立法前期研究。

44. 完善碳排放统计核算体系。构建上下衔接、统一规范的碳排放统计核算体系，加快完善碳排放核算、监测、评估、审计等配套标准，组织协调全省及各地区、各行业碳排放统计核算工作。推动全省温室气体天地一体化监测和碳源汇评估。

45. 健全碳达峰碳中和标准体系。制定印发《广东省碳达峰碳中和标准体系规划与路线图》。加快能效标准制修订，提高重点产品能耗限额标准，制定新型基础设施能效标准，扩大能耗限额标准覆盖范围。支持在广州南沙筹建并积极申报国家碳计量中心。

46. 完善绿色低碳财税价格政策。深入贯彻财政支持做好碳达峰碳中和工作有关政策措施。落实环境保护、节能节水、资源综合利用等方面税收优惠政策。对高耗能等行业实行差别化电价政策。落实好居民阶梯电价制度和峰谷分时电价政策。持续加强企业节能降碳信用信息归集共享，建立企业守信激励和失信惩戒措施清单。

47. 健全完善绿色投融资政策。加大对节能环保、新能源、新能源汽车、二氧化碳捕集利用与封存（CCUS）等项目的支持力度。支持广州市南沙区和深圳市福田区高质量建设国家气候投融资试点。引导金融机构深入研究金融支持绿色低碳转型路径，鼓励社会资本以市场化方式设立绿色低碳产业投资基金。

48. 强化数字化管理能力建设。 加快推进省碳排放监测智慧云平台建设，完成省碳排放监测智慧云平台建设项目公开招标，开展需求调研分析，根据"先急后缓、分批建设、全面覆盖"原则，进行系统开发和系统上线，基本覆盖"碳可测、碳可算、碳可观、碳可控"。

十五、统筹有序组织实施

49. 加强统筹协调。 组织召开省碳达峰碳中和工作专题会议，研究重大问题，部署重点工作。印发实施能源、工业、城乡建设、交通运输、农业农村等重点领域和地市碳达峰方案及相关配套支持政策文件，加强政策解读和舆论宣传。开展"双碳"牵引高质量发展、能耗双控向碳排放双控转变、绿电绿证交易和碳汇交易、甲醇经济、废旧动力电池回收利用等重大问题研究。积极应对绿色贸易国际规则，持续深入开展欧美碳关税及相关法案对我省产业发展及外贸影响分析评估。

50. 强化跟踪落实。 各地要根据本工作要点，结合实际推进碳达峰碳中和工作，有关工作情况请于12月20日前按程序报送省委、省政府，并抄送省发展改革委。省发展改革委要建立工作任务台账，细化任务目标和进度安排，加强对各地、各部门工作进展情况的调度和督导，强化政策实施效果评估。